Photoshop CC
完全自学教程

张洪波　郑铮◆编著

清华大学出版社
北京

内 容 简 介

全书共分21章，具体内容如下：第1章和第2章主要介绍了Photoshop的基本知识和基本操作。第3～15章将为大家讲解Photoshop的基本功能，包括选区的详解、图层技术、色彩调整、图像绘画与修饰、文字和矢量工具、蒙版、通道以及滤镜等内容，基本涵盖了Photoshop CC几乎全部的工具和命令。此外，理论部分还穿插与基本功能相配套的实例来加深对Photoshop功能的理解。第16～21章则主要介绍Web图形与视频、应用3D效果、色彩管理与系统预设、动作与自动化操作、打印输出等内容。全书除基本知识的讲解外，还更加注重了图像处理的艺术性，系统全面地示范了一些鲜活有趣的实践案例，让最终的制作效果更加符合时代审美要求。

本书适合专业从事Photoshop设计的初学者，也可以作为本科院校师生学习Photoshop CC软件的教材，同时也适用于具有一定Photoshop基础的电脑爱好者。

图书在版编目(CIP)数据

Photoshop CC完全自学教程/张洪波，郑铮编著. —北京：清华大学出版社，2020.1
ISBN 978-7-302-53857-8

Ⅰ. ①P… Ⅱ. ①张… ②郑… Ⅲ. ①图象处理软件—教材 Ⅳ. ①TP391.413

中国版本图书馆CIP数据核字(2019)第213299号

责任编辑：魏 莹 刘秀青
装帧设计：杨玉兰
责任校对：张彦彬
责任印制：丛怀宇
出版发行：清华大学出版社
   网 址：http://www.tup.com.cn，http://www.wqbook.com
   地 址：北京清华大学学研大厦A座 邮 编：100084
   社 总 机：010-62770175 邮 购：010-62786544
   投稿与读者服务：010-62776969，c-service@tup.tsinghua.edu.cn
   质量反馈：010-62772015，zhiliang@tup.tsinghua.edu.cn
印 装 者：涿州汇美亿浓印刷有限公司
经 销：全国新华书店
开 本：203mm×260mm 印 张：29.25 字 数：708千字
版 次：2020年1月第1版   印 次：2020年1月第1次印刷
定 价：99.00元

产品编号：077676-01

Photoshop 像一个神奇的魔方，只要轻轻地旋转它就可以使画面展示出别样的风采。在 Photoshop 的世界里没有绝对的事情，黑与白、美与丑、动与静在这里都可以被颠覆。海阔凭鱼跃，天高任鸟飞。当翻开这本书时，其实你的手中已经拥有了这样一个神奇的魔方，下面就看你如何转动它，使之拼凑出美妙的图景。

无论是专门从事平面设计的人士，还是任何一个对美好事物向往的普通用户，都可以借助平面设计软件来展现自己的思想和创意。在众多的平面设计软件中，Photoshop 无疑是佼佼者，作为 Adobe 公司旗下最负盛名的设计软件，Photoshop 凭借其紧跟时代潮流和不断寻求突破的精神受到广大平面设计工作者的追捧。2017 年，Adobe 公司发布了 Photoshop CC 版。笔者平时乐于钻研 Photoshop，并希望借助本书来和大家分享在平面设计中的一些经验和体会。

本书的主要特色有以下几个。

(1) 突出重点，理论与实践相结合，使读者在学习理论后，及时在实例中尽快理解掌握。

(2) 实用性强，本书中列举了特别常见的图像处理例子，使读者更快理解并掌握。

(3) 内容丰富、实例典型、步骤详细、生动易懂，即使读者对 Photoshop 的了解很少，只要按照本书各绘图实例给出的步骤进行操作，也能够绘出对应的图形，从而逐渐掌握 Photoshop CC 使用技能。

(4) 与时俱进，书中多以当下流行案例为主要制作目标，如图标制作、汽车海报制作等，具有较高的学习价值与艺术价值。

全书共分 21 章，具体内容如下。

第 1 章介绍 Photoshop 起源、应用背景、安装与卸载相关内容。

第 2 章介绍 Photoshop CC 2017 基本操作，包括工作界面、图形查看方式、工作区设置及辅助工具使用。

第 3 章介绍图像基本编辑方法，包括数字图像基础、新建文件、打开文件、置入文件、导入 / 导出文件、关闭文件及用 Adobe Bridge 管理文件等内容。

第 4 章介绍选区，包括选择与抠图使用法、选区基本操作、选区工具、魔棒与快速选择工具、色彩范围、蒙版使用等内容。

第 5 章介绍图层，包括新建图层、编辑图层、排列与分布图层、合并与盖印图层、图层样式、图层复合等内容。

第 6 章介绍图层的高级操作，包括填充图层、调整图层、中性色图层及智能对象等内容。

第 7 章介绍绘画，包括颜色设置、渐变工具、填充于描边、画笔面板、绘画工具及擦除工具等内容。

第 8 章介绍调整颜色与色调，包括转换图像的颜色模式、快速调整图像及各种调色命令等内容。

第 9 章介绍颜色与色调进行高级调整及相关工具，包括颜色取样器、信息面板、色域和溢色、直方图、色阶、曲线及通道调色技术等内容。

第 10 章介绍照片的修饰与编辑，包括裁剪图像、照片润饰工具、照片修复工具等内容。

第 11 章介绍 Camera Raw 工具，包括操作界面简介、调整照片、修饰照片、自动处理照片等内容。

第 12 章介绍蒙版与通道，包括蒙版概述、剪贴蒙版、图层蒙版、编辑通道、高级蒙版等内容。

第 13 章介绍矢量工具与路径，包括绘图模式、路径与锚点、编辑路径、路径面板、形状工具等内容。

第 14 章介绍文字，包括新建点文件和段落文字、变形文字、路径文字以及格式化等内容。

第 15 章介绍滤镜、外挂滤镜与增效工具，包括滤镜的使用、智能滤镜、油画滤镜及各种滤镜组等内容。

第 16 章介绍 Web 图形，包括使用 Web 图形、创建于修改切片、优化图像、Web 图形优化选项等内容。

第 17 章介绍视频与动画，包括新建视频图像、编辑视频、存储和导出视频及动画等内容。

第 18 章介绍 3D 与技术成像，包括 3D 功能概述、使用 3D 工具、使用 3D 面板、新建和编辑 3D 模型纹理等内容。

第 19 章介绍动作与任务自动化，包括动作、批处理与图像编辑自动化、脚本、数据驱动图形等内容。

第 20 章介绍色彩管理与系统预设，包括色彩管理、Adobe PDF 预设、Photoshop 首选项设置等内容。

第 21 章介绍打印与输出，介绍打印、陷印等内容。

本书由张洪波、郑铮编著。参与本书编写的人员还有陈艳华、张婷、封超、代小华、张冠英、刘宝成、袁伟、任文营、张航、李伟、封超、刘博、王秀华等。

由于作者水平有限，书中难免有疏漏和不妥之处，敬请各位读者批评指正。

编　者

目 录 CONTENTS

第1章

初识 Photoshop

学习提示

虽然 Photoshop 是一款处理图形图像的专业软件，但随着数码产品的普及、人们审美意识的提高以及该软件人性化的开发，使得 Photoshop 有向大众软件过渡的趋势，越来越多的人群对其产生兴趣并开始使用该软件。

本章重点导航

◎ Photoshop 的起源及历程

◎ Photoshop 的应用前景

◎ Photoshop CC 2017 的安装与卸载方法

◎ Photoshop CC 2017 新增功能

◎ Adobe 帮助资源

1.1 Photoshop 的起源及历程

1987 年秋，Thomes Knoll，一名美国密歇根大学正在攻读博士学位的研究生，一直在努力尝试编写一个程序，使得在黑白位图监视器上能够显示灰阶图像。他把该程序命名为 Display。但是 Knoll 在家里用他的 Mac Plus 计算机编写这个编码纯粹是为了娱乐，与他的论题并没有直接的关系。他认为它并没有很大的价值，更没想过这个编码会是伟大而神奇的 Photoshop 的开端，自己的姓名也将永远载入史册。

早些年 Knoll 两兄弟一直着手开发 Photoshop 的版本，直到 4.0 版本之后，Adobe 公司才出面收购 Photoshop。在 Knoll 兄弟开发 Photoshop 到转手卖给 Adobe 公司，才使得 Photoshop 正式成为 Adobe 家族的重要一员，从此以后，Adobe 公司集中了众多最优秀的图像设计及软件编程专家和工程师，Photoshop 开始进入一个快速成长、不断发展的新阶段，终于成为统治全球图像处理的权威。

- Adobe Photoshop 1.0：在 Knoll 兄弟与 Adobe 达成协议后，Knoll 兄弟获得额外的 10 个月开发 Photoshop 的时间，发布 Adobe Photoshop 1.0。

- Adobe Photoshop 6.0：在千禧年 2000 年 9 月，第一个主要版本代号为 Venus In Furs 的 Photoshop 6.0 发布。版本 6.0 中主要的改进和新增功能包括优化用户界面、增添液化滤镜、支持矢量图形、优化图层样式界面。与版本 5.5 针对网络应用环境优化一样，版本 6.0 增加基础图层切片功能，便于网页布局设计。

- Adobe Photoshop CS：这个版本增加了自定义键盘快捷键功能，以及在设计路径中直接添加文字的功能。其他的功能包括增加对大文件的支持、增加新配色工具和新图层管理工具——图层组，添加了阴影和高光效果、镜头模糊滤镜等。此外，Adobe Photoshop CS 还支持 Java 脚本语言以及其他语言。

- Adobe Photoshop CS6：Photoshop CS6 在 2012 年 5 月发布，大幅度提升了 Photoshop 对图像处理的性能，同时增强了 Photoshop 的视频编辑和 3D 功能。其他改进的内容还包括图层、裁剪工具、3D 立体选项、Camera RAW、属性面板、矢量绘图工具以及诸如新模糊滤镜、新内容感知工具、全新的颜色查找调整图层等。

- Adobe Photoshop CC：随着 Photoshop Creative Cloud 版本在 2013 年 6 月发布，一切都发生了变化。从今以后，所有的 Photoshop 版本都以 Creative Cloud 为基础，这样可以让 Adobe 在特定的基础下对 Creative Cloud 用户推出软件更新。

Adobe Photoshop CC 2017 新增功能详见下文。

1.2 Photoshop 的应用前景

多数人对于 Photoshop 的了解仅限于"一个很好的图像编辑软件"，并不知道它的诸多应用领域。实际上，它不仅在传统的图像、图形、文字等领域应用很广泛，并且随着 Photoshop 功能的逐渐强大，其应用也不断向诸如视频、界面设计等领域渗透。

1.2.1　在视觉传达设计中的应用

平面设计是 Photoshop 应用最为广泛的领域，无论是我们正在阅读的图书封面，还是大街上看到的招帖、海报，这些具有丰富图像的平面印刷品，基本上都需要 Photoshop 软件对图像进行处理，如图 1-1 所示。

图 1-1

1.2.2　在 UI 设计中的应用

界面设计是一个新兴的领域，已经受到越来越多的软件企业及开发者的重视，虽然暂时还未成为一种全新的职业，但相信不久一定会出现专业的界面设计师职业。当前还没有用于做界面设计的专业软件，因此，绝大多数设计者使用的都是 Photoshop，如图 1-2 所示。

图 1-2

1.2.3　在网页设计中的应用

网络的普及是促使更多人需要掌握 Photoshop

的一个重要原因。因为在制作网页时，Photoshop 是必不可少的网页图像处理软件，如图 1-3 所示。

图 1-3

1.2.4　在数字媒体艺术中的应用

随着出版及商业设计领域的逐步细分，商业插画的需求量不断扩大，使许多以前将插画绘制作为个人爱好的插图艺术家开始为出版社、杂志社、报社等绘制插图，如图 1-4 所示。

图 1-4

1.2.5 在影视动画设计中的应用

影像创意是 Photoshop 的特长，通过 Photoshop 的处理可以将原本风马牛不相及的对象组合在一起，也可以使用"狸猫换太子"的手段使图像发生面目全非的巨大变化，如图 1-5 所示。

图 1-5

1.2.6 在后期制作设计中的应用

Photoshop 具有强大的图像修饰功能。利用这些功能，可以快速修复一张照片，如人脸上的斑点等缺陷。随着电脑及数码设备的普及，越来越多的人喜欢 DIY 自己的照片，同时各大影楼也需要通过这一技术对照片进行美化和修饰，如图 1-6 所示为原图，如图 1-7 所示为使用 Photoshop 修饰后的效果。

图 1-6   图 1-7

1.3 Photoshop CC 2017 的安装与卸载方法

1.3.1 安装 Photoshop CC 2017 的系统需求

在安装 Photoshop CC 2017 之前，需要对所安装软件的计算机运行环境的配置进行检查，确保计算机的配置达到软件所需配置的最低要求，以便有效地缩短处理图像所需的时间，让操作过程更为流畅。在 Windows 环境下，安装 Photoshop CC 2017 的配置要求如下。

- Intel® Core 2 或 AMD Athlon® 64 处理器；2 GHz 或更快处理器。
- Microsoft Windows 7 Service Pack 1、Windows 8.1 或 Windows 10 操作系统。
- 2 GB 或更大 RAM（推荐使用 8 GB）。
- 32 位安装需要 2.6 GB 或更大可用硬盘空间；64 位安装需要 3.1 GB 或更大可用硬盘空间；安装过程中会需要更多可用空间（无法在使用区分大小写的文件系统的卷上安装）。
- 1024 × 768 显示器（推荐使用 1280 × 800），带有 16 位颜色和 512 MB 或更大的专用 VRAM。
- 支持 OpenGL 2.0 的系统。
- 多媒体功能需要 QuickTime 7.6.2 软件。
- 必须具备 Internet 连接并完成注册，才能激活软件、验证订阅和访问在线服务。

1.3.2 实战：安装 Photoshop CC 2017

确定当前计算机环境达到 Photoshop CC 2017 的运行要求后，就可以操作如下步骤安装软件。

01 将 Photoshop CC 2017 安装包下载到本地硬盘中，解压安装包，在解压文件夹中双击 Setup.exe 文件，如图 1-8 所示。运行安装程序，或进入软件账号登录界面，若已有账号输入账号和密码登录；若没有账号，注册完之后登录，如图 1-9 所示。

图 1-8

图 1-9

02 登录完成后安装，安装过程会显示安装进度和剩余时间，如图 1-10 所示。

图 1-10

完成安装之后弹出登录按钮，如图 1-11 所示。

03 安装完成后，会自动打开。如图 1-12 所示。登录并同意条款，点击"开始试用"，进入软件加载。

图 1-11

图 1-12

04 加载完成会打开软件，就是熟悉的界面。到这一步软件就安装完成了。

1.3.3 实战：卸载 Photoshop CC 2017

有时候计算机中安装的软件过多，会导致其运行速度变慢，这就需要卸载一部分软件。如果 Photoshop CC 2017 长时间不用，也可以将其卸载。下面将具体介绍卸载的步骤。

01 打开 Windows 控制面板，单击"程序"下的"卸载程序"链接，如图 1-13 所示。在打开的对话框中右击 Adobe Photoshop CC 2017 选项，选择"卸载"命令，如图 1-14 所示。

图 1-13

图 1-14

02 弹出"卸载选项"对话框，选择"否，删除应用程序首选项"，如图 1-15 所示；开始卸载，窗口中会显示卸载速度。若要取消卸载，可单击"取消"按钮。

图 1-15

1.4 Photoshop CC 2017 新增功能

Photoshop CC 2017 推出了面向设计人员和数码摄影师的全新功能。外观上，Photoshop 的图标从原来的 3D 样式转变成了如今比较流行的平面简单风格，而用户界面的主色调也重新设计成了深色；同时在内在功能方面也发生了不同程度的变化。

1.4.1 全面搜索功能

Photoshop 现在具有强大的搜索功能，可以在用户界面元素、文档、帮助和学习内容、Stock 资源中进行搜索，更重要的是，可以使用统一的对话框完成搜索。启动 Photoshop 后或者打开一个及多个文档时，执行"编辑>搜索"命令，就可以立即搜索项目，如图 1-16 所示。

图 1-16

1.4.2 多边形套索工具

"选择并遮住"操作可以在工作区中使用多边形套索工具。此工具与经典版 Photoshop 中相应工具的工作原理类似。"选择并遮住"工作区的多边形套索工具，如图 1-17 所示。

图 1-17

1.4.3　人脸识别液化

Photoshop CC 2017 的人脸识别液化可以将"人脸识别液化"设置独立或对称地应用于眼睛。如图 1-18 所示为原图，图 1-19 所示为修改后的效果。

图 1-18

图 1-19

1.5　Adobe 帮助资源

运行 Photoshop CC 2017 后，可以通过"帮助"菜单中的命令获得 Adobe 提供的各种 Photoshop 帮助、资源和技术支持，如图 1-20 所示。下面将对此进行具体介绍。

图 1-20

1.5.1　Photoshop 帮助文件和支持中心

- 关于 Photoshop CC：执行"帮助 > 关于 Photoshop CC"命令，可以弹出 Photoshop CC 2017 启动时的画面，如图 1-21 所示。画面中显示了 Photoshop CC 2017 研发小组的人员名单和其他与 Photoshop 有关的信息。

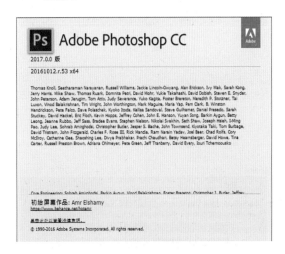

图 1-21

- Photoshop CC 学习和支持：执行"帮助 > Photoshop CC 学习和支持"命令，可以弹出 Adobe 网站的教程界面，如图 1-22 所示。

图 1-22

1.5.2　关于 Photoshop、系统信息和法律声明

- 系统信息：执行"帮助 > 系统信息"命令，可以打开"系统信息"对话框查看当前操

作系统的各种信息，如图 1-23 所示。

图 1-23

- 法律声明：执行"帮助 >Photoshop CC"命令，可以打开"Photoshop 关于"对话框，查看当前操作系统的各种信息，如图 1-24 所示。

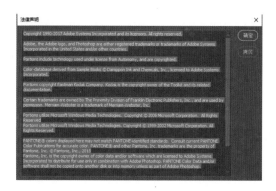

图 1-24

1.5.3 产品注册、取消激活和更新

- 产品注册、取消激活：当您在输入序列号后首次启动产品时，产品即会被激活。
- Updates：即更新。执行"帮助 >Updates"命令，可以从 Adobe 公司的网站下载最新的 Photoshop 更新内容。

1.5.4 Photoshop 联机和联机资源

- Photoshop 联机：执行"帮助 >Photoshop 联机帮助"命令，可以链接到 Adobe 公司的网站，获得完整的联机帮助，如图 1-25 所示。

图 1-25

1.5.5 Adobe 产品改进计划

Adobe 产品改进计划可在 Adobe 公司官方网站上查询，如图 1-26 所示图像。

图 1-26

第2章
Photoshop CC 2017 基本操作

学习提示

　　对 Photoshop CC 2017 有了初步认识后，本章将从基本的启动与退出讲起，随后涉及工作界面的介绍、图像的查看方法、使用辅助工具等基本概念，以及如何使用 Adobe Bridge 管理图像文件等基本操作。

本章重点导航

◎　Photoshop CC 2017 工作界面

◎　图像的查看方式及案例

◎　设置工作区

◎　使用辅助工具

2.1 Photoshop CC 2017 工作界面

掌握软件正确的启动与退出的方法是学习软件应用的必要条件，工作界面是用户使用Photoshop 来创建和处理文档、文件的主要区域。下面将进行详细介绍。

2.1.1 启动与退出程序

安装成功后，可以通过以下几种方法启动该程序。

- 双击桌面上 Photoshop CC 2017 的快捷图标 **Ps**。
- 右击桌面上 Photoshop CC 2017 的快捷图标 **Ps**，在弹出的菜单中选择"打开"命令。
- 执行"开始>所有程序>Adobe Photoshop CC 2017"命令。

运行程序后，桌面呈现如图 2-1 所示画面，这是全新的 Photoshop CC 2017 启动画面。

图 2-1

启动画面结束后，就可以见到 Photoshop CC 2017 的开始工作区，如图 2-2 所示。

若想打开 Photoshop 后直接进入工作界面，可以执行"编辑>首选项>常规"命令，将图 2-3 标记处取消勾选即可。

图 2-2

图 2-3

当不使用 Photoshop CC2017 时，应先关闭所有打开的图像文件窗口，可点击标题栏右上角的关闭按钮，如图 2-4 所示；若打开多个文件后，也可执行"文件>关闭全部"或"关闭""关闭并转到 Bridge"命令，如图 2-5 所示，关闭文件。

图 2-4

图 2-5

关闭文件窗口后，可执行以下几种方法退出 Photoshop CC 2017 程序。

- 单击工作界面菜单栏右侧的关闭按钮。
- 单击菜单栏左侧的程序图标，在其下拉菜单中选择"关闭"命令或按 Alt+F4 快捷键。
- 执行"文件 > 退出"命令，或按 Ctrl+Q 快捷键。
- 双击菜单栏左侧的程序图标。

 注意：
如果文件没有存储，将会询问用户是否存储文件。

2.1.2 工作界面组件介绍

启动 Photoshop CC 2017 后，将看到如图 2-6 所示的界面。与其他的图形处理软件的操作界面基本相同，其主要包括菜单栏、工具选项栏、工具箱、图像窗口、控制面板等。

- 菜单栏：菜单中包含可以执行的各种命令。单击菜单名称即可打开相应的菜单。
- 工具箱：包含用于执行各种操作的工具，如创建选区、移动图像、绘画、绘图等。
- 文档窗口：显示文档的区域，编辑工作大多在此进行。

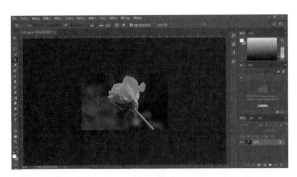

图 2-6

- 工具选项栏：用来设置工具的各种选项，它会随着所选工具的不同而变换内容。
- 面板：用以完成各种图像处理操作和工具参数的设置，例如用于颜色选择、编辑图层、显示信息等。
- 标题栏：显示了图像名称、文件格式、窗口缩放比例和颜色模式等信息。
- 选项卡：打开多个图像时，它们会最小化到选项卡中，单击各个文件的名称即可显示相应文件。

2.1.3 文档窗口介绍

使用 Photoshop CC 2017 打开一个文档后，便创建了一个文档窗口。如果打开多个文档，则各个文档窗口会以选项卡的形式显示，如图 2-7 所示。单击一个文档的名称，即可将其设置为当前窗口，如图 2-8 所示。按 Ctrl+Tab 快捷键，可以按照前后顺序切换窗口，按下 Ctrl+Shift+Tab 快捷键，可以按照相反的顺序切换窗口。

在标题栏的一个窗口处右击，选择"移动到新窗口"命令，或拖曳标题栏至文档窗口，则可以将当前图片放置窗口中成为浮动窗口，如图 2-9 所示。拖动浮动窗口的一个边角，可以任意改变窗口的大小，如图 2-10 所示。将一个浮动窗口的标题栏拖入到选项卡中，当浮动窗口颜色变淡时放开鼠标，该窗口就会停放到选项卡中。

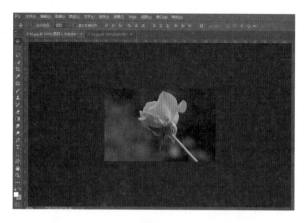

图 2-7

图 2-8

图 2-9

图 2-10

2.1.4　工具箱的介绍

　　工具箱位于 Photoshop CC 2017 工作界面的左侧，右击或按住带有■符号的工具图标可打开隐藏的工具组。单击并向右侧拖动鼠标指针，可以将工具箱从停放处拖出，放在窗口的任意位置。单击工具箱顶部的双箭头■，可以将工具箱切换为双排（或单排）显示，如图 2-11 所示（单排工具箱可以为文档窗口让出更多的空间）。

图 2-11

2.1.5　工具选项栏介绍

　　工具选项栏位于 Photoshop CC 2017 菜单栏的下方，它会随着所选工具的不同而变换选项内容。执行"窗口 > 选项"命令可对工具栏进行显示或隐藏。如图 2-12 所示为选择渐变工具时显示的选项内容。

图 2-12

● 菜单箭头■：单击该按钮，可以打开一个下拉菜单，如图 2-13 和图 2-14 所示。

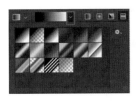

图 2-13 　　　　图 2-14

工具预设面板用来存储工具的各项设置，载入、编辑和创建工具预设库，右击即可新建、重命名和删除工具预设，如图 2-19 所示。也可选用快捷图标进行编辑，如图 2-20 所示。它与工具选项栏中的工具预设下拉面板用途基本相同。

图 2-19 　　　　图 2-20

- 文本框：在文本框中单击，输入新数值并按 Enter 键即可调整数值。如果文本框旁边有 ￼ 按钮，则单击该按钮，可以显示一个弹出滑块，拖动滑块也可以调整数值，如图 2-15 所示。
- 小滑块：在包含文本框的选项中，将指针放在选项名称上，光标会变为如图 2-16 所示的状态，单击并向左右两侧拖动鼠标指针，可以调整数值。

2.1.6　菜单介绍

Photoshop CC 2017 的菜单栏中共有 11 个主菜单，如图 2-21 所示。每个菜单都有一组自己的命令，且每个菜单后边都有一个大写的英文字母，按"Alt+ 英文字母"快捷键可以快速打开相应的下拉菜单。

图 2-21

图 2-15 　　　　图 2-16

单击并拖动工具选项栏最左侧的图标，可以将它从停放处拖出，成为浮动的工具选项栏，如图 2-17 所示。将其拖回菜单栏下面，当出现蓝色条时放开鼠标，可重新停放到原处。

1. 打开菜单

在菜单中，不同功能的命令之间采用分隔线隔开。带有黑色三角标记的命令表示还包含下拉菜单，如图 2-22 所示。

图 2-22

图 2-17

在工具选项栏中，单击工具图标右侧的按钮，可以打开一个下拉面板，面板中包含了各种工具预设。例如，使用裁剪工具 ￼ 时，选择如图 2-18 所示的工具预设，可以将图像裁剪为 5 英寸 ×4 英寸 300ppi 的大小。

2. 执行菜单中的命令

选择菜单中的一个命令即可执行该命令。如果命令后面有快捷键，如图 2-23 所示，则按该快捷键可快速执行该命令。例如，按 Ctrl+A 快捷键可以执行"选择 > 全部"命令。

图 2-18

图 2-23

3. 打开快捷菜单

在文档窗口的空白处、在一个对象上或在面板上单击右键，可以显示快捷菜单，如图 2-24、图 2-25 所示。

图 2-24

图 2-25

2.1.7 面板介绍

面板默认显示在工作界面的右侧，其作用是帮助用户设置图像颜色、工具参数，以及执行编辑命令，如图 2-26 所示。Photoshop CC 2017 中包含 20 多个面板，在"窗口"菜单中可以选择需要的面板将其打开。

1. 选择面板

要打开其他的面板，可选择"窗口"菜单命令，在弹出的菜单中选择相应的面板选项即可，如图 2-27 所示。

图 2-26   图 2-27

2. 展开和折叠面板

单击展开的面板右上角的三角按钮▶▶，可以折叠面板，如图 2-28 所示；单击一个图标可以显示相应的面板，如图 2-29 所示；单击面板右上角的按钮▶▶或再次单击图标，可重新将其折叠回面板组；拖动面板边界，可以调整面板组的宽度，如图 2-30 所示。

图 2-28   图 2-29   图 2-30

3. 移动面板

将光标放在面板的名称上，按住鼠标左键并向外拖动到窗口的空白处，如图 2-31 所示，即可将其从面板组或链接的面板组中分离出来，成为浮动面板，如图 2-32 所示。拖动浮动面板的名称，可以将它放在窗口中的任意位置。

图 2-31　　　　　图 2-32

4. 调整面板大小

将光标放置到面板的右下角，变为如图 2-33 所示形状，拖动鼠标即可调整面板大小。

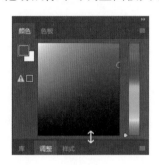

图 2-33

5. 组合面板

将一个面板的名称拖动到另一个面板的标题栏上，当出现蓝色框且鼠标拖曳面板变暗时放开鼠标，可以将它与目标面板组合，如图 2-34 所示。

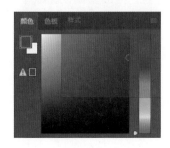

图 2-34

> **注意：**
>
> 过多的面板会占用工作空间。通过组合面板的方法将多个面板合并为一个面板组，或者将一个浮动面板合并到面板组中，可以提供更多的操作空间。

6. 打开面板菜单

单击面板右上角的 按钮，可以打开面板菜单，如图 2-35 所示。菜单中包含了与当前面板有关的各种命令。

图 2-35

7. 关闭面板

在一个面板的标题栏上单击右键，可以显示一个快捷菜单，如图 2-36 所示。选择"关闭"命令，可以关闭该面板；选择"关闭选项卡组"命令，可以关闭该面板组。对于浮动面板，则可单击它右上角的按钮将其关闭。

图 2-36

2.2 图像的查看方式

编辑图像时，常常需要放大或缩小窗口的显示比例，移动画面的显示区域等，Photoshop CC 2017 提供了切换屏幕模式，以及缩放工具、抓手工具和各种缩放窗口的命令以便操作。

2.2.1 变更屏幕格式

单击工具栏下侧的屏幕模式按钮 ，可以显示一组用于切换屏幕模式的命令。

- 标准屏幕模式：即默认模式，可显示菜单栏、标题栏、滚动条和其他屏幕元素，如图 2-37 所示。

图 2-37

- 带有菜单栏的全屏模式：显示有菜单栏和50% 灰色背景、无标题栏和滚动条的全屏窗口，如图 2-38 所示。

图 2-38

- 全屏模式：显示只有黑色背景、无标题栏、菜单栏和滚动条的全屏窗口，如图 2-39 所示。全屏模式下，可以通过按 F 键或 Esc 键返回标准屏幕模式。提示如图 2-40 所示。

图 2-39

图 2-40

> **注意：**
> 按 Tab 键可以显示或隐藏工具箱、面板和工具选项栏；按 Shift+Tab 快捷键可以显示或隐藏面板。

2.2.2 在窗口中查看多个图像

如果打开了多个图像，可通过"窗口 > 排列"下拉菜单中的命令控制各个文档窗口的排列方式，如图 2-41 所示。

图 2-41

- 平铺：以边靠边的方式显示窗口，如图 2-42 所示。关闭一个图像时，其他窗口会自动调整大小，以填满可用的空间。

图 2-42

- 在窗口中浮动：允许图像自由浮动（可拖动标题栏移动窗口），如图 2-43 所示。

图 2-43

- 使所有内容在窗口中浮动：使所有文档窗口都浮动，如图 2-44 所示。

图 2-44

- 层叠：从屏幕的左上角到右下角以堆叠方式显示文档窗口，如图 2-45 所示。

图 2-45

- 将所有内容合并到选项卡中：全屏显示一个图像，其他图像最小化到选项卡中，如图 2-46 所示。

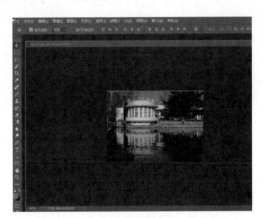

图 2-46

- 匹配缩放：将所有窗口都匹配到与当前窗口相同的缩放比例。例如，如果当前窗口的缩放比例为 100%，另外一个窗口的缩放比例为 50%，则执行该命令后，该窗口的显示比例也会调整为 100%。

- 匹配位置：将所有窗口中图像的显示位置都匹配到与当前窗口相同，如图 2-47、图 2-48 所示分别为匹配前后的效果。

图 2-47

图 2-48

- 匹配旋转：将所有窗口中画布的旋转角度
  都匹配到与当前窗口相同，如图 2-49、
  图 2-50 所示分别为匹配前后的效果。

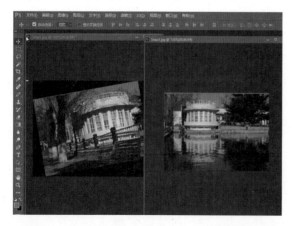

图 2-49

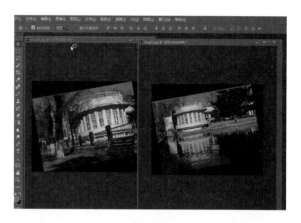

图 2-50

- 全部匹配：将所有窗口的缩放比例、图像
  显示位置、画布旋转角度与当前窗口匹配。
- 为"文件名"新建窗口：为当前文档新建
  一个窗口，新窗口的名称会显示在"窗口"
  菜单的底部。

2.2.3 用旋转视图工具旋转画布

进行绘画和修饰图像时，可以使用旋转视图
工具旋转画布，如图 2-51 所示，使得操作像在纸
上绘画一样得心应手。

图 2-51

01 旋转画布功能需要计算机的显卡支持
OpenGL 加速。执行"编辑 > 首选项 > 性能"命令，
在打开的对话框中勾选"使用图形处理器"复选
框启用该功能，如图 2-52 所示。

02 打开一个文件，选择旋转视图工具
，在窗口中单击会出现一个罗盘，红色的指针
指向北方，如图 2-53 所示。

03 按住鼠标左键拖动即可旋转画布，如
图 2-54 所示。如果要精确旋转画布，可在工具选
项栏的"旋转角度"文本框中输入角度值。如果
打开了多个图像，在工具选项栏中勾选"旋转所

有窗口"选项，可以同时旋转这些窗口。如果要将画布恢复到原始角度，可以单击"复位视图"按钮，或按 Esc 键。

图 2-52

图 2-53

图 2-54

注意：
旋转视图工具可以在不破坏图像的情况下按照任意角度旋转画布，而图像本身的角度并未实际旋转。如果要旋转图像，需要使用"图像 > 图像旋转"菜单中的命令。

2.2.4　用缩放工具调整窗口比例

在编辑和处理图像文件时，可以通过放大或缩小操作来调整显示图像的比例，以利于图像的编辑或观察。

01　打开一个文件（可按 Ctrl+O 快捷键），如图 2-55 所示。

图 2-55

02　选择缩放工具，将光标放在画面中（光标会变为形状），单击可以放大窗口的显示比例，如图 2-56 所示。按住 Alt 键（或选择工具选项栏中的）单击可缩小窗口的显示比例，如图 2-57 所示。

图 2-56

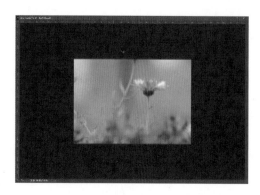

图 2-57

03 在工具选项栏中选择"细微缩放"
选项，按住鼠标左键并向右拖动，能够以平滑
的方式快速放大窗口，如图 2-58 所示；向左侧
拖动鼠标，则会快速缩小窗口比例，如图 2-59
所示。

图 2-58

图 2-59

如图 2-60 所示为缩放工具的选项栏。

图 2-60

- 放大 / 缩小 ：按下 按钮后，单击鼠
  标可以放大窗口。按下 按钮后，单击鼠
  标可以缩小窗口。
- 调整窗口大小以满屏显示：在缩放窗口的
  同时自动调整窗口的大小。
- 缩放所有窗口：同时缩放所有打开的文档
  窗口。
- 细微缩放：勾选该项后，在画面中按住鼠
  标左键并向左侧或右侧拖动鼠标，能够以
  平滑的方式快速放大或缩小窗口；取消勾
  选时，在画面中按住鼠标并拖动，可以拖
  出一个矩形选框，放开鼠标后，矩形框内
  的图像会放大至整个窗口。按住 Alt 键操
  作，可以缩小矩形选框内的图像。
- 实际像素：单击该按钮，图像以实际像素
  即 100% 的比例显示；也可以双击缩放工
  具来进行同样的调整。
- 适合屏幕：单击该按钮，可以在窗口中最
  大化显示完整的图像；也可以双击抓手工
  具来进行同样的调整。
- 填充屏幕：单击该按钮，当前图像窗口
  和图像将填充整个屏幕。与适合屏幕不同
  的是，适合屏幕会在屏幕中以最大化的形
  式显示图像所有的部分，而填充屏幕为了
  布满屏幕，不一定能显示出所有的图像。
  适合屏幕和填充屏幕的对比如图 2-61 和
  图 2-62 所示。

 注意：
　　在使用除缩放、抓手以外的其他工具时，按住
Alt 键并滚动鼠标中间的滚轮也可以缩放窗口。

图 2-61

图 2-62

2.2.5 用抓手工具移动图像

当图像尺寸较大，或者由于放大窗口的显示
比例而不能显示全部图像时，可以使用抓手工具
移动画面，查看图像的不同区域。该工具也可
以缩放窗口。

如图 2-63 所示为抓手工具的选项栏。如果同
时打开了多个图像文件，勾选"滚动所有窗口"
选项，移动画面的操作将应用于所有不能完整显
示的图像。其他选项与缩放工具相同。

滚动所有窗口　　适合屏幕

实际像素　　填充屏幕

图 2-63

01 打开一个文件，如图 2-64 所示。选择
抓手工具，按住 Alt 键单击可以缩小窗口，如

图 2-65 所示；按住 Ctrl 键单击可以放大窗口，
如图 2-66 所示。

图 2-64

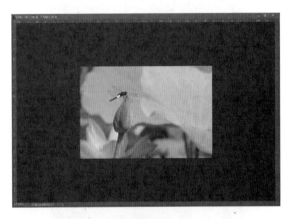

图 2-65

图 2-66

注意：
用户可以按住 Alt 键（或 Ctrl 键）和鼠标按键
不放，以平滑的方式逐渐缩放窗口。

02 放大窗口以后，按住鼠标并拖动即可移动画面，如图 2-67 所示。如果同时按住鼠标按键和 H 键，窗口中就会显示全部图像并出现一个矩形框。将矩形框定位在需要查看的区域，如图 2-68 所示，然后放开鼠标按键和 H 键，可以快速放大并转到这一图像区域，如图 2-69 所示。

图 2-67

图 2-68

图 2-69

 注意：

使用绝大多数工具时，按住键盘中的空格键都可以切换为抓手工具。

2.2.6 用导航栏面板查看图像

执行"窗口 > 导航器"命令，可打开"导航器"面板。"导航器"面板中包含图像的缩览图和各种窗口缩放工具，如图 2-70 所示。如果文件尺寸较大，画面中不能显示完整图像，通过该面板定位图像的查看区域更加方便。

图 2-70

- 通过按钮缩放窗口：单击放大按钮 可以放大窗口的显示比例，单击缩小按钮 可以缩小窗口的显示比例。
- 通过滑块缩放窗口：拖动缩放滑块可放大或缩小窗口。
- 通过数值缩放窗口：缩放文本框中显示了窗口的显示比例，在文本框中输入数值并按 Enter 键可以缩放窗口，如图 2-71 所示。

图 2-71

- 移动画面：当窗口中不能显示完整的图像时，将光标移动到代理预览区域，光标会变为 状，按住鼠标并拖动可以移动画面，代理预览区域内的图像会位于文档窗口的中心，如图 2-72 所示。

图 2-72

注意：

执行"导航器"面板菜单▤中的"面板选项"命令，可在打开的对话框中修改代理预览区域矩形框的颜色，如图 2-73 所示。

图 2-73

2.2.7　窗口缩放命令的介绍

- 放大：执行"视图>放大"命令，或按 Ctrl++ 快捷键，可放大窗口的显示比例。
- 缩小：执行"视图>缩小"命令，或按 Ctrl+ - 快捷键可缩小窗口的显示比例。
- 实际像素：执行"视图>实际像素"命令，或按 Ctrl+1 快捷键，图像将按照实际的像素，即 100% 的比例显示。
- 打印尺寸：执行"视图>打印尺寸"命令，图像将按照实际的打印尺寸显示。

2.3　设置工作区

在 Photoshop CC 2017 的工作界面中，文档窗口、工具箱、菜单栏和面板的排列位置称为工作区。Photoshop CC 2017 提供了预设工作区，但是我们也可以自己创建工作区、工具快捷键和彩色菜单。

2.3.1　案例：创建自定义工作区

Photoshop CC 2017 提供了适合不同任务的预设工作区，如我们绘画时，选择"绘画"工作区，就会显示与画笔、色彩等有关的各种面板。我们也可以创建适合自己使用习惯的工作区。

01 首先在"窗口"菜单中将需要的面板打开，将不需要的面板关闭，再将打开的面板分类组合，如图 2-74 所示。

图 2-74

02 执行"窗口>工作区>新建工作区"命令，如图 2-75 所示。在打开的对话框中输入工作区的名称，如"最新工作区"，如图 2-76 所示。默认情况下只存储面板的位置，也可以选择将键盘快捷键和菜单的当前状态保存到自定义的工作区中。单击"存储"按钮关闭对话框。

图 2-75

图 2-76

03 调用新建工作区。打开"窗口 > 工作区"下拉菜单，如图 2-77 所示，可以看到我们创建的工作区就在菜单中，选择它即可切换为该工作区。

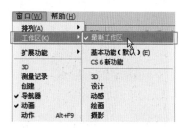

图 2-77

 注意：

如果要删除自定义的工作区，可以选择菜单中的"删除工作区"命令。

2.3.2 案例：自定义工具快捷键

在菜单栏中选择"编辑 > 键盘快捷键"命令，可以根据自己的习惯来重新定义每个命令的快捷键，其对应的对话框如图 2-78 所示。

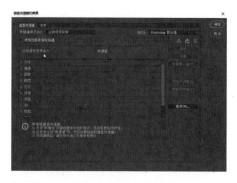

图 2-78

"键盘快捷键"选项卡中各选项的含义如下。

- 组：Photoshop 允许用户将设置的快捷键单独保存为一个组，在此下拉列表中可以选择自定义的快捷键组。

- 存储按钮 ：在对当前自定义的快捷键组进行修改后，单击该按钮，可以保存所做的修改。

- 创建一组新的快捷键按钮 ：单击该按钮，Photoshop 会要求用户先将新建的快捷键组保存到磁盘上，在弹出的"存储"对话框中设置文件保存的路径并输入名称后，单击"保存"按钮即可。

- 删除按钮 ：单击该按钮，可以删除当前选择的快捷键组，但无法删除程序自带的"Photoshop 默认值"快捷键组。

- "快捷键用于"：在该下拉列表中可以选择要自定义快捷键的范围，包括"应用程序菜单""面板菜单"及"工具"3 个选项。

如果要定义新的快捷键，可以按照以下步骤进行操作。

01 执行"编辑 > 键盘快捷键"命令，或者在"窗口 > 工作区"菜单中选择"键盘快捷键和菜单"命令，打开"键盘快捷键和菜单"对话框。在"快捷键用于"下拉列表中选择"工具"，如图 2-79 所示。如果要修改菜单的快捷键，可以选择"应用程序菜单"命令。

图 2-79

02 在"工具面板命令"列表中选择"移动工具"，可以看到，它的快捷键是 V，如图 2-80 所示。单击右侧的"删除快捷键"按钮，将该工具的快捷键删除，如图 2-81 所示。

图 2-80

图 2-81

03 模糊工具没有快捷键，我们可以将移动工具的快捷键指定给它。选择模糊工具，在显示的文本框中输入 V，如图 2-82 所示。单击"确定"按钮关闭对话框。在工具箱中可以看到，快捷键 V 已经分配给了模糊工具，如图 2-83 所示。

图 2-82　　　图 2-83

2.3.3　案例：自定义彩色菜单命令

自定义彩色菜单命令就是将经常要用到某些菜单命令定义为彩色，以便需要时可以快速找到它们。

01 执行"编辑 > 菜单"命令，在"键盘快捷键和菜单"对话框中选择"菜单"选项卡。单击"图像"命令前面的 ▶ 按钮，展开该菜单，如图 2-84 所示；选择"模式"命令，在如图 2-85 所示的位置单击，在打开的下拉列表中为"模式"命令选择绿色。选择"无"表示不为命令设置任何颜色。

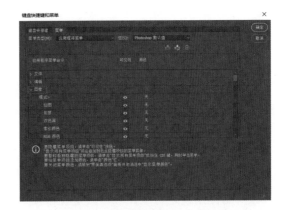

图 2-84

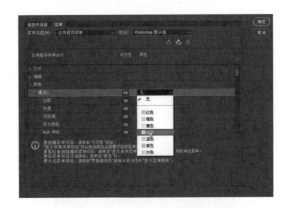

图 2-85

02 单击"确定"按钮关闭对话框。打开"图像"菜单可以看到，"模式"命令已经标记为绿色了，如图 2-86 所示。

图 2-86

图 2-88

注意：

修改菜单颜色、菜单命令或工具的快捷键之后，如果要恢复为系统默认的快捷键，可在"组"下拉列表中选择"Photoshop 默认值"选项。

2.4 使用辅助工具

辅助工具包括标尺、参考线、网格和注释工具等，它们不能用来编辑图像，但却有利于更好地完成选择、定位或编辑图像的操作。下面将详细介绍这些辅助工具的使用方法。

2.4.1 案例：标尺的使用

标尺的作用就是可以让参考线定位准确，也可以用来度量图片的大小、确定图像或元素的位置。

01 标尺的显示与隐藏：打开一个文件，如图 2-87 所示。执行"视图 > 标尺"命令，或按 Ctrl+R 快捷键，标尺会出现在窗口顶部和左侧，如图 2-88 所示。如果此时移动光标，标尺内的标记会显示光标的精确位置。如果要隐藏标尺，可执行"视图 > 标尺"命令，或按 Ctrl+R 快捷键。

02 标尺原点的设置：默认情况下，标尺的原点位于窗口的左上角（0，0）标记处，修改原点的位置，可以从图像上的特定点开始进行测量。将光标放在原点上，按住鼠标并向右下方拖动，画面中会显示出十字线，如图 2-89 所示，将它拖放到需要的位置，该处便成为原点的新位置，如图 2-90 所示。

图 2-89

图 2-90

图 2-87

📢 **注意：**

　　在定位原点的过程中，按住 Shift 键可以使标尺原点与标尺刻度记号对齐。此外，标尺的原点也是网格的原点，因此，调整标尺的原点也就同时调整了网格的原点。

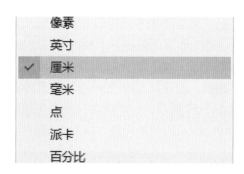

图 2-93

03 标尺原点位置的恢复：如果要将原点恢复为默认的位置，可在窗口的左上角双击，如图 2-91 所示。如果要修改标尺的测量单位，可以双击标尺，在打开的"首选项"对话框中设定，如图 2-92 所示。

图 2-91

2.4.2　案例：参考线的使用

　　参考线可以帮助确定图像中元素的位置，但因参考线是通过与标尺的对照而建立，所以一定要确保标尺是打开的。另外，参考线不会被打印出来，用户可以移动、删除、隐藏或锁定参考线。

01 打开一个文件并按 Ctrl+R 快捷键显示标尺，如图 2-94 所示。将光标放在水平标尺上，按住鼠标并向下拖动可拖出水平参考线，如图 2-95 所示。

图 2-94

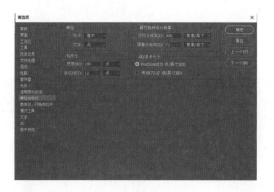

图 2-92

04 更改标尺单位：根据工作的需要，可以自由地更改标尺的单位。例如，在设计网页图像时，可以使用"像素"作为标尺单位；而在设计印刷作品时，采用"厘米"或"毫米"单位会更加方便。移动光标至标尺上方单击鼠标右键，弹出如图 2-93 所示快捷菜单，可选择标尺单位。

图 2-95

02 采用同样方法可以在垂直标尺上拖出垂直参考线，如图2-96所示。如果要移动参考线，可选择移动工具 ，将光标放在参考线上，光标会变为 状，按住鼠标单击并拖动即可移动参考线，如图2-97所示。创建或者移动参考线时如果按住Shift键，可以使参考线与标尺上的刻度对齐。

图 2-99

图 2-96

2.4.3　智能参考线

　　智能参考线是一种智能化参考线，它仅在需要时出现。我们使用移动工具 进行移动操作时，通过智能参考线可以对齐形状、切片和选区。

　　执行"视图 > 显示 > 智能参考线"命令可以启用智能参考线。如图2-100、图2-101所示为移动对象时显示的智能参考线。

图 2-97

03 将参考线拖回标尺，可将其删除，如图2-98、图2-99所示。如果要删除所有参考线，可执行"视图 > 清除参考线"命令。

图 2-98

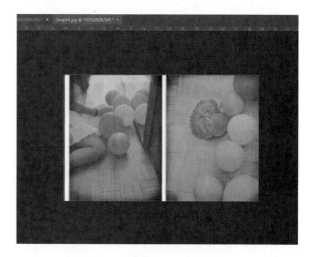

图 2-100

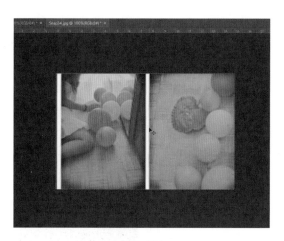

图 2-101

2.4.4　网格的使用

　　网格对于对称地布置对象非常有用。打开一个文件，如图 2-102 所示，执行"视图 > 显示 > 网格"命令，可以显示网格，如图 2-103 所示。显示网格后，可执行"视图 > 对齐 > 网格"命令启用对齐功能，此后在进行创建选区和移动图像等操作时，对象会自动对齐到网格上。

图 2-102　　　　　图 2-103

2.4.5　注释工具

　　使用注释工具可以在图像的任何区域添加文字注释，如标记制作说明或其他有用信息。

01　打开一个文件如图 2-104 所示。鼠标右击吸管工具，在工具组中选择注释工具，在工具选项栏中输入信息，如图 2-105 所示。

图 2-104

图 2-105

02　在画面中单击，弹出"注释"面板，输入注释内容，例如可输入图像的制作过程、某些特殊的操作方法等，如图 2-106 所示。创建注释后，鼠标单击处就会出现一个注释图标，如图 2-107 所示。

图 2-106

图 2-107

03 拖动该图标可以移动它的位置。如果要查看注释，可双击注释图标，弹出的"注释"面板中会显示注释内容。如果在文档中添加了多个注释，则可单击面板中的←或→按钮，循环显示各个注释内容，在画面中，当前显示的注释为 状，如图 2-108 和图 2-109 所示；如果要删除注释，可在注释上单击右键，选择快捷菜单中的"删除注释"命令，选择"删除所有注释"命令或单击工具选项栏中的"清除全部"按钮，可删除所有注释。

图 2-108

图 2-109

2.4.6 导入注释

在 Photoshop CC 2017 中，我们可以将 PDF 文件中包含的注释导入到图像中。操作方法为：执行"文件 > 导入 > 注释"命令，打开"载入"对话框，选择 PDF 文件，单击"载入"按钮即可。

2.4.7 显示和隐藏额外内容

参考线、网格、目标路径、选区边缘、切片、

文本边界、文本基线和文本选区都是不会打印出来的额外内容，要显示它们，需要首先执行"视图 > 显示额外内容"命令（使该命令前出现一个"√"），然后在"视图 > 显示"下拉菜单中选择一个项目，如图 2-110 所示。再次选择这一命令，则隐藏该项。

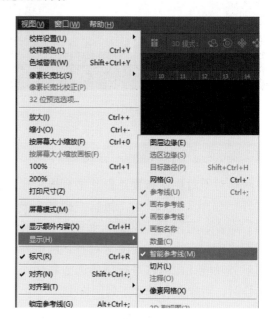

图 2-110

下拉菜单中的命令介绍如下。

● 图层边缘：显示图层内容的边缘，如图 2-111、图 2-112 所示。在编辑图像时，通常不会启用该功能。

图 2-111　　　　　　　图 2-112

● 选区边缘：显示或隐藏选区的边框。
● 目标路径：显示或隐藏路径。
● 网格：显示或隐藏网格。

- 参考线：显示或隐藏参考线。
- 数量：显示或隐藏计数数目。
- 智能参考线：显示或隐藏智能参考线。
- 切片：显示或隐藏切片的定界框。
- 注释：显示或隐藏创建的注释。
- 像素网格：当我们将文档窗口（见图 2-113）放大至最大的缩放级别后，像素之间会用网格进行划分，如图 2-114 所示；取消该项的选择时，则没有网格，如图 2-115 所示。

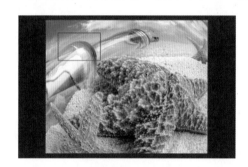

图 2-113

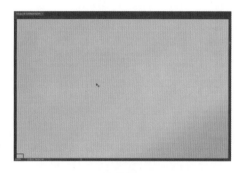

图 2-114

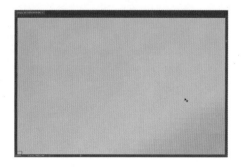

图 2-115

- 3D 轴 /3D 地面 /3D 光源 /3D 选区：在处理 3D 文件时，显示或隐藏 3D 轴、地面、光源和选区。
- 画笔预览：使用画笔工具时，如果选择的是毛刷笔尖，勾选该项以后，可以在窗口中预览笔尖效果和笔尖方向。
- 全部：可以显示以上所有选项。
- 无：可以隐藏以上所有选项。
- 显示额外选项：执行该命令，可在打开的"显示额外选项"对话框中设置同时显示或隐藏以上多个项目。

2.4.8　对齐功能的使用

对齐功能有助于精确地放置选区、裁剪选框、切片、形状和路径。如果要启用对齐功能，需要首先执行"视图 > 对齐"命令，使该命令处于勾选状态，然后在"视图 > 对齐到"下拉菜单中选择一个对齐项目，如图 2-116 所示。带有"√"标记的命令表示启用了该对齐功能。

图 2-116

下拉菜单中的命令介绍如下。

- 参考线：可以使对象与参考线对齐。
- 网格：可以使对象与网格对齐。网格被隐藏时，不能选择该选项。
- 图层：可以使对象与图层中的内容对齐。
- 切片：可以使对象与切片边界对齐。切片被隐藏时，不能选择该选项。
- 文档边界：可以使对象与文档的边缘对齐。
- 全部：选择所有对齐选项。
- 无：取消选择所有对齐选项。

2.5 管理工具预设

工具预设就是把一些常用的工具，比如画笔，字体等，设置好参数然后保存。这样以后可以直接载入使用，不必重新设置。

01 进入 Photoshop CC 2017 操作界面后，在菜单栏上选择"编辑 > 预设 > 预设管理器"命令如图 2-117 所示。

图 2-117

02 弹出对话框，单击"载入"按钮，可载入外部资源库，如图 2-118 所示。

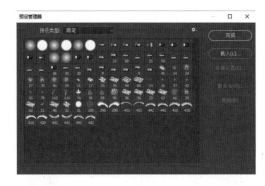

图 2-118

03 在"载入"对话框中选中要载入的资源，如图 2-119 所示。

图 2-119

第3章

图像的基本编辑方法

学习提示

当我们对图像不满意时，需要运用各种工具或操作来修改图像，直到满意为止，那么具体方法有什么呢？在本章我们主要介绍图像的大小、移动、显示效果、裁剪等。

本章重点导航

◎ 数字图像基础

◎ 打开文件

◎ 用 Adobe Bridge 管理文件

◎ 修改图像尺寸和画布大小

3.1 数字图像基础

数字图像，是以二维数字组形式表示的图像。在计算机中的数字图像有两类：位图图像和矢量图图像。在绘图或处理图像时，这两类图像可以相互交换使用。而 Photoshop 是典型的位图图像处理软件，它也涉及一些矢量功能，如钢笔工具及一些形状工具所绘制的路径就属于矢量图像的范畴。下面我们来对位图和矢量图进行详细的介绍。

3.1.1 位图的特征

我们使用数码相机拍摄的照片、扫描仪扫描的图片，以及在计算机屏幕上抓取的图像等都属于位图。

位图图像是由许多不同颜色的小方块组成的，这些小方块是组成位图的基本单位，称之为像素（Pixel）。在 Photoshop 中，使用缩放工具 🔍 将如图 3-1 所示的图像放大若干倍，就会清楚地看到图像是由许多像素构成的，如图 3-2 所示。

图 3-1

位图采用点阵的方式记录图像，每一个像素点就是一个栅格，所以位图图像也叫作栅格图像。图像中像素越多，其品质就越好，但它所占用的空间也就越大，所以在编辑图像时，不是文件越大越好，要因情况而定。位图可以直接存储为标准的图像文件格式，轻松地在不同的软件中使用。当我们改变图像尺寸时，像素点的总数并没有发生改变，而是像素点之间的距离增大了。这是一个重新取样并重新计算整幅画面各个像素的复杂过程，所以在增大图像尺寸后，会导致清晰度降低，色彩饱和度也有所损失。图 3-3 中的图标在放大后，局部图像如图 3-4 所示，可见细节已经变得模糊了。

图 3-2

图 3-3

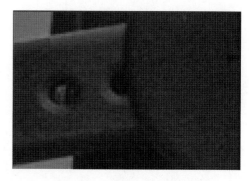

图 3-4

注意：

使用 Photoshop 处理位图图像时，我们所用的缩放工具不影响图像的像素和图像的大小，只是缩放了图像的比例，便于我们对图像进行处理操作。

3.1.2 矢量图的特征

矢量图是另一类数字图像的表现形式，是以数学的矢量方式来记录图像内容。矢量图像中的图形元素称为对象，每个对象是相对独立的，并且各自具有颜色、形状、轮廓、大小和屏幕位置等属性。矢量图是由各种曲线、色块或文字组合而成。Illustrator、CorelDraw、FreeHand、AutoCAD 等都是典型的矢量图软件。

由于矢量图像的特殊构成，所以它与分辨率无关，我们将它以任意比例缩放，其清晰度不会改变，也不会出现任何锯齿状的边缘。如图 3-5 所示是原矢量图像，所选区域放大后的矢量图像如图 3-6 所示，我们可以清楚地看到放大的部分没有失真。矢量图像的文件很小，所以便于储存。

图 3-5   图 3-6

但矢量图像也有缺点，它不像位图那样丰富多彩影像细腻，只能表现大面积的色块。矢量图常用于表现一些卡通、文字或公司的 LOGO。

提示：

矢量图可以转换成位图，但位图转换为矢量图至今还没有成熟的软件技术。

3.1.3 像素与分辨率

与图像紧密相关的概念是像素和分辨率，下面我们来分别介绍一下。

1. 像素

像素就是图像的点的数值，点构成线，线构成面，最终就构成了丰富多彩的图像。

在图像尺寸相同的情况下，像素越多图像的效果就越好，图像的品质就越高。如图 3-7 所示的图像包含的像素较多，成像效果相对较好；而如图 3-8 所示的图像包含的像素较少，成像效果相对较差。

图 3-7

图 3-8

像素可以用一个数表示，比如一个"1000 万像素"的数码相机，它表示该相机的感光元器件上分布了 1000 万个像素点；我们还可以用一对数字表示像素，例如"640×480 像素"的显示器，它表示该显示器屏幕横向分布了 640 个像素、纵向分布了 480 个像素，因此其总数为 640×480 = 307 200 像素。

2. 分辨率

分辨率指的是图像单位长度中所含像素数目多少，其单位为像素/英寸和像素/厘米。

单位长度中所含像素越多，图像的分辨率就越高，图像的表现就越丰富和细腻，如图 3-9、图 3-10、图 3-11、图 3-12 所示的图像，是在尺寸不变的情况下，逐渐降低其分辨率后所得，相应地，图像清晰度就越来越差。

图 3-9　　　　　　图 3-10

图 3-11　　　　　　图 3-12

在处理图像时，不是分辨率越高越好，而要视具体情况来设置分辨率。一般情况下，需要四色印刷的文件设置 300 像素/英寸，需要打印的文件设置 150 像素/英寸，不需要输出的文件设置 72 像素/英寸。

在使用 Photoshop 时，我们设置的分辨率均为图像的分辨率，但在实际操作中我们还会涉及其他的几种分辨率。

- 设备分辨率（Device Resolution）：又称输出分辨率，指的是各类输出设备每英寸上可产生的点数，如显示器、喷墨打印机、激光打印机、热蜡打印机、绘图仪的分辨率。

- 网屏分辨率（Screen Resolution）：又称网屏幕频率，指的是打印灰度级图形或分色所用的网屏上每英寸的点数。

- 扫描分辨率：指在扫描一幅图形之前所确定的分辨率，它决定图形将以何种方式显示或打印。

 注意：

在 Photoshop 中新建文件和修改图片大小时，图像分辨率单位有图像分辨率（PPI），扫描分辨率（SPI），网屏分辨率（LPI），设备分辨率（DPI）。

3.2 新建文件

打开 photoshop 后，会看到如图 3-13 所示的界面，左上方有新建选项，单击后会出现如图 3-14 所示的界面，默认为 Photoshop 的默认尺寸。可以根据需求，在橙色区域内自定义尺寸及相关内容。

图 3-13

图 3-14

3.3 打开文件

3.3.1 用右键快捷菜单打开文件

找到目标文件右击鼠标执行"打开方式 > Photoshop"命令即可打开如图 3-15 所示的图像。

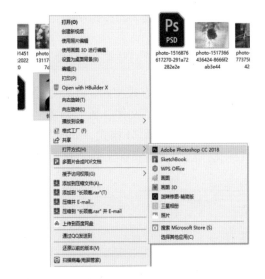

图 3-15

3.3.2 用"打开"命令打开文件

执行"文件 > 打开"命令或按 Ctrl+O 快捷键，弹出"打开"对话框，找到所要打开的文件，再单击"打开"按钮（或双击所要打开的文件），即可打开图像文件，如图 3-16 所示的图像。

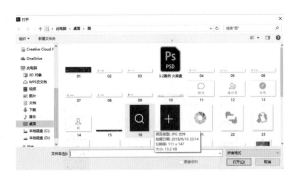

图 3-16

3.3.3 用"在 Bridge 中浏览"命令打开文件

有些时候我们需要在 Bridge 中浏览照片，Photoshop 提供了一种快捷的方式。执行"文件 > 在 Bridge 中浏览"命令或按 Alt+Ctrl+O 快捷键，即可在 Bridge 中浏览照片。

3.3.4 通过快捷方式打开文件

找到要打开的文件，选中文件并拖动到 Photoshop 图标或界面处，也可打开文件如图 3-17、图 3-18 所示。

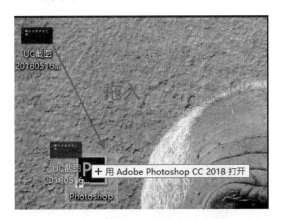

图 3-17

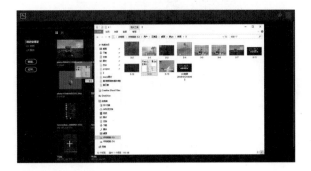

图 3-18

3.3.5 打开最近使用过的文件

在打开 Photoshop 后，界面中橙色方框内为最近使用过的文件。选中其中的文件，单击"打开"按钮即可，如图 3-19 所示。

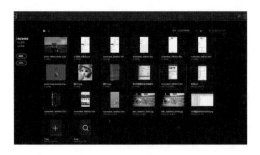

图 3-19

图 3-21

3.3.6 作为智能对象打开

作为智能对象打开文件的方式有很多种，本书只列举两种最常用的方法：第一种是执行"文件 > 打开智能对象"；第二种是用鼠标右击打开的图像执行"转换为智能对象"命令，如图 3-20 所示。

图 3-20

3.4 置入文件

3.4.1 案例：置入 EPS 格式文件

新建一份空白文件作为底图（置入的文件需要一份底图，不用担心会叠合底图，因为置入文件是单独的一个图层），在新建空白文件页面执行菜单栏中"文件 > 置入对象"命令。在打开的对话框中，选择 EPS 格式，如图 3-21 所示。找到目标文件后，双击目标文件，置入完成。

3.4.2 案例：置入 AI 格式文件

与置入 EPS 文件方式相同，在新建空白文件页面执行菜单栏中的"文件 > 置入对象"命令。在打开的对话框中选择 AI 格式，如图 3-22 所示。找到目标文件后，双击目标文件，置入完成。

图 3-22

3.5 导入文件

导入文件与打开文件步骤相同，打开 Photoshop CC，选择菜单栏的"文件 > 打开"命令。找到需要编辑的图片，单击"打开"按钮，即可导入 Photoshop 所支持的任意格式的文件，如图 3-23 所示的图像。

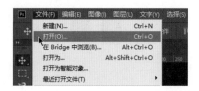

图 3-23

3.6 导出文件

执行"文件 > 导出 > 导出为"命令或按 Ctrl+Shift+Alt+W 快捷键,弹出如图 3-24 所示的对话框。

图 3-24

左上角部分为预览导出文件的基本信息,右上角从上到下依次是导出后文件的格式、品质、图片像素大小、画布大小、元数据、色彩分布等。用户可根据需要进行设置。

3.7 保存文件

3.7.1 用"存储"命令保存文件

执行"文件 > 存储"命令,或按 Ctrl+S 快捷键。如果当前文件从未保存过,将打开如图 3-25 所示的"另存为"对话框;对于至少保存过一次的文件,则直接保存当前文件修改后的信息,而不会出现如图 3-25 所示的对话框。

图 3-25

3.7.2 用"存储为"命令保存文件

执行"文件 > 存储为"命令,或按 Ctrl+Shift+S 快捷键,也会弹出"另存为"对话框,在此对话框中可以不同的位置、不同文件名或不同格式存储原来的图像文件,可用选项根据所选取的具体格式而有所改变。

执行"文件 > 导出 > 存储为 Web 所用格式"命令或按 Ctrl+Alt+Shift+S 快捷键,将打开如图 3-26 所示的图像"存储为 Web 所用格式"对话框,可以直接将当前文件保存成 HTML 格式的网页文件。

图 3-26

3.7.3 用"签入"命令保存文件

Photoshop 中的签入命令允许存储文件的不同版本以及各版本的注释。此命令可用于 Version Cue 工作区管理的图像。如果使用的是来自 Adobe Version Cue 项目的文件,则文档标题栏会提供有关文件状态的其他信息。

执行"文件 > 签入"命令即可,如图 3-27 所示。

图 3-27

3.7.4 选择正确的文件保存格式

首先要说的是我们最常用的两种格式，像我们平时看到的图片其实都是jpg（JPEG）格式的，png格式也可以，不过它一般是用来做矢量图标的，也就是背景是透明没有颜色的那种。

下面来系统介绍一下 Photoshop 软件的文件保存格式。

- PSD 格式：PSD 格式是 Photoshop 默认的文件格式，它可以保留文档中的所有图层、蒙版、通道、路径、未栅格化的文字、图层样式等。通常情况下，我们都是将文件保存为PSD格式，方便以后可以随时修改。

注意：

PSD 的神奇之处是，假如我们的生活是一个大大的 PSD，如果房间乱了，可以隐藏图层，让房间变得整洁；面包烤焦了，可以用修饰工具抹掉；衣服不喜欢，可以用调色工具换个颜色等等；如此这般，那我们的生活将会多么美好。

- PSB 格式：PSB 格式是 Photoshop 的大型文档格式，可支持高达 3 000 000 像素的超大图像文件。它支持 Photoshop 所有的功能，可以保持图像中的通道、图层样式和滤镜效果不变，但只能在 Photoshop 中打开。如果创建一个2GB以上的PSD文件，可以使用该格式。

- BMP 格式：BMP 是一种 Windows 操作系统提供的图像格式，主要用于保存文图文件。该格式可以处理 24 位颜色的通道，支持 RGB、位图、灰度和索引模式，但不支持 Alpha 通道。

- GIF 格式：GIF 是为在网络上传输图像而创建的文件格式，它支持透明背景的动画，被广泛应用在网络文档中。GIF 格式采用 LZW 无损压缩方式，压缩效果较好。

- Dicom 格式：Dicom（医学数字成像和通信）格式通常用于传输和存储医学图像，如超声波和扫描图像。Dicom 文件包含图像数据和标头，其中存储了有关病人和医学图像的信息。

- EPS 格式：EPS 是为 PostScript 打印机上输出图像而开发的文件格式，几乎所有的图形、图表和页面排版程序都支持该格式。EPS 格式可以同时包含矢量图形和位图图像。支持 RGB、CMYK、位图、双色调、灰度、索引和 Lab 模式，但不支持 Alpha 通道。

- JPEG 格式：JPEG 是由联合图像专家组开发的文件格式。它采用有损压缩方式，具有较好的压缩效果，但是将压缩品质数值设置得较大时，会损失掉图像的某些细节。JPEG 格式支持 RGB、CMYK 和灰度模式，不支持 Alpha 通道。

- Raw 格式：Photoshop Raw（.raw）是一种灵活的文件格式，用于在应用程序与计算机平台之间传递图像。该格式支持具有 Alpha 通道的 CMYK、RGB 和灰度模式，以及无 Alpha 通道的多通道、Lab、索引和双色调模式。

- Pixar 格式：Pixar 是专为高端图形应用程序（如用于渲染三维图像和动画的应用程序）设计的文件格式。它支持具有单个 Alpha 通道的 RGB 和灰度图像。

- Scitex 格式：Scitex（连续色调，CT）格式用于 Scitex 计算机上的高端图像处理。该格式支持 CMYK、RGB 和灰度图像，不支持 Alpha 通道。

- TGA 格式：TGA 格式专用于使用 Truevision 视频板的系统，它支持一个单独 Alpha 通道的 32 位 RGB 文件，以及无

Alpha 通道的索引、灰度模式，16 位和 24 位 RGB 文件。

- TIFF 格式：TIFF 是一种通用的文件格式，所有的绘画、图像编辑和排版程序都支持该格式。而且，几乎所有的桌面扫描仪都可以产生 TIFF 图像。该格式支持具有 Alpha 通道的 CMYK、RGB、Lab、索引颜色和灰度图像，以及没有 Alpha 通道的位图模式图像。Photoshop 可以在 TIFF 文件中储存图层，但是，如果在另一个应用程序中打开该文件，则只有拼合图像是可见的。

PSD 是最重要的文件格式，它可以保留文档的图层、蒙版、通道等所有内容，我们编辑图像之后，尽量保存为该格式，以便以后可以随时修改。此外，矢量软件 Illustrator 和排版软件 InDesign 也支持 PSD 文件，这意味着一个透明背景的文档置入到这两个程序之后，背景仍然是透明的；JPEG 格式是众多数码相机默认的格式，如果要将照片或者图像文件打印输出，或者通过 E-mail 传送，应采用该格式保存；如果图像用于 Web，可以选择 JPEG 或者 GIF 格式；如果要为那些没有 Photoshop 的人选择一种可以阅读的文件格式，不妨使用 PDF 格式保存文件。

3.8 关闭文件

Photoshop 中关闭已打开文档，有以下三种方法。

- 将鼠标指针移至要关闭文档标签最右侧的"×"上，单击左键，即可关闭该文档，如图 3-28 所示。

图 3-28

- 从菜单关闭：鼠标左键选择菜单栏中的"文件 > 关闭"（快捷键 Ctrl+W）命令，即可关闭当前选定文档，如图 3-27 所示。
- 同时关闭多个文件：如想关闭所打开的全部文件，可以选择菜单栏中"文件 > 关闭全部"命令，如图 3-29 所示，或按快捷键 Alt+Ctrl+W。

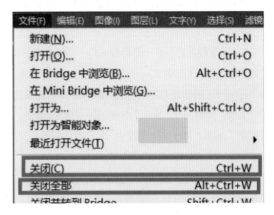

图 3-29

3.9 用 Adobe Bridge 管理文件

用户从 Bridge 中可以查看、搜索、排序、管理和处理图像文件，还可以使用 Bridge 来创建新文件夹、对文件进行重命名、移动和删除操作、编辑元数据、旋转图像以及运行批处理命令，以及查看有关从数码相机导入的文件和数据的信息。

3.9.1 Adobe Bridge 操作界面

Adobe Bridge 工作区由包含各种面板的三个列（或者说窗格）组成。您可以通过移动或调整面板的大小来调整 Adobe Bridge 工作区。您可以创建自定工作区或从若干预配置的 Adobe Bridge 工作区中进行选择，如图 3-30 所示的图像。

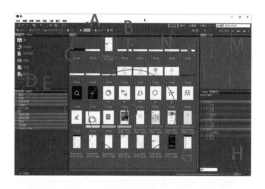

图 3-30

A—应用程序栏；B—路径栏；C—"收藏夹"面板和"文件夹"面板（选项卡）；D—"收藏集"面板；E—"筛选器"面板；F—所选项目；G—缩览图滑块；H—视图选项；I—"元数据"面板；J—"发布"面板；K—"预览"面板；L—"关键字"面板；M—"快速搜索"框；N—标准工作区；O—"内容"面板

下面是 Adobe Bridge 工作区的主要组件。

- 应用程序栏：提供执行基本操作的按钮，例如发布到 Adobe Stock 和 Adobe Portfolio、创建 PDF 联系表、导航文件夹层次结构、切换工作区和搜索文件。

- 路径栏：显示您正在查看的文件夹的路径，让您能够导航到该目录。

- "收藏夹"面板：允许您快速访问经常浏览的文件夹。

- "文件夹"面板：显示文件夹层次结构。使用它可浏览文件夹。

- "筛选器"面板：允许您排序和筛选"内容"面板中显示的文件。

- "收藏集"面板：允许创建、查找、打开收藏集和智能收藏集。

- "内容"面板：显示由导航菜单按钮、路径栏、"收藏夹"面板、"文件夹"面板或"收藏集"面板指定的文件。

- "发布"面板：您可以从 Bridge CC 中将内容上传到 Adobe Stock 和 Adobe Portfolio。

- "预览"面板：显示所选的一个或多个文件的预览。预览不同于"内容"面板中显示的缩览图，并且通常大于缩览图。您可以通过调整面板大小来缩小或扩大预览。

- "元数据"面板：包含所选文件的元数据信息。如果选择了了多个文件，则会列出共享数据（如关键字、创建日期和曝光度设置）。

- "关键字"面板：帮助您通过附加关键字来组织图像。

- "输出"面板：包含用于创建 PDF 联系表的选项，在选中输出工作区时显示。

3.9.2 Mini Bridge

Photoshop CC 中文版 Mini Bridge 是一个简化版的 Adobe Bridge，如果我们只需要查找和浏览图片素材，就可以使用 Mini Bridge。

在 Photoshop CC 中文版菜单栏选择"文件">"在 Mini Bridge 中浏览"命令，或在 Photoshop CC 中文版菜单栏选择"窗口">"扩展功能">"Mini Bridge"命令，弹出对话框。因为必须运行 Bridge 才能浏览文件，单击"启动 Bridge"按钮，如图 3-31 所示。

打开 Mini Bridge 面板，如图 3-32 所示。

图 3-31

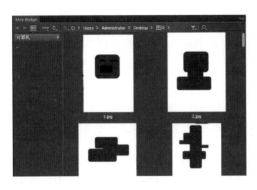

图 3-32

相关按钮功能如下。

- ：返回 / 前进。
- ：单击可运行 Bridge。
- ：视图。选择方式和显示方式如图 3-33
  所示。

图 3-33

- ：图像文件排列方法，如图 3-34 所示。
- 28 个项目，选中了 23 个 - 1.14 MB ：左下角显示文
  件总数。
- ：通过拖动滑块调整
  缩览图大小。
- C: > Users > Administrator > Desktop > 图片 ：路径栏，显示了当
  前文件夹的路径，并允许导航到该目录。

图 3-34

- ：筛选显示，根据条件显示相关内容
  如图 3-35 所示。

图 3-35

3.9.3 在 Bridge 中浏览图像

首先打开 Bridge 软件，在"内容"面板中最
多可以选择 9 张图像，我们可以在右侧预览面板
中进行预览。我们也可以进行全屏预览图像，步
骤如下。

选择一个或多个图像，然后执行"视图">"全
屏预览"，或者按空格键。

在全屏预览模式下，按加号（+）或减号（-）
键可以对预览的图像进行放大或缩小操作。您还
可以使用鼠标滚轮增加、减小放大倍数。如果您
想要平移图像，需要先将该图像放大，然后拖动
鼠标，便可进行平移操作。按键盘上的右箭头和
左箭头键，可以转至文件夹中的下一个或上一个
图像进行预览，继续按键盘上的空格键可退出全
屏预览模式。

> 📢 注意：
>
> 如果您在进入全屏预览之前选择了多个图像，
> 按右箭头和左箭头键可循环浏览所选图像。
> 按空格键或 Esc 键以退出"全屏预览"。

3.9.4　在 Bridge 中打开文件

即使文件不是用 Adobe 软件创建的，您也可以从 Adobe Bridge 打开这些文件。使用 Adobe Bridge 打开文件时，文件将在其原始应用程序或您指定的应用程序中打开。还可以使用 Adobe Bridge 将文件置入 Adobe 应用程序的已打开文档中。

01 打开 Bridge 软件。

02 选取目标文件右击鼠标执行"打开"命令，如图 3-36 所示，或双击"内容"面板中的文件。

图 3-36

03 打开目标文件，如图 3-37 所示。

图 3-37

3.9.5　预览动态媒体文件

用户可以在 Adobe Bridge 中预览大多数视频、音频文件，也可以预览 SWF 内容、FLV 文件和 F4V 文件以及您在计算机上安装的

QuickTime 版本支持的大多数文件。使用"回放"首选项可控制媒体文件的播放方式。

 注意：
32 位 Windows 系统不支持回放视频预览。仅 64 位 Windows 系统支持这一操作。

01 在窗口界面中，单击需要进行预览的视频文件后，可在右侧的预览面板中进行预览，如图 3-38 所示。

图 3-38

在预览面板中单击相应的按钮可以执行如下操作。

- 单击 ██，可以控制开始和暂停。
- 单击 ◄，可以控制音量的大小。
- 单击 ████ 进度条的显示。
- 单击"循环"按钮 █ 可打开或关闭连续循环。

3.9.6　对文件进行排序

默认情况下，Adobe Bridge 按文件名对"内容"面板中显示的文件排序。用户可使用"排序"命令或"排序依据"应用程序栏按钮以不同方式对文件进行排序。

从"视图>排序"菜单选择选项，或单击应用程序栏中的"排序"按钮，按所列条件对文件进行排序。选择"手动"可按您上次拖移文件的顺序排序。如果"内容"面板显示了搜索结果、收藏集或平面视图，则"排序"按钮会包含"按文件夹"选项，您可使用该选项按文件所在的文件夹对文件进行排序。

在"列表"视图中，单击任何列标题可按该标准排序。

3.9.7 对文件进行标记和评级

对文件进行标记和评级对于我们的日后工作会有的益处。

打开 Bridge，找到文件并添加到列表中，从标签中选择一个标签选项，即可为文件添加评级，如图 3-39 所示。标记后的效果如图 3-40 红色方框框选的部分。

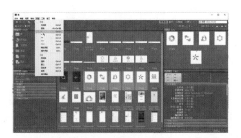

图 3-39

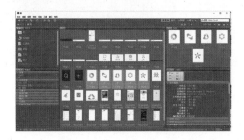

图 3-40

如果要增加或减少一个星级，可选择"标签 > 提升评级"或"降低评级"，如图 3-41 所示。

图 3-41

从标签中选择一个标签选项，即可为文件添加颜色标记，如图 3-42 所示。标记后的效果如图 3-43 红色方框框选的部分。

图 3-42

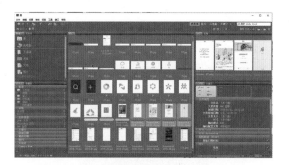

图 3-43

3.9.8 通过关键字快速搜索图片

打开 Bridge 后，浏览到照片文件夹，单击如图 3-44 所示的小三角，在下拉菜单中选择"关键字"，切换到"关键字"面板，如图 3-45 所示。

图 3-44

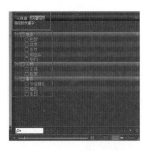

图 3-45

观察"关键字"面板，已经包含事件、人物和地点三大关键字分类（父关键字），每类中都包含了该类相关的最常用关键字作为子关键字，当然这些关键字也许并不是我们想要的，但这里真正的功能是让我们创建和应用我们自己的关键字。

在任意父关键字上单击，再选中照片，然后单击 ➕ 按钮就可以添加父关键字了，如图 3-46 所示为添加自定义的关键字。

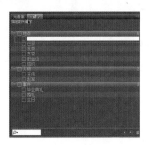

图 3-46

同理，如果想在地点下面添加子关键字，那么首先在某一子关键字上单击，然后单击面板左下角的 ➕ 按钮。如想删除关键字，可在垃圾桶图标上单击，如图 3-47 所示。

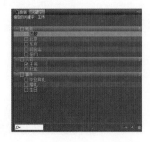

图 3-47

输入自己的地点关键字，在前面的小方框打上钩，就能看到关键字已经应用到图片上了。如图 3-48 所示，在指定关键字后面可以看到应用到当前图片的关键字。

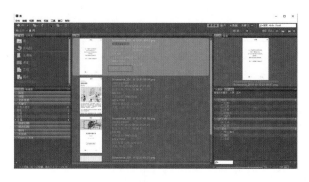

图 3-48

如果要一次为多幅图片添加同一关键字，只需要按住 Ctrl 键单击这些图片，选中某一关键字后打上对钩即可，如图 3-49 所示。

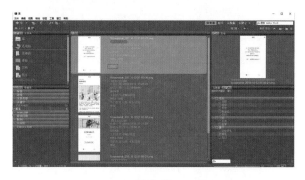

图 3-49

3.10 在图像中添加版权信息

添加版权信息是对自己劳动成果的一种尊重，Photoshop 为用户提供了一种方法，步骤如下：执行"文件 > 文件简介"命令或按 Ctrl+Shift+Alt+I 快捷键，弹出信息窗口如图 3-50 所示。找到"版权状态"，单击添加版权公告以及 URL。

图 3-50

3.11 修改图像尺寸和画布大小

Photoshop 为我们提供了修改图像大小这一功能，通过改变图像的像素、高度、宽度以及分辨率来实现修改图像的尺寸；并且还为我们提供了修改画布大小这一功能，让使用者在编辑处理图像时更加方便快捷。

3.11.1 修改图像的尺寸

在使用照片时，我们经常会遇到修改照片尺寸的情况，这时可利用 Photoshop CC 2017 轻松实现。其具体操作方法如下：执行"图像 > 图像大小"命令，或者按 Ctrl+Alt+I 快捷键，弹出如图 3-51 所示的对话框，在"图像大小"区域的"宽度"和"高度"栏中填写需要的尺寸，单击"确定"按钮即可完成。

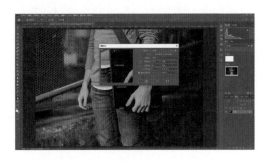

图 3-51

"图像大小"对话框包含了修改图像尺寸的所有选项，如图 3-52 所示。各选项功能如下。

图 3-52

- 预览窗口：要更改预览窗口的大小，拖动"图像大小"对话框的一角并且移动。要查看图像的其他区域，可以在预览内拖动图像。
- 图像大小：用于显示当前文件的大小。
- 尺寸：用于显示当前图像宽度和高度的像素值，可以通过其左侧的下拉列表框选择"百分比""厘米"等其他单位选项。
- 约束比例：用于约束图像的宽高比。勾选此复选框，在宽度和高度的数值后会出现"锁链"标志（如图 3-53 所示），表示改变其中一项数值时，相应的另一项数值也会等比例改变。取消此复选框则可以任意的改变"宽度"和"高度"的数值。可以在"宽度""高度"和"分辨率"数值框中输入数值来重新定义图像的文档大小，并在"宽度""高度"和"分辨率"数值框右侧的下拉列表框中设定其单位。

图 3-53

● 重新采样：勾选此复选框，在改变图像的尺寸或者分辨率时，图像的像素数目将随之改变，并可以在此复选框右侧的下拉列表框中选择不同的设定图像像素的插值方式，如图3-54所示；不勾选此复选框，"像素大小"数值框中的像素数目将固定不变，而"文档大小"选项中的"宽度""高度"和"分辨率"的数值框后面会出现一个"锁链"的标志，如图3-55所示，改变其中一个数值框中的数值时，另外两个数值框中的数值也会随着原来的比例改变，不能选择设定图像像素的插值方式。

图 3-54

图 3-55

 相关链接：

插值方法（interpolation）是图像重新分布像素时所用的运算方法，也是决定中间值的一个数学过程。在重新取样时，Photoshop会使用多种复杂方法来保留原始图像的品质和细节。各方法介绍如下。

● "自动"是Photoshop根据文档类型以及是放大还是缩小文档来选取重新取样方法。

● "邻近（硬边缘）"的计算方法速度快但不精确，适用于需要保留硬边缘的图像，如像素图的缩放。

● "两次线性"的插值方法用于中等品质的图像运算，速度较快。

● "两次立方（平滑渐变）"的插值方法可以使图像的边缘得到最平滑的色调层次，但速度较慢。

● "两次立方（较平滑）（扩大）"是在两次立方的基础上计算，适用于放大图像。

● "两次立方（较锐利）；（缩小）清晰"是在两次立方的基础上计算，适用于图像的缩小，并重新取样后保留更多的图像细节。

● "自动两次立方"是Photoshop CC 2017新增的插值方式，适用于一般图像的调正。

"保留细节（扩大）"可在放大图像时使"减少杂色"滑块消除杂色。

注意：

图像的插值预设：执行"编辑>首选项>常规"命令，设置图像插值预设方式。设置完成后，对图像执行"自由变换"命令放大或缩小，都要使用预设的插值方式。改变图像大小执行"图像>图像大小"命令后，在"图像大小"对话框中可以设定改变该图像大小时所用的"插值"方式。

3.11.2 将照片设置为手机壁纸

在很多时候，我们想将自己的生活照作为手机壁纸，但实际照片却不符合手机屏幕的大小，这时我们就可利用Photoshop CC 2017来修改照片的尺寸和比例。下面我们以如图 3-56 所示的照片为例，介绍一下如何制作手机壁纸。

图 3-56

图 3-58

01 在手机设置中找到"关于手机"，查看分辨率，如图 3-57 所示（本实例中的手机为 Android 系统），并记录下其数值（本实例这种尺寸为 1080×1920）。

03 执行打开命令，或者按 Ctrl+O 快捷键打开所需照片，并使用移动工具  将它拖入新建的文档中，如图 3-59 所示。

04 按 Ctrl+T 快捷键，然后按住 Shift 键，并同时拖动控制点，成比例地调整照片大小，如图 3-60 所示。

图 3-59

02 在 Photoshop CC 2017 中，执行新建命令，或者按 Ctrl+N 快捷键，打开"新建"对话框，在标题内输入"手机壁纸"，在"宽度"和"高度"文本框内输入手机屏幕的分辨率数值，并且将文档的"分辨率"设置为 72 像素 / 英寸，如图 3-58 所示，这样我们就创建了一个与电脑桌面大小相同的文档。

图 3-57

图 3-60

05 调整完后，双击图像退出自由变换，按 Ctrl+E 快捷键合并图层，再单击裁剪工具 ，就会显示如图 3-61 所示的定界框，直接双击图像即可完成对图像的裁切。最后执行储存命令或者按 Ctrl+S 快捷键，将文件存储为 JPG 格式，效果如图 3-62 所示。

图 3-61　　　　　　图 3-62

3.11.3　修改画布大小

在 Photoshop 中，画布的大小是指整个文档的工作区域的大小，如图 3-63 所示白色区域以内就是画布，用户可以精确设置图像的画布尺寸，以满足绘图与处理图像时的需要。其操作方法是：执行 "图像 > 画布大小" 命令，或者按 Ctrl+Alt+C 快捷键就可以打开"画布大小"对话框，并在此对话框中修改画布尺寸，如图 3-64 所示。

图 3-63　　　　　　图 3-64

各选项介绍如下。

- 当前大小：用于显示图像的实际尺寸以及图像文档的实际大小。

- 新建大小：用于设置新画布宽度和高度的大小以及单位。图 3-65 为原图的大小，其参数如图 3-66 所示。当我们输入的数值小于原来尺寸时（如图 3-67 所示）会减小画布从而裁剪图像，如图 3-68 所示。当我们输入的数值大于原来的尺寸时（如图 3-69 所示）会增大画布，且图像小于画布，周围填充色为画布的颜色，如图 3-70 所示（图中的画布颜色黄色）。输入数值后，该选项右侧会显示修改画布后的文档大小。

图 3-65　　　　　　图 3-66

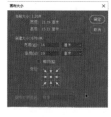

图 3-67　　　　　　图 3-68

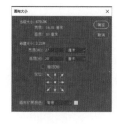

图 3-69　　　　　　图 3-70

- 相对：勾选该项时，"宽度"和"高度"选项中的数值将代表实际增加或者减少区域的大小，而非整个文档的大小。输入负值（如图 3-71 所示），则减小画布，如图 3-72 所示；输入正直（如图 3-73 所示），则增加画布，如图 3-74 所示。

- 定位：单击不同的方向箭头，可以显示当前图像在新画布上的位置，如图 3-75 ~ 图 3-78 所示，是设置不同的定位方向再增大画布后的图像效果。

- 画布扩展颜色：在该下拉列表中可以选择填充新画布的颜色，如图 3-79 所示。

图 3-79

- ◆ "前景"：用当前的前景颜色填充新画布。
- ◆ "背景"：用当前的背景颜色填充新画布。
- ◆ "白色" "黑色"或"灰色"：用相应颜色填充新画布。
- ◆ "其他"：使用拾色器选择新画布颜色。

注意：

可以单击"画布扩展颜色"列表框右侧的白色方块来打开拾色器。如果图像不包含背景图层，则"画布扩展颜色"列表框就不可以使用。

3.11.4 旋转画布

图像旋转就是对当前整个图像窗口进行旋转的操作，通过旋转图像的角度来达到编辑图像的效果，执行"图像 > 图像旋转"就会显示子菜单中的各个命令，如图 3-80 所示，根据需要来选择命令即可完成操作。由于这些旋转命令针对的是整个画布，因此执行这些命令时不需要再选择范围。

图 3-71

图 3-72

图 3-73

图 3-74

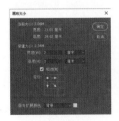

图 3-75

图 3-76

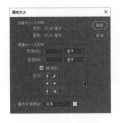

图 3-77

图 3-78

图像旋转(G) ▶	180 度(1)
裁剪(P)	顺时针 90 度(9)
裁切(R)...	逆时针 90 度(0)
显示全部(V)	任意角度(A)...
复制(D)...	水平翻转画布(H)
应用图像(Y)...	垂直翻转画布(V)

图 3-80

原图效果如图 3-81 所示，执行"图像 > 图像旋转 > 180 度"命令后的效果如图 3-82 所示。

使用任意角旋转画布时，可以任意输入你所要旋转的角度和选择旋转的方向，如图 3-87 所示。如果按顺时针旋转 35°，旋转后的效果如图 3-88 所示；按逆时针旋转 35°，如图 3-89 所示，旋转后的效果如图 3-90 所示。

图 3-81 　　　　　　图 3-82

执行"图像 > 图像旋转 > 顺时针 90 度"命令后的效果如图 3-83 所示；执行"图像 > 图像旋转 > 逆时针 90 度"命令后的效果如图 3-84 所示。

图 3-87 　　　　　　图 3-88

图 3-83 　　　　　　图 3-84

执行"图像 > 图像旋转 > 水平翻转画布"命令后的效果如图 3-85 所示；执行"图像 > 图像旋转 > 垂直翻转画布"命令后的效果如图 3-86 所示。

图 3-89 　　　　　　图 3-90

3.11.5 　显示画布之外的图像

在 Photoshop 中，当我们把图片置入新建的文档中时，由于图像比新建文档的尺寸大，使得图像的一部分隐藏在画布之外，这时我们可运用"显示全部"命令将其隐藏的部分显示出来。

如图 3-91 所示的图片，将其移到一个较小的文档中。如图 3-92 所示，图像不能完全显示。此时只要执行"图像 > 显示全部"命令，如图 3-93 所示，Photoshop 就会自行判断图像的大小，并将隐藏的图像全部都显示出来，如图 3-94 所示。

图 3-85 　　　　　　图 3-86

图 3-91　　　　　　图 3-92

图 3-93　　　　　　图 3-94

3.12　复制与粘贴

出于对图像编辑处理的需要，Photoshop CC 2017 为我们提供了与绝大部分 Windows 应用程序一样的复制、剪切、粘贴等基本编辑功能，下面我们来对它们进行详细的介绍。

3.12.1　复制文档

把一个文件里的图层复制到另一个文件的操作称为复制文档，步骤如下。

01 打开需要操作的两个文件。

02 先选中复制源的文件图层。

03 在文件区域，用移动工具移动蓝色对象后，并按住键盘的 Shift 键将对象拖曳到目标文件里释放即可实现，如图 3-95 所示。

图 3-95

3.12.2　拷贝、合并拷贝与剪切

1. 拷贝

拷贝与粘贴是将一个图像区域编辑置入另一图像中的操作步骤，用选择工具 创建所要拷贝的选区，如图 3-96 所示，执行"编辑＞拷贝"命令，或者按 Ctrl+C 快捷键，这样将选区中的图像拷贝至剪贴板中，原图像的效果将保持不变。执行"编辑＞粘贴"命令，就将拷贝到剪贴板中的图像粘贴到新的图像中了，如图 3-97 所示。

图 3-96　　　　　　图 3-97

2. 合并拷贝

合并拷贝与拷贝基本相同，都是对图像进行拷贝操作，但不同的是拷贝只针对所选区域中当前图层的图像进行操作，而合并拷贝是拷贝选区中所有图层的图像内容。

如图 3-98 所示，图像由"香蕉"和"苹果"图层组合而成，在其交接的区域用矩形选框工具 进行选择，如图 3-99 所示。首先执行"编辑＞合并拷贝"命令，再执行"编辑＞粘贴"命令，隐藏"香蕉"和"苹果"两个图层，如图 3-100所示，显示的效果如图 3-101 所示。

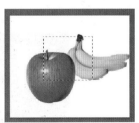

图 3-98　　　　　　图 3-99

图 3-100

图 3-101

注意：
　　无论是剪切操作还是拷贝操作，所操作的对象应在当前图层，如果当前图层是透明的，将不能对其进行剪切和拷贝。

3.12.3　选择性粘贴

　　复制或者剪切图像以后，有时为了图像操作的需要，我们可以进行选择性粘贴，执行"编辑 > 选择性粘贴"命令时会出现一个下拉菜单，如图 3-105 所示，选择其中相应的命令可进行图像的粘贴。

注意：
　　对图层的隐藏，只需选择图层面板中相应图层左边眼睛●●的形状，它变为方块时，图层就隐藏了。

图 3-105

- 原位粘贴：执行该命令，可以将图像按照其原位粘贴到文档中。
- 贴入：若对文档中创建了选区，如图 3-106 所示，将选区内的图像拷贝，执行"编辑 > 选择性粘贴 > 贴入"命令粘贴到如图 3-107 所示的选区内，此时自动添加蒙版，如图 3-108 所示，并且将选区之外的图像隐藏，如图 3-109 所示。

3. 剪切

　　剪切与拷贝操作过程基本相同，在文件中创建如图 3-102 所示的选区，执行"编辑 > 剪切"命令，或者按 Ctrl+X 快捷键，将图像剪切到剪切板中。与"拷贝"命令不同的是，"剪切"命令会破坏图像，如果在"背景"图层中执行"剪切"命令，被剪切掉的图像区域会被背景色填充，如图 3-103 所示；如果在普通图层中执行"剪切"命令，则被剪切的图像区域会变成透明，如图 3-104 所示。

图 3-102

图 3-103

图 3-106

图 3-107

图 3-104

图 3-108

图 3-109

- 外部粘贴：若拷贝如图 3-110 所示的图像，对另一个文档创建如图 3-111 所示的选区，执行该命令，可粘贴图像，并自动创建蒙版，如图 3-112 所示；并将选区中的图像隐藏，如图 3-113 所示。

图 3-110

图 3-111

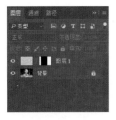

图 3-112

图 3-113

3.12.4 清除图像

在图像文档中创建好需要清除图像的区域，如图 3-114 所示，执行 "编辑 > 清除" 命令，或者按 Delete 键，便可清除选区中的图像。

图 3-114

在清除图像时，若清除的图像为背景图像，则被清除区域的填充色将以背景色显示，如图 3-115 所示；若清除的图像不是背景图像，而是一般图层，则会删除选区中当前图层的图像，如图 3-116 所示。

图 3-115

图 3-116

3.13　从错误中恢复

在 Photoshop 中，我们在对图像进行处理时，难免会出现错误，或者对编辑处理的效果不满意，此时我们可以撤销操作或者将图像恢复为最近保存过的状态。Photoshop 提供了很多帮助我们恢复操作的功能，因而我们可以进行大胆的创作。下面我们来介绍一下怎样进行从错误中恢复的操作。

3.13.1 还原与重做

我们对图像进行还原时，执行 "编辑 > 还原" 命令，或者按 Ctrl+Z 快捷键，可以撤销对图像当前所做的一次修改，将其还原到上一步编辑状态中。如果想要取消还原操作，可以执行 "编辑 > 重做" 命令，或按 Shift+Ctrl+Z 快捷键。

3.13.2 前进一步与后退一步

对于 "还原" 命令，只能对图像操作的一次还原，但我们有时候又需要连续还原，此时可以连续执行"编辑 > 后退一步"命令，或者连续按 Alt+Ctrl+Z 快捷键，来逐步撤销操作。若要取消还原，可以连续执行"编辑 > 前进一步"命令，或者连续按 Shift+Ctrl+Z 快捷键，逐步恢复被撤销的操作。

3.13.3　恢复文件

执行"文件 > 恢复"命令，可以直接将文件恢复到最后一次保存时的状态。

3.14　用"历史记录"面板进行还原操作

在 Photoshop 中，"历史记录"面板使您可以从当前工作状态跳转到最近创建的任一工作状态。每次更改图像时，图像的新状态都添加到该面板中。通过该面板，可以将图像恢复到操作过程中的某一步状态，也可以再次回到当前的操作状态，或者将处理结果创建为快照或是新的文件，更加方便我们的还原与重做。

3.14.1　"历史记录"面板

执行"窗口 > 历史记录"命令，可以打开"历史记录"面板，如图 3-117 所示。各选项介绍如下。

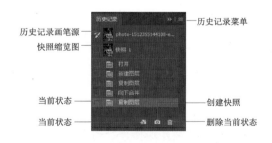

图 3-117

- 历史记录菜单：单击"历史记录菜单"按钮，会弹出下拉列表，在里面可以执行不同的历史记录命令，如图 3-118 所示。

图 3-118

- 设置历史记录画笔源：使用历史记录画笔时，该图标所在的位置将作为历史画笔的源图像。
- 快照缩览图：被记录为快照的图像状态。
- 当前状态：将图像恢复到该命令的编辑状态。
- 从当前状态创建新文档：基于当前操作步骤中图像的状态创建一个新文档。
- 创建新快照：基于当前的图像状态创建快照。
- 删除当前状态：选择一个操作步骤后，单击该按钮，可将该步骤及后面的操作删除。

3.14.2　案例：用"历史记录"面板还原图像

01 按 Ctrl+O 快捷键，打开一个文件，如图 3-119 所示，当前"历史记录"面板状态如图 3-120 所示。

图 3-119　　　　　　图 3-120

02 执行"滤镜 > 艺术效果 > 壁画"命令，弹出"艺术效果"对话框，如图 3-121 所示，单击"确定"即可，图像效果如图 3-122 所示。

图 3-121　　　　　图 3-122

03 执行"滤镜 > 扭曲 > 海洋波纹"命令，弹出"扭曲"对话框，如图 3-123 所示，直接单击"确定"按钮即可，图像效果如图 3-124 所示。滤镜保存的数量越多，占用的内存就越多。对于滤镜相关的操作，在以后的章节将会详细的介绍。

图 3-123　　　　　图 3-124

3.14.3　用快照还原图像

使用快照可以还原恢复图像。在对图像的进行处理时，若某个操作比较重要，可以将其创建为快照，这样还原恢复起来也比较方便，也会提高编辑处理图像的效率，避免后面的操作将其覆盖。

需要创建快照时，单击"历史记录"面板下部的"创建新快照"按钮，如图 3-125 所示，这样就可以创建名为"快照 1"的新快照，如图 3-126 所示。

图 3-125　　　　　图 3-126

若需要恢复到某个操作，只需单击其相应的快照就可以了；若对已建新快照重新命名，双击此快照名，输入新名称即可。

我们还可以按住 Alt 键单击"创建新快照"按钮，或执行面板菜单中的"新建快照"命令，可以在打开的"新建快照"对话框中通过设置选项创建快照，如图 3-127 所示。各选项含义如下。

图 3-127

- 名称：可输入快照的名称。
- 自：此下拉列表框可以创建的快照内容。选择"全文档"，可创建图像当前状态下所有图层的快照；选择"合并的图层"，建立的快照会合并当前状态下图像中的所有图层；选择"当前图层"，只创建当前状态下所选图层的快照。

3.14.4　删除快照

在"历史记录"面板中，我们可以右击需删除的快照，快捷菜单如图 3-128 所示，单击"删除"即可；或者将一个快照拖动到"删除当前状态"按钮上，即可将其删除，如图 3-129、图 3-130 所示。

图 3-128

图 3-129　　　　　图 3-130

 注意:

建立的快照不会与文档一起存储，因此，关闭文档以后就会删除所有快照。

3.14.5　创建非线性历史记录

从上面的操作中我们发现，当单击"历史记录"面板中的一个操作步骤来还原图像时，该步骤以下的操作全部变暗，如图 3-131 所示；并且此时进行其他操作，则该步骤后面的记录都会被新的操作替代，如图 3-132 所示。

图 3-131　　　　　图 3-132

利用非线性历史记录可在更改选择的状态时保留后面的操作。执行"历史记录"面板菜单中

的"历史记录选项"命令，打开"历史记录选项"对话框，选择"允许非线性历史记录"选项，即可将历史记录设置为非线性状态，如图 3-133 所示。此时就可以进行非线性历史记录操作了，如图 3-134 所示，增加操作后不会把下面的操作替代，而是在其下面继续记录操作，如图 3-135 所示。

图 3-133

图 3-134　　　　　图 3-135

"历史记录选项"对话框中的其他选项介绍如下。

- 自动创建第一幅快照：打开图像文件时，图像的初始状态自动创建为快照。
- 存储时自动创建新快照：在编辑的过程中，每保存一次文件，都会自动创建一个快照。
- 默认显示新快照对话框：强制 Photoshop 提示操作者输入快照名称，即使使用面板上的按钮时也是如此。
- 使图层可见性更改可还原：保存对图层可见性的更改。

3.15　清理内存

我们使用 Photoshop 处理图像时，它需要保存大量的中间数据，这会造成计算机的速度变慢，执行"编辑 > 清理"菜单中的命令，如图 3-136 所示，可以释放由"还原"命令、"历史记录"面板或剪贴板占用的内存，以加快系统的处理速度。清理后，项目的名称会显示为灰色。选择"全部"命令，可清理上面所有内容。

图 3-136

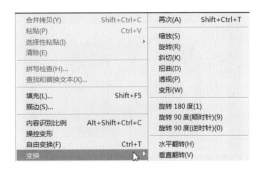

图 3-137

 注意：

"编辑 > 清理"菜单中的"历史记录"和"全部"命令不仅会清理当前文档的历史记录，它还会作用于其他打开的文档。如果只想清理当前文档，可以使用"历史记录"面板菜单中的"清除历史记录"命令来操作。

图 3-138

3.16 图像的变换与变形操作

在 Photoshop 中，对图像的旋转、缩放、扭曲等是图像处理的基本操作，其中，旋转和缩放称为变换操作；斜切和扭曲称为变形操作。下面我们来详细的介绍怎样对图像进行变换和变形操作。

3.16.1 定界框、中心点和控制点

在 Photoshop 中，执行"编辑 > 变换"命令，菜单中包含了各种变换命令，如图 3-137 所示。按 Ctrl+T 快捷键，当前对象周围会出现一个定界框，定界框是由中央一个中心点和四周 8 个控制点组成的，如图 3-138 所示。在默认情况下，中心点位于所选区域的中心，它用于定义对象的变换中心，拖动它可以改变位置。控制点决定着图像大小的位置，拖动控制点则可以进行变换操作。

3.16.2 移动图像

图像不能一直在一个地方不动，经常要根据需求移动图像以达到我们想要的效果。Photoshop 为我们提供的移动工具为 ⊕，我们通过它可以移动我们的图像。如图 3-139 所示的图像在屏幕正中间，单击 ⊕ 按钮，然后拖动图像即可移动图像，如图 3-140 所示。

图 3-139

图 3-140

3.16.3 案例：旋转与缩放

我们通过旋转与缩放来仿制一个小鸡蛋。

01 打开目标文件，如图 3-141 所示。

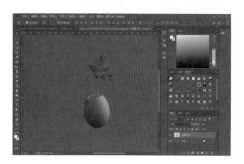

图 3-141

02 按住 Alt 键的同时拖动鸡蛋，复制出一个新的鸡蛋，如图 3-142 所示。

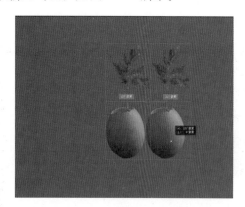

图 3-142

03 按 Ctrl+T 快捷键调出变换工具，如图 3-143 所示。

图 3-143

04 鼠标指针靠近变换框角进行旋转操作，旋转至如图 3-144 所示图像。

图 3-144

05 单击变换框角进行缩放操作，缩放至如图 3-145 所示的图像，用选择工具调整位置完成案例，如图 3-146 所示。

图 3-145

图 3-146

3.16.4 案例：斜切与扭曲

我们通过斜切与扭曲来制作一本书。

01 打开目标文件，如图 3-147 所示。

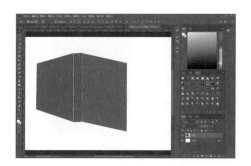

图 3-147

02 导入"N个核桃"文档，如图 3-148 所示。

图 3-148

03 利用选择工具 ⊕ 把图像与左上角对齐，如图 3-149 所示。

图 3-149

04 利用变换工具变换到如图 3-150 所示的大小。

图 3-150

05 右击鼠标，选择"斜切"命令，如图 3-151 所示。

06 鼠标靠近右侧变换框，出现上下箭头，向下拖动至如图 3-152 所示的图像。

图 3-151

07 单击 ✓ 按钮，完成斜切。

08 复制图层 2，如图 3-152 所示。

图 3-152

09 用选择工具将图像与紫色背景对齐，如图 3-153 所示。

图 3-153

10 按 Ctrl+T 快捷键，右击鼠标，选择"扭曲"命令，如图 3-154 所示。

图 3-154

11 鼠标靠近变换框左边的两个角，出现上下箭头，将其拖动至如图 3-155 所示位置。

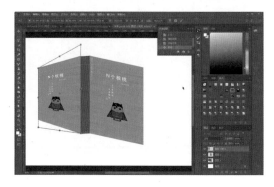

图 3-155

12 单击 ✓ 按钮，完成扭曲。

13 按 Ctrl+S 快捷键保存本次案例，如图 3-156 所示。

图 3-156

3.16.5 案例：透视变换

我们通过透视变换来制作景象景深效果。

01 打开目标文件，如图 3-157 所示。

图 3-157

02 将背景层复制两次，如图 3-158 所示。

图 3-158

03 将背景图隐藏，如图 3-159 所示。

图 3-159

04 将图像缩小到如图 3-160 所示的效果。

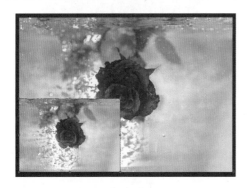

图 3-160

05 复制的图层二如图 3-161 所示。

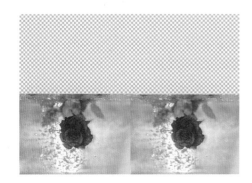

图 3-161

06 按 Ctrl+T 快捷键，右击鼠标，选择"透视"命令，如图 3-162 所示。

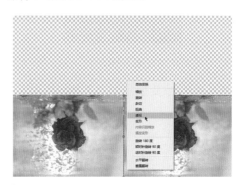

图 3-162

07 鼠标上下拖动变换框左侧一角至如图 3-163 所示效果。

图 3-163

08 同理，将复制的图层二透视变换至相同效果，如图 3-164 所示。

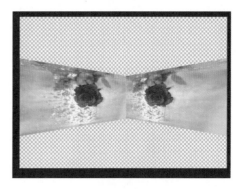

图 3-164

09 按 Ctrl+E 快捷键，将图层二与下层图层合并，如图 3-165 所示。

图 3-165

10 将图像变换到如图 3-166 所示的效果。

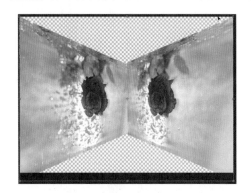

图 3-166

11 点击眼睛图标,显示背景图,如图 3-167 所示。

图 3-167

12 按 Ctrl+S 快捷键保存本次案例,如图 3-168 所示。

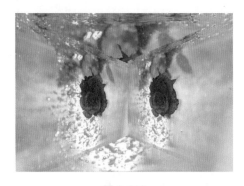

图 3-168

3.16.6 案例:精确变换

打开一个图像,如图 3-169 所示。

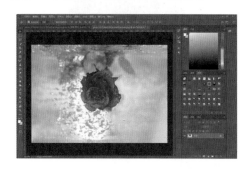

图 3-169

01 鼠标双击背景层,弹出对话框,单击"确定"按钮,解锁图层,如图 3-170 所示。

图 3-170

02 按 Ctrl+T 快捷键,单击 ⊕ 按钮如图 3-171 所示。

图 3-171

03 设置百分比为 85%,如图 3-172 所示,单击 ✓ 按钮完成变换。

图 3-172

04 在"图层"下方新建一个图层,如图 3-173 所示。

图 3-173

05 按 Alt+Delete 快捷键填充白色，如图 3-174 所示，出现白色相框。

图 3-174

06 按 Ctrl+S 快捷键保存本次案例。

3.17 内容识别比例缩放

内容识别比例是一项非常实用的缩放功能。我们在前面所介绍的普通缩放，在调整图像大小时会统一影响所有像素，使得图像的主要部分变形得相当厉害，而内容识别缩放则主要影响不重要区域中的像素。当我们用"内容识别比例"命令缩放图像时，画面中的人物、建筑、动物等主要图像不会发生太大的变形。

执行"编辑 > 内容识别比例"命令后，工具选项栏中各个属性如图 3-175 所示。

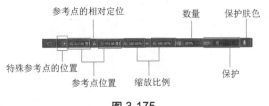

图 3-175

- 特殊参考点的位置：与精确变换中的参考

点位置一样，单击参考点定位符上的方块，可以确定缩放图像时的控制中心。默认情况下，参考点位于图像的中心。

- 参考点的相对定位 △：单击此按钮，可以指定相对于当前参考点位置的新参考点位置。
- 参考点位置：在 x 数值框和 y 数值框中输入像素的大小，可以将参考点放置于特定位置。
- 缩放比例：在宽度（W）数值框和高度（H）数值框中输入百分比，可以指定图像按原始大小的百分之多少进行缩放。单击"锁定长宽比"按钮，可以对图像进行等比缩放。
- 数量：该数值框所显示的比例是指定内容识别缩放与常规缩放的比例。可在该数值框中输入数值或单击箭头和移动滑块来指定内容识别缩放的百分比。
- 保护：可以选择一个 Alpha 通道。通道中白色对应的图像不会变形。
- 保护肤色：单击"保护肤色"按钮，可以保护包含肤色的图像区域，使图像不容易变形。

3.17.1 案例：用内容识别比例缩放图像

01 按 Ctrl+O 快捷键，打开一个文件，如图 3-176 所示。由于内容识别缩放不能处理"背景"图层，我们先双击"背景"图层，如图 3-177 所示，这时弹出一个对话框，如 3-178 所示，单击"确定"将它转换为普通图层，如图 3-179 所示。

图 3-176   图 3-177

图 3-178

图 3-179

所示是使用"内容识别比例"命令缩放的效果，通过两种结果的对比可以看到，内容识别比例功能非常强大，它不易使重要的内容过度变形。

02 执行"编辑 > 内容识别比例"命令，显示定界框，如图 3-180 所示，工具选项栏中会显示缩放变换选项，我们可以直接输入需缩放值，或者拖动右侧的控制点对图像进行缩放，如图 3-181 所示。若要对图像进行等比缩放，可按住 Shift 键拖动控制点。

图 3-180

图 3-181

03 从缩放结果中可以看到，人物变形非常严重。单击工具选项栏中的"保护肤色"按钮，让 Photoshop 分析图像，尽量避免包含皮肤颜色的区域变形，如图 3-182 所示。此时画面虽然变窄了，但人物比例和结构没有明显的变化。

图 3-183

图 3-184

图 3-185

3.17.2 案例：用 Alpha 通道保护图像

在 Photoshop 中，当我们使用"内容识别比例"缩放图像时，不能识别重要的对象，即使单击保护肤色按钮也无法改善变形效果时，我们可以使用 Alpha 通道来保护重要的内容。

01 按 Ctrl+O 快捷键，打开一个文件，如图 3-186 所示。

图 3-182

04 按 Enter 键确认操作。图 3-183 为原图像，图 3-184 所示用普通方式缩放的效果，图 3-185

图 3-186

02 先来看一下直接使用内容识别缩放会产生怎样的结果。用上节同样的方法将背景图层转换为一般图层，再执行"编辑 > 内容识别比例"命令，效果如图 3-187 所示，"保护肤色"按钮 ，效果如图 3-188 所示。

图 3-191   图 3-192

图 3-187   图 3-188

03 从上面的操作效果中看出，进行内容识别比例缩放，图像变形相当严重，再对其进行保护肤色，图像的变形却更加严重。取消上面的操作。用快速选择工具 ，为人像建立选区，如图 3-189 所示。单击"通道"面板中的 按钮，将选区保存为 Alpha 通道，如图 3-190 所示。按 Ctrl+D 快捷键取消选择。

图 3-189   图 3-190

04 执行"编辑 > 内容识别比例"命令，拖动右侧的控制点，使画面变窄，如图 3-191 所示；在工具选项栏的"保护"下拉列表中选择我们创建的通道，用 Alpha1 通道来限定变形区域，通道中的白色区域所对应的图像（人物）受到保护，没有变形，最终效果如图 3-192 所示。

3.18 操控变形

操控变形是 Photoshop 中的一个变形用法，使用操控变形可以对图像进行更丰富的变形操作，可以将图像或者是图像中的元素进行变形和重新定位。

我们利用操作变形工具来制作两个长颈鹿的图像。

01 打开目标文件"长颈鹿"。

02 复制背景层，如图 3-193 所示。

图 3-193

03 用魔术棒工具 选取长颈鹿区域，形成如图 3-194 所示的选区。

图 3-194

04 执行"编辑＞操作变形"命令，出现如图 3-195 所示的效果。

图 3-195

05 单击鼠标添加图钉，给图像添加 8 个图钉，如图 3-196 所示。

图 3-196

06 拖动长颈鹿颈部和耳朵的图钉，形成如图 3-197 所示的图形。单击 ✓ 按钮完成操纵。

图 3-197

07 利用选择工具 ✛ 拖动选区，形成两个长颈鹿，如图 3-198 所示。按 Ctrl+S 快捷键保存案例，如图 3-199 所示。

图 3-198　　　　　图 3-199

第4章
选 区

学习提示

在 Photoshop 中要编辑图像的某一部分，必须要先选取要编辑的那部分区域。选区是 Photoshop 中最基本的功能之一。当使用选区工具选取某个区域时，选区的边界看上去像爬动的蚂蚁一样，所以选区的边界线也叫蚂蚁线。一旦选择了选区，就可以对它进行移动、复制、绘图以及特效处理。

本章重点导航

◎ 初识选区

◎ 选择与抠图使用法

◎ 选区的基本操作

◎ 魔棒与快速选择工具

◎ 色彩范围

◎ 编辑选区

4.1 初识选区

在 Photoshop 中选区，工具主要包括选框工具组、套索工具组、快速选择工具组，如图 4-1 所示。

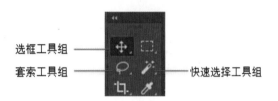

选框工具组
套索工具组
快速选择工具组

图 4-1

Photoshop CC 2017 提供给用户很多生成选区的方法，每一类方法都有各自不同的特点，满足不同情况下的需要，下面我们将这些方法进行简单归纳。

4.2 选择与抠图使用法

在选区对象边界较为规则的情况下，如图 4-2 所示的方形、如图 4-3 所示的圆形和图 4-4 所示的复杂形，可以用选框工具和多边形套索工具进行选择。

图 4-2　　　　　　图 4-3

图 4-4

4.2.1　基本形状创建选区

Photoshop 中提供了多种工具和功能，用户在处理图像时可根据不同需要来进行选择。选择工具用于指定 Photoshop 中各种功能和图形效果的范围。

选框工具组、套索工具组、魔棒工具组是较为常用的创建选区的工具。选框工具组是一组最基本的创建规则选区工具，包括矩形选框工具，如图 4-5 所示；椭圆选框工具，如图 4-6 所示；单行 / 单列选框工具，如图 4-7 所示。

图 4-5　　　　　　图 4-6

图 4-7

4.2.2　色调差异创建选区

快速选择工具、魔棒工具、"色彩范围"命令、混合颜色带和磁性套索工具都是基于色彩差异的建立选区的方法，如图 4-8 所示是用魔棒工具 快速建立的选区。

图 4-8

4.2.3　快速蒙版创建选区

创建选区以后，如图 4-9 所示，双击工具箱中的"以快速蒙版模式编辑"按钮，可以打开"快速蒙版选项"对话框，如图 4-10 所示。

图 4-9　　　　　　　　图 4-10

● 色彩指示：选择"被蒙版区域"，选中的区域显示为原图像，未选择的区域会覆盖蒙版颜色，如图 4-11、图 4-12 所示；选择"所选区域"，则选中的区域会覆盖蒙版颜色，如图 4-13、图 4-14 所示。

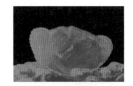

图 4-11　　　　　　　　图 4-12

图 4-13　　　　　　　　图 4-14

● 颜色 / 不透明度：单击颜色块，可在打开的"拾色器"中设置蒙版的颜色。"不透明度"用来设置蒙版颜色的不透明度。"颜色"和"不透明度"都只是影响蒙版的外观，不会对选区产生任何影响。

4.2.4　钢笔工具创建选区

Photoshop CC 2017 中提供的钢笔工具可以绘制光滑的曲线路径。对于那些变化较为复杂的选区，可以用钢笔工具描摹对象的轮廓，再将轮廓转换为选区进行选择，如图 4-15 和图 4-16 所示。

图 4-15　　　　　　图 4-16

4.2.5　通道创建选区

利用通道来建立选区远比用其他方法得到的选区精确得多，原因就是选区是直接从通道蒙版数据得到的，我们经常使用这种方式选择透明属性的对象，如玻璃、婚纱、烟雾等，或者是细节较多的如树叶、毛发等，如图 4-17、图 4-18 所示。

图 4-17　　　　　　图 4-18

4.3　选区的基本操作

前面对选择工具和选择命令分别进行了介绍，现在我们总结一下选区的基本操作方法，主要是创建选区后的基本操作方法。

4.3.1　全选与反选

执行"选择＞全部"命令，或按 Ctrl+A 快捷键，可以对图像进行全选，如图 4-19 所示。按 Ctrl+C 快捷键，可以复制整个图像。

创建了选区后，执行"选择＞反向"命令，或按 Shift+Ctrl+I 快捷键，可以反选选区，即选择图像中未选中的部分。如果需要选择的对象的背景色比较简单，可以先使用魔棒等工具选择背景，如图 4-20 所示，然后再执行"反向"命令选择对象，如图 4-21 所示。

图 4-19

图 4-20　　　　　　图 4-21

4.3.2　取消选择与重新选择

创建选区以后，执行"选择 > 取消选择"命令，或者在选框工具、套索工具、魔棒工具模式下，在图层上右击选择"取消选择"命令，如图 4-22 所示，还可以按 Ctrl+D 快捷键取消选择。如果要恢复被取消的选区，可以执行"选择 > 重新选择"命令。

图 4-22

4.3.3　选区运算

在工具选项栏中设置其运算，来加减各个选

区，如图 4-23 所示。其中各项参数的含义如下。

图 4-23

● 在原有选区的情况下，单击工具栏中的"添加到选区"按钮再创建选区，可在原有基础上添加新的选区，如图 4-24 所示。

图 4-24

● 单击工具栏中的"从选区减去"按钮，可在原有选区中减去新创建的选区，前提是两个选区必须有相交的区域，如图 4-25、图 4-26 所示。

图 4-25　　　　　　图 4-26

● 单击工具栏中的"与选区交叉"按钮，新建选区时只保留原有选区与新创建的选区相交的部分。注意，新建选区与原选区也必须有相交的部分，如图 4-27、图 4-28 所示。

图 4-27　　　　　　图 4-28

4.3.4　移动选区

创建了选区以后，在"新选区"按钮回状态下，如图 4-29 所示，使用选框囗、套索囗和魔棒囧工具时，只要将光标放在选区内，单击并拖动鼠标便可移动选区，如图 4-30、图 4-31 所示。按键盘中的 >、←、↑、↓ 键可以对选区微调。

图 4-29

图 4-30　　　　　图 4-31

注意：
使用矩形选框、椭圆选框工具创建选区时，在放开鼠标按键前，按住空格键拖动鼠标，也可移动选区。

4.3.5　隐藏和显示选区

创建选区以后，执行"视图 > 显示 > 选区边缘"命令，或按 Ctrl+H 快捷键，可以隐藏选区。

虽然选区看不见了，但是选区依然存在，当使用画笔、橡皮擦等工具编辑选区时，可以更清晰地观察变化效果，如图 4-32、图 4-33 所示。最后按 Ctrl+H 快捷键，可以将选区显现。

图 4-32　　　　　图 4-33

4.4　选区工具

Photoshop 中提供了多种工具和功能，用户在处理图像时可根据不同需要来进行选择。选区工具用于指定 Photoshop 中各种功能和图形效果的范围，如选框工具，套索工具等。

4.4.1　用矩形选框工具制作矩形选区

对于图像中有规则形状的，如矩形，最直接的选取方式就是用矩形选框工具囗，如图 4-34 所示。

图 4-34

注意：
在使用矩形工具创建选区时，按住 Alt 键的同时拖动鼠标即可以光标所在位置为中心绘制选区；按住 Shift 键可创建正方形选区；按住 Shift+Alt 组合键，是以光标所在位置为中心创建正方形选区。

矩形选区工具选项栏的介绍，如图 4-35 所示。

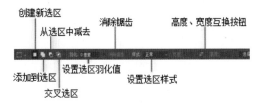

图 4-35

● 羽化：用来设置选区的羽化范围。羽化值越高，羽化范围越广。需要注意的是，此值必须小于选区的最小半径，否则会弹出警告对话框，此时可以将羽化值设的小一点。

- 样式：用来设置选区的创建方法。选择"正常"，可通过拖动鼠标创建任意大小的选区；选择"固定比例"，可在右侧的"宽度"和"高度"文本框中输入数值，创建固定比例的选区，如要创建一个宽度高度两倍的选区，可输入宽度 2、高度 1；选择"固定大小"，可在"宽度"和"高度"文本框中输入相应数值，然后在要绘制选区的地方单击鼠标即可。

- ⇄：高度和宽度互换按钮，此按钮可以切换"高度"和"宽度"的数值。

- 选择并遮住：单击该按钮，可以打开"调整边缘"对话框，对选区进行平滑、羽化等处理。

4.4.2 用椭圆选框工具制作圆形选区

椭圆选区工具选项栏如图 4-36 所示。

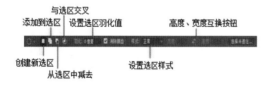

图 4-36

椭圆选框工具栏与矩形选框工具栏的选项基本相同，但是该工具可以使用"消除锯齿"功能。由于像素是图像的最小元素，它们都是正方形的，因此，在创建圆形、多边形等不规则选区时便容易产生锯齿，勾选该项后，会自动在选区边缘 1 像素宽的范围内添加与周围相近的颜色，使选区变得光滑。"消除锯齿"功能在剪切、复制和粘贴选区以创建符合图像时非常有用。如图 4-37、图 4-38 所示分别为不勾选此选项和勾选此选项的效果。

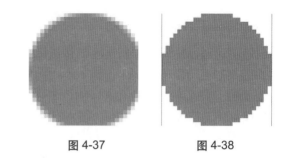

图 4-37　　　　图 4-38

4.4.3 使用单行和单列选框工具

单行选框工具和单列选框工具只能创建高度为 1 像素的行或宽度为 1 像素的列。单行选框工具和单列选框工具用法一样，通常用来制作网格。按住 Shift 键即可创建多个选区，如图 4-39 所示。

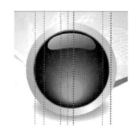

图 4-39

4.4.4 用套索工具徒手绘制选区

打开一个文件，选择套索工具，在图片中按住鼠标左键不放拖动鼠标即可绘制选区，当鼠标移动到起点时即可封闭选区，如图 4-40、图 4-41、图 4-42 所示。如果在拖动鼠标后放开鼠标，则起点与终点之间会形成一条直线。

图 4-40　　　　图 4-41

图 4-42

能，如果对象边缘较为清晰，并且与背景对比明显，可以使用该工具快速选择对象。

打开一个文件，选择磁性套索工具，在图像边缘位置单击鼠标，如图 4-45 所示；确定起点位置，然后放开鼠标沿图像边缘移动鼠标，出现如图 4-46 所示的吸附线；如果想要在某一位置放置一个锚点，可在该处单击；如果锚点的位置不准确，则可按 Delete 键将其删除，连续按 Delete 键可依次删除前面的锚点。如果在绘制选区的过程中双击，则会在双击点与起点间连接一条直线来封闭选区，如图 4-47 所示。

> **注意：**
> 在绘制过程中，按住 Alt 键放开鼠标左键即可切换为多边形套索工具，此时在画面中即可绘制直线；放开 Alt 键即可恢复为套索工具继续绘制选区。

4.4.5 案例：用多边形套索工具制作选区

打开一个文件，选择多边形套索工具，在工具选项栏中单击按钮，在左侧盒子的边角单击鼠标，沿着它边缘的转折处继续单击鼠标，定义选区范围，最后将光标移至起点处，如图 4-43 所示。用同样的方法将另两个盒子选中，如图 4-44 所示。

图 4-45　　　　　　　图 4-46

图 4-47

图 4-43　　　　　　图 4-44

> **注意：**
> 按住 Shift 键操作，可以锁定水平、垂直或以 45°角为增量进行绘制。如果在绘制过程中双击，则会在双击点与起点间连接一条直线闭合选区。

4.4.6 案例：用磁性套索工具制作选区

磁性套索工具具有自动识别图像边缘的功

4.4.7 磁性套索工具选项栏

磁性套索工具选项栏如图 4-48 所示。

图 4-48

● 宽度：该值决定了以光标中心为基准，其周围有多少个像素能够被工具检测到，如果对象的边界清晰，可使用一个较大的宽度值；反之，则需要使用一个较小的宽度值。

- 对比度：用来检测工具的灵敏度。较高的数值只检测与它们的环境对比鲜明的边缘；较低的数值则检测低对比度边缘。如果图像边缘清晰，可以将该值设置得高一些，反之，应设置得低一些。

- 频率：在使用磁性套索工具创建选区的过程中会生成许多锚点，"频率"决定了锚点的数量。该值越高，生成的锚点越多，捕捉到的边界越准确，但是过多的锚点会造成选区的边缘不够光滑。

- 钢笔压力 🖊️：如果计算机配置有数位板和压感笔，可以单击该按钮，Photoshop 会根据压感笔的压力自动调整工具的检测范围，增大压力将导致边缘宽度减小。

> 📢 **注意：**
>
> 使用磁性套索工具绘制选区的过程中，按住 Alt 键在其他区域单击，可切换为多边形套索工具创建直线选区；按住 Alt 键单击并拖动鼠标，可切换为套索工具。

4.5 魔棒与快速选择工具

魔棒工具和快速选择工具是一种非常直观、灵活和快捷的选择工具，可以快速选择出色调相近的区域，主要用于不规则图形的快速选择。

4.5.1 案例：用魔棒工具选取花朵

魔棒工具 🪄 主要用于选择图像中面积较大的单色区域或相近的颜色。

魔棒工具的使用方法非常简单，只需在要选择的颜色范围单击鼠标，即可将单击处相同或相近的颜色全部选取，如图 4-49 所示。

图 4-49

4.5.2 魔棒工具选项栏

魔棒工具选项栏如图 4-50 所示。

图 4-50

- 容差：决定创建选区的精确度。该值越小表明对比色调的相似度要求越高，选择的颜色范围越小；该值越大表明对色调的相似度要求越低，选择的颜色范围越广，即使在图像的同一位置单击，设置不同的容差值所选择的区域也不一样，如图 4-51、图 4-52、图 4-53 所示。

图 4-51　　　　　　图 4-52

图 4-53

- 连续：勾选该项时，只选择颜色连接的区域；取消勾选时，可选择与鼠标单击点颜色相近的所有区域，包括没有连接的区域。
- 所有图层取样：如果文档中包含多个图层，勾选该项时，可选择所有可见图层上颜色相近的区域，如图 4-54、图 4-55 所示。取消勾选，则仅选择当前图层上颜色相近的区域，如图 4-56 所示。

快速选择工具，在工具选项栏中设置笔尖大小，如图 4-58 所示。

图 4-54　　　　　　图 4-55

图 4-57　　　　　　图 4-58

02 按住鼠标左键并在蓝色背景区域拖动鼠标，如图 4-59 所示，直至将蓝色背景全部选中，如图 4-60 所示。

图 4-59　　　　　　图 4-60

图 4-56

03 按 Ctrl+Shift+I 组合键进行反选，将降落伞选中。

04 打开一个文件，选择移动工具，将飞鸟拖动到该文档中，如图 4-61、图 4-62 所示。

图 4-61　　　　　　图 4-62

注意：

使用魔棒工具时，按住 Shift 键的同时单击鼠标可以添加选区，按住 Alt 键的同时单击鼠标可以从当前选区中减去，按住 Shift+Alt 组合键的同时单击鼠标可以得到与当前选区相交的选区。

4.5.3 案例：用快速选择工具抠图

快速选择工具是一种非常直观、灵活和快捷的选择工具，可以快速选择色彩变化不大且色调相近的区域。

01 打开一个文件，如图 4-57 所示。选择

4.6 色彩范围

使用色彩范围选取颜色，可以选取所有相同的颜色。它与魔棒工具有着很大的相似之处，但

该命令提供了更多的控制选项，因此具有更高的选择精度。利用色彩范围可以抠图，可以替换颜色，调出与背景反差比较大的颜色。

4.6.1 "色彩范围"对话框

打开一个文件，如图4-63所示，执行"选择 > 色彩范围"命令，打开"色彩范围"对话框，如图4-64所示。

图 4-63

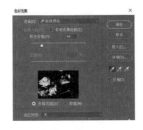

图 4-64

- 选区预览图：下面包含两个选项，选中"选择范围"时，预览区域的图像中，白色代表了被选择的区域，黑色代表了未选择的区域，灰色代表了被部分选择的区域（带有羽化效果的区域）；如果选中"图像"，则预览区内会显示彩色图像，如图4-65所示。

图 4-65

- 选择：用来设置选区的创建方式。选择"取样颜色"时，可将光标 ☒ 放在文档窗口中的图像上，或"色彩范围"对话框中的预览图像上单击，对颜色进行取样，如图4-66

所示。如果要添加颜色，可单击"添加到取样"按钮 ☒，然后在预览区或图像上单击，对颜色进行取样，如图4-67所示。如果要减去颜色，可单击"从取样中减去"按钮 ☒，然后在预览区或图像上单击，如图4-68所示。此外，选择下拉列表中的"红色""黄色"和"绿色"等选项时，可选择图像中的特定颜色，如图4-69所示。选择"高光""中间调"和"阴影"等选项时，可选择图像中的特定色调，如图4-70所示。选择"阴影"选项时，可选择图像中出现的阴影，如图4-71所示。

图 4-66

图 4-67

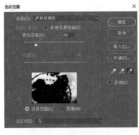

图 4-68

图 4-69

图 4-70

图 4-71

- 本地化颜色簇 / 范围：勾选此选项后，拖动"范围"滑块可以控制要包含在蒙版中的颜色与取样点的最大和最小距离。
- 颜色容差：用来控制颜色的选择范围，该值越高，包含的颜色越广。
- 选区预览：用来设置文档窗口中选区的预览方式。选择"无"，表示不在窗口显示选区，如图 4-72、图 4-73 所示；选择"灰度"，可以按照选区在灰度通道中的外观来显示选区；选择"黑色杂边"，可在未选择的区域上覆盖一层黑色；选择"白色杂边"，可在未选择的区域上覆盖一层白色；选择"快速蒙版"，可显示选区在快速蒙版状态下的效果，此时，未选择的区域会覆盖一层宝石红色，如图 4-74、图 4-75 所示。

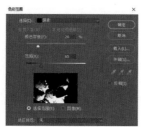

图 4-72　　　　　　　図 4-73

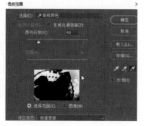

图 4-74　　　　　　　图 4-75

- 存储 / 载入：单击"存储"按钮，可以将当前的设置状态保存为选区预设；单击"载入"按钮，可以载入存储的选区预设文件。
- 反相：可以反转选区，相当于创建了选区

后，执行"选择 > 反向"命令。

　注意：

　　如果在图像中创建了选区，则"色彩范围"命令只分析选区内的图像。如果要细调选区，可以重复使用该命令。

4.6.2　案例：用"色彩范围"命令抠像

01 打开一个文件，如图 4-76 所示，执行"选择 > 色彩范围"命令，打开"色彩范围"对话框。如图 4-77 所示。

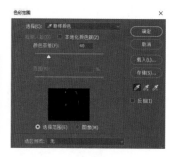

图 4-76　　　　　　　图 4-77

02 单击"添加到取样"按钮，在右上角的背景区域内单击鼠标，多次单击背景区域，如图 4-78 所示，将该区域的背景全部添加到选区中，如图 4-79 所示。"色彩范围"对话框的预览区域中白色区域为选中的区域。

图 4-78　　　　　　　图 4-79

03 选择矩形选框工具，选择从选区中减去工具，扩选眼睛等高光区域，将多选部分从选区中减去，得到如图 4-80 所示效果。

04 按 Ctrl+Shift+I 组合键，反选选区，选择人像，如图 4-81 所示。

图 4-80　　　　　　图 4-81

05 按 Ctrl+O 快捷键，打开一文件，选择移动工具 ⊕，将人像移动到背景文件，如图 4-82 所示。执行"编辑 > 变换 > 水平翻转"命令，翻转人物图层，将人像移动到如图 4-83 所示的位置。

图 4-82　　　　　　图 4-83

06 将图层 1 的不透明度改为 52%，图层混合模式设置为"颜色"，如图 4-84 所示。得到效果如图 4-85 所示。

图 4-84　　　　　　图 4-85

07 按 Ctrl+J 快捷键，复制图层 1，并向右移动，将其不透明度改为 100%，混合模式设为"正常"，如图 4-86 所示。使用移动工具将人像向右移动，最终效果如图 4-87 所示。

图 4-86　　　　　　图 4-87

📢 注意：

　　"色彩范围"命令、魔棒和快速选择工具的相同之处是，都基于色调差异创建选区。而"色彩范围"命令可以创建带有羽化的选区，也就是说，选出的图像会呈现透明效果，如图 4-88 所示，魔棒和快速选择工具则不能，如图 4-89 所示。

图 4-88　　　　　　图 4-89

4.7 快速蒙版

　　快速蒙版模式可以将任何选区作为蒙版进行编辑，而无须使用"通道"调板，在查看图像时也可如此。将选区作为蒙版来编辑的优点是几乎可以使用任何 Photoshop 工具或滤镜修改蒙版。例如，如果用选框工具创建了一个矩形选区，可以进入快速蒙版模式并使用画笔扩展或收缩选区，或者也可以使用滤镜扭曲选区边缘。

4.7.1 案例：用快速蒙版编辑选区

01 按 Ctrl+O 快捷键，打开一个文件，如图 4-90 所示，选择魔棒工具 ，将容差调节为 30，选择"添加到选区"按钮 ，大概选择一下背景，如图 4-91 所示。

图 4-90　　　　　　图 4-91

02 按 Ctrl+Shift+I 组合键反选图层，执行"选择 > 在快速蒙版模式下编辑"命令，或单击工具箱底部的 按钮，进入快速蒙版编辑状态，对图层添加蒙版，如图 4-92 所示。选择画笔工具 ，工具选项栏中将不透明度设置为 100%，在图层上右击，设置画笔大小以及硬度数值，如图 4-93 所示。将前景色设置为黑色，然后对未选中的背景区域依次进行选择（若所选区域较小可以随时改变笔刷的半径进行精细选择），如图 4-94所示。

图 4-92　　　　　　图 4-93

图 4-94

注意：
按 Q 键可以进入或退出快速蒙版编辑式。

03 打开另一张命名为"雪景"的图片，选择移动工具 ，将婚纱图片移动到雪景图片中，如图 4-95 所示。按 Ctrl+T 快捷键，按住 Shift+Alt 组合键对图层等比例缩小，最后按 Enter 键确认变换，放到合适位置，如图 4-96 所示。

图 4-95　　　　　　图 4-96

注意：
用白色涂抹快速蒙版时，被涂抹的区域会显示出图像，这样可以扩展选区；用黑色涂抹的区域会覆盖一层半透明的宝石红色，这样可以收缩选区；用灰色涂抹的区域可以得到羽化的选区。可总结为，"黑透白不透"。

04 在右侧选择图层蒙版，如图 4-97 所示，再次选择画笔，将其不透明度改为 30%，流量改为 70%，前景色为黑色，对婚纱的披纱部分进行涂抹，如图 4-98 所示，不断地对画笔大小、透明度、流量大小的修改，可使其很自然地透出雪景，最终效果如图 4-99 所示。

图 4-97　　　　　　图 4-98

图 4-99

4.7.2　设置快速蒙版选项

● 创建选区以后，如图 4-100 所示，双击工具箱中的以"快速蒙版模式编辑"按钮，可以打开"快速蒙版选项"对话框，如图 4-101 所示。

图 4-100　　　　　　图 4-101

● 色彩指示：选择"被蒙版区域"，选中的区域显示为原图像，未选择的区域会覆盖蒙版颜色，如图 4-102、图 4-103 所示；选择"所选区域"，则选中的区域会覆盖蒙版颜色，如图 4-104、图 4-105 所示。

图 4-102　　　　　　图 4-103

图 4-104　　　　　　图 4-105

● 颜色 / 不透明度：单击颜色块，可在打开的"拾色器"中设置蒙版的颜色。"不透明度"用来设置蒙版颜色的不透明度。"颜色"和"不透明度"都只是影响蒙版的外观，不会对选区产生任何影响。

4.8　细化选区

细化选区指选择毛发等细微的图像时，可以先使用魔棒、快速选择或色彩范围等工具创建一个大致选区，再使用"调整边缘"命令对选区进行细化，从而做到细微图像的选择。

4.8.1　选择视图模式

Photoshop 中有 3 种不同的屏幕显示模式，单击工具箱中的 ，也可以执行"视图 > 屏幕模式"等。3 种不同的屏幕显示模式分别是"标准屏幕模式""带有菜单栏的全屏模式"和"全屏模式"。

● 选择"标准屏幕模式"命令。切换为标准
屏幕模式。在这种模式下，显示 Photoshop
的所有组件，如菜单栏，工具栏，标题栏
和状态，如图 4-106 所示。

图 4-106

● 选择"带有菜单栏的全屏模式"命令。切
换为带有菜单栏的全屏模式。该模式下，
Photoshop 的选项卡和状态栏被隐藏起来，
如图 4-107 所示。

图 4-107

● 选择"全屏模式"命令，切换为全屏模式。
全屏模式隐藏所有窗口内容，以获得图像
的最大显示空间，并且图像以外的空白区
域将变成黑色，如图 4-108 所示。

 注意：

　　按键盘上的 F 键，可以快速切换屏幕显示模式，
每按一次 F 键，切换一种屏幕显示模式。退出全屏
模式也可以按 Esc 键。

图 4-108

4.8.2　案例：调整选区边缘

01 选择素材图片，使用快速选择工具将
人物部分用工具框选下来（凌乱发丝暂时不管）。
操作方法是按住鼠标左键不放，在需要框选的区
域移动，如图 4-109 所示。

图 4-109

02 单击工具选项栏中的"选择并遮住"
按钮，并将"边缘检测"设为 200 像素，如图 4-110
所示。

图 4-110

03 单击"确认"按钮，效果如图 4-111 所示。

图 4-111

4.8.3　指定输出方式

执行"文件＞存储为"命令，或按 Ctrl+ Shift+S 组合键存储文件，弹出窗口，如图 4-112 所示。选择合适的位置和文件格式，文件格式如图 4-113 所示。

图 4-112

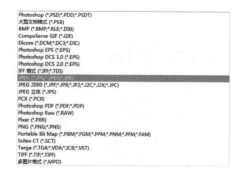

图 4-113

- PSD、PDD 格式：这两种格式是 Photoshop 专用的图像文件格式。在使用 Photoshop

处理图片时，如果没有全部完成保存成这两种格式就对了。缺点是所占用的空间较大。

- BMP 格式：此格式的英文全称是 Windows Bitmap，它被多种软件支持，也可以在苹果机上使用。这个格式颜色多达 16 位真彩色，这种格式的文件比较大。

- GIF 格式：GIF 格式的英文全称是 Graphics Interchange Format，即图像交换格式，这种格式是一种小型化的文件格式，它只用最多 256 色。这个格式支持动画，多用在网络传输上

- TIF 格式：TIF 英文名全称是 Tag image File Format，标签图像格式。这是一种最佳质量的图像存储方式。

- JPG（JPEG）格式：英文全称是 Joint Photographic Experts Group，这是一种压缩图像存储格式，它可以把图片压得很小。

4.9　编辑选区

编辑选区是将选区进行修改，使其更加完善，包括选区的羽化、平滑、扩展、收缩等命令。执行"选择＞修改"命令，如图 4-114 所示。

图 4-114

4.9.1　创建边界选区

打开准备好的背景素材，用快速选择工具选取花朵选区，如图 4-115 所示。执行"选择 > 修改 > 边界"命令，获得的边界选区是：沿着选区的界线，取其一定像素，形成一个环带轮廓，如图 4-116 所示（10 像素）。

图 4-115　　　　　图 4-116

4.9.2　平滑选区

打开准备好的背景素材，使用磁性套索工具围绕小孩边缘将小孩选中，如图 4-117 所示，执行"选择 > 修改 > 平滑"命令，打开"平滑选区"对话框。改变"取样半径"来设置选区的平滑范围，如图 4-118 所示为平滑结果。

图 4-117　　　　　图 4-118

4.9.3　扩展和收缩选区

创建选区以后，如图 4-119 所示，执行"选择 > 修改 > 扩展"命令，可以扩展选区范围，如图 4-120 所示。

扩展选区可以调节选区的扩展量，如图 4-121 所示。

执行"选择 > 修改 > 收缩"命令，则可以收缩选区范围，如图 4-122 和图 4-123 所示。

图 4-119　　　　　图 4-120

图 4-121

图 4-122　　　　　图 4-123

4.9.4　对选区进行羽化

羽化是针对选区的一项编辑，是将选区内外衔接的部分虚化，起到渐变的作用从而达到自然衔接的效果。

羽化值越大，虚化范围越宽，也就是说颜色递变得柔和。羽化值越小，虚化范围越窄。可根据实际情况进行调节。把羽化值设置小一点并反复羽化是羽化的一个技巧。

01　打开一图片，如图 4-124 所示为图片创建的选区，执行"选择 > 修改 > 羽化"命令，打开"羽化"对话框，通过"羽化半径"可以控制羽化范围的大小，如图 4-125 所示。

02　按 Ctrl+Shift+I 组合键，对选区反选，按 Delete 键删除选区，得到如图 4-126 所示效果。打开另一张图片，如图 4-127 所示。

图 4-124　　　　　　图 4-125

图 4-130

图 4-131

图 4-126　　　　　　图 4-127

03 选择移动工具 ，将人物图片移动到背景图片中，按 Ctrl+T 快捷键对人物图片变换，得到如图 4-128 所示效果。选择橡皮擦工具 ，设置画笔大小、硬度，如图 4-129 所示。

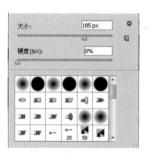

图 4-128　　　　　　图 4-129

04 对人物图片边缘进行反复涂抹，以便更好地融入背景，最终得到如图 4-130 所示效果。

📢 **注意：**
　　如果选区较小而羽化半径设置得较大，就会弹出一个羽化警告，如图 4-131 所示。如果不想出现该警告，减少羽化半径或增大选区的范围即可。

4.9.5 扩大选区与选取相似

　　使用"扩大选区"命令可以使选区在图像上延伸扩大，将色彩相近的像素点且与已选选区连接的图像一起扩充到选区内。每次运行此命令的时候，选区都会增大。

　　打开图片，用魔棒工具选择背景区域，如图 4-132 所示，执行"选择 > 扩大选区"命令，Photoshop 会自动查找并选择那些与当前选区中的像素色调相近的像素，从而扩大选择区域，如图 4-133 所示。再次执行"扩大选区"命令，效果如图 4-134 所示，但该命令只扩大到与原选区相连接的区域。

图 4-132　　　　图 4-133　　　　图 4-134

　　用魔棒工具选择背景区域，如图 4-135 所示，执行"选择 > 选取相似"命令，Photoshop 同样会自动查找并选择那些与当前选区中的像素色调相近的像素，从而扩大选择区域。但是该命令可以查找与原选区不相邻的区域，如图 4-136 所示。

图 4-135　　　　图 4-136

注意：

多次执行"扩大选区"或"选取相似"命令，可以按照一定的增量扩大选区。

4.9.6　对选区应用变换

创建选区以后，执行"选择 > 变换选区"命令，或者在图层内右击，选择"变换选区"命令，如图 4-137 所示。用户可以对选区进行移动、缩放、旋转、扭曲、透视、变形等复杂变换，如图 4-138 所示。

图 4-137

图 4-138

4.9.7　存储选区

打开图像，创建选区，如图 4-139 所示。执行"选择 > 存储选区"命令，或单击右键，选择"存储选区"命令，打开"存储选区"对话框，如图 4-140 所示，设置选区的名称等选项，可将其保存到 Alpha 通道中，如图 4-141 所示。

图 4-139

图 4-140　　　　图 4-141

存储选区对话框，如图 4-142 所示。

图 4-142

● 操作：如果保存选区的目标文件包含有选区，则可以选择如何在通道中合并选区。

选择"新建通道"，可以将当前选区存储在新通道中；选择"添加到通道"，可以将选区添加到目标通道的现有选区中；选择"从通道中减去"，可以从目标通道内的现有选区中减去当前的选区；选择"与通道交叉"，可以从与当前选区和目标通道中的现有选区交叉的区域中存储一个选区。

注意：
　将文件保存为 PSB、PSD、PDF、TIFF 格式，可存储多个选区。

4.9.8　载入选区

存储选区后，可执行"选择 > 载入选区"命令，将选区载入到图像中。执行该命令时，可以打开"载入选区"对话框，如图 4-143 所示。

图 4-143

- 文档：用来选择包含选区的目标文件。
- 通道：用来选择包含选区的通道。
- 反相：可以反转选区，相当于载入选区后执行"反向"命令。
- 操作：如果当前文档中包含选区，可以通过该选项设置如何合并载入的选区。选择"新建选区"，可用载入的选区替换当前选区；选择"添加到选区"，可将载入的选区添加到当前选区中；选择"从选区中减去"，可以从当选区中减去载入的选区；选择"与选区交叉"，可以得到载入的选区与当前选区交叉的区域。

第5章
图　层

学习提示

图层是 Photoshop 中非常重要的概念，它是制作各种优秀作品的基础，本章将重点介绍一些关于图层的基础知识、基本操作、图层样式、混合图层等。通过本章的学习，读者可了解与图层有关的知识，并能够对 Photoshop 的强大处理功能有一个大致的了解。

本章重点导航

- ◎　什么是图层
- ◎　编辑图层
- ◎　图层样式
- ◎　图层复合

5.1 什么是图层

本节主要对图层的基础知识进行详细讲解，其中包括图层的概念、认识"图层"面板以及了解图层的分类。

5.1.1 图层的原理

图层是 Photoshop 构成图像的基础要素，也是 Photoshop 组成图像的最重要的功能之一。那么究竟什么是图层？图层就像是含有文字或图形等元素的透明玻璃，一张张按顺序叠放在一起，组合起来形成页面的最终效果，如图 5-1 和图 5-2 所示。图层中可以含有文本、图形、图片、表格等内容，并且每一部分内容都有精确的定位。

图 5-1

图 5-2

5.1.2 "图层"面板

"图层"面板用于显示和编辑当前图像窗口中所有图层，并列出了图像中的所有图层、组以及图层效果。

"图层"面板的主要功能是将当前图像的组成关系清晰地显示出来，以方便用户快捷地对各图层进行编辑修改，如图 5-3 所示。

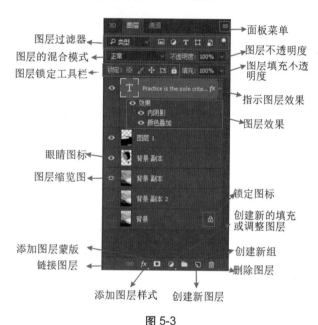

图 5-3

注意：

背景图层相当于绘图时最下层不透明的画纸，一幅图像只能有一个背景图层，背景图层可以与普通图层相互转换。

图层面板中各部分的作用如下。

● 图层的混合模式：用于设置当前图层与它下一图层叠合在一起的混合效果。

● 锁定透明像素：单击该按钮，将锁定当前图层上的透明区域。虽然不能编辑锁定透明像素图层的透明区域，但可以编辑该层的不透明区域。

- 锁定图像像素：单击该按钮，将锁定当前图层。不能编辑锁定图层上的内容，但可以移动该图层。
- 锁定位置：单击该按钮，会锁定当前图层，无法移动锁定位置的图层，但可以对图层内容进行编辑。
- 锁定全部：单击该按钮，会锁定当前图层的全部操作，即无法对被锁定的全部图层进行任何编辑和移动操作。
- 眼睛图标：单击该图标，可以将图层隐藏起来，如在此图标上反复单击，将在显示图层和隐藏图层之间进行切换。
- 链接图层：单击该图标，可以链接两个或多个图层或组。
- 添加图层样式：单击该按钮，可以从弹出的菜单中选择某个图层样式对图像进行效果设计。
- 添加图层蒙版：单击该按钮，可以给当前图层添加一个图层蒙版。
- 创建新的填充或调整图层：单击该按钮，在弹出的菜单中设置选项，可以在"图层"面板上创建填充图层或调整图层。
- 创建新组：单击该按钮，可以创建一个用于存放图层的文件夹，把图层按类拖曳到不同的文件夹中，非常有利于管理图层。
- 创建新图层：单击该按钮，可在当前图层上创建一个新的透明图层。
- 删除图层：单击该按钮，可删除当前图层。
- 锁定图标：出现该图标，表示对该图层执行了锁定操作。

5.1.3　图层的类型

Photoshop 中可以创建多种类型的图层，它们都有各自不同的功能和用途，在"图层"面板中的显示状态也各不相同，如图 5-4 所示。

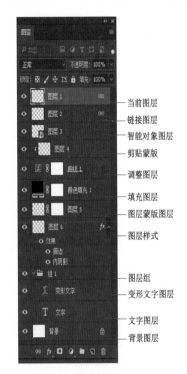

图 5-4

- 当前图层：当前选择的图层。在对图像处理时，编辑操作将在当前图层中进行。
- 链接图层：保持链接状态的多个图层。
- 智能对象图层：包含智能对象的图层。
- 剪贴蒙版：蒙版的一种，可以使用一个图层中的图像控制它上面多个图层内容的显示范围。
- 调整图层：可以调整图像的亮度、色彩平衡等，但不会改变像素值，而且可以重复编辑。
- 填充图层：通过填充纯色、渐变或图案而创建的特殊效果图层。
- 图层蒙版图层：添加了图层蒙版的图层，蒙版可以控制图层中图像的显示范围。
- 图层样式：添加了图层样式的图层，通过图层样式可以快速创建特效，如投影、发光、浮雕效果等。

- 图层组：用来组织和管理图层，以便查找和编辑图层，类似于 Windows 的文件夹。
- 变形文字图层：进行了变形处理后的文字图层。
- 文字图层：使用文字工具输入文字时创建的图层。
- 背景图层：新建文档时创建的图层，它始终位于面板的最下面，名称为"背景"。

5.2 新建图层

新建图层是进行图像处理时最常用的操作，即根据需要创建图层，用于添加和处理图像。

5.2.1 在"图层"面板中创建图层

单击"图层"面板中的"新建图层"按钮 □ ，即在当前图层的上方创建新图层，如图 5-5 所示。

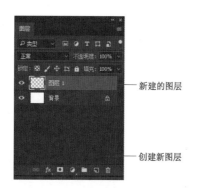

图 5-5

> **注意：**
> 新建图层即建立一个空白的透明图层，像一张完全空白的透明画纸。

如果要在当前图层的下面新建图层，可以按住 Ctrl 键单击"新建图层"按钮 □ ，如图 5-6 所示。

但背景图层下面不能创建图层。

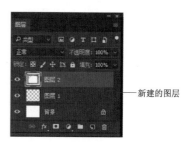

图 5-6

> **注意：**
> 按住 Alt 键单击"新建图层"按钮，将打开"新建图层"对话框。

5.2.2 用"新建"命令创建图层

执行"图层 > 新建 > 图层"命令，或是按快捷键 Shift+N，可完成新建图层。

5.2.3 用"通过拷贝的图层"命令创建图层

"通过拷贝的图层"是指将图像中的部分选取图像通过拷贝操作来创建新的图层，新建的图层中将包括被拷贝的图像。

方法是在当前图像窗口中的其他图层中选取图像后，执行"图层 > 新建 > 通过拷贝的图层"命令，或是在图像中单击鼠标右键，选择"通过拷贝的图层"命令，如图 5-7 所示。

图 5-7

此时将在"图层"面板中新建一个"图层1"，并通过图层缩览图可以看到有选取的图像，如图5-8所示。如果没有创建选区执行该命令，可以快速复制当前图层，如图5-9所示。

注意：

　　"通过拷贝的图层"快捷键为Ctrl+J，"通过剪切的图层"组合键为Ctrl+Shift+J。

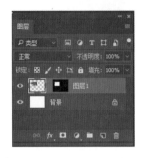　　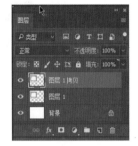

图 5-8　　　　　　　　图 5-9

注意：

　　通过缩略图可以看到选取的图像，但窗口中没有任何变化，这是因为拷贝的图层仍在原位置，可选择使用工具箱中的移动工具 调整其位置。

5.2.4　用"通过剪切的图层"命令创建图层

　　"通过剪切的图层"是指将图像中的部分选取图像通过剪切操作来创建新的图层，新建的图层中将包括被剪切的图像。

　　方法是在当前图像窗口的其他图层中选取图像后，执行"图层 > 新建 > 通过剪切的图层"命令，或是在图像中单击鼠标右键，选择"通过剪切的图层"命令，如图5-10所示。

图 5-10

5.2.5　创建背景图层

　　使用白色背景或彩色背景创建新图像时，"图层"面板中最下面的图像为背景图层。一幅图像只能有一个背景图层，并且无法更改背景的堆叠顺序、混合模式以及不透明度，如图5-11所示。

　　当图像中没有背景图层时，可执行"图层 > 新建 > 背景图层"命令，创建新的背景图层，如图5-12所示。

图 5-11　　　　　　　图 5-12

注意：

　　背景内容为透明时，是没有背景图层的。

5.2.6　将背景图层转换为普通图层

1. 将背景图层转换为普通图层

　　在"图层"面板中单击两次背景图层，如图5-13所示，即可打开"新建图层"对话框，如图5-14所示，此时背景图层可以转换为普通图层，如图5-15所示。

图 5-13　　　　　图 5-14　　　　　图 5-15

> **注意：**
> 如果更改"新建图层"对话框中的名称，则背景图层的名称转换为普通图层后，名称与其一致。

2. 将普通图层转换为背景图层

在"图层"面板中选择需要设置成背景图层的图层，如图 5-16 所示。执行"图层 > 新建 > 图层背景"命令，如图 5-17 所示。该图层即会被转换为背景图层，如图 5-18 所示。

       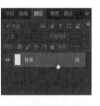

图 5-16   图 5-17   图 5-18

> **注意：**
> 对普通图层重命名为"背景"来创建背景图层是不可能的，必须使用"背景图层"命令。

5.3 编辑图层

在处理图像时，会经常用到一些图层的基本操作，如复制图层、删除图层、链接图层等，本节就针对这些基本操作进行一些讲解。

5.3.1 选择图层

在"图层"面板中可以选择多个连续、不连续、相似或所有图层，这有助于用户进行操作。下面分别对这几种选择图层的方法进行介绍。

- 选择一个图层：单击"图层"面板中的一个图层即可选择该图层，它会成为当前图层，可以对它进行单独的调整，如图 5-19 所示。

图 5-19

- 选择多个图层：如果选择多个相邻的图层，可以单击第一个图层，按住 Shift 键单击最后一个图层，如图 5-20 所示；如果选择多个不相邻的图层，可以按住 Ctrl 键单击这些图层，如图 5-21 所示。

图 5-20   图 5-21

- 选择所有图层：执行"选择 > 所有图层"命令，或按 Ctrl+Alt+A 组合键，可以选择"图层"面板中的所有图层。

- 选择相似图层：要快速选择类型相似的所有图层，可以借助于 Photoshop "图层"面板中的新增功能"图层过滤器"来完成，如图 5-22 所示。

图 5-22

- 选择链接图层：选择链接图层中的一个，执行"图层 > 选择链接图层"命令，可以选择与它链接的所有图层，如图 5-23、图 5-24 所示。

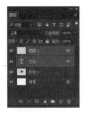

图 5-23　　　　　图 5-24

图 5-26　　　　　图 5-27

- 取消选择图层：如果不想选择任何图层，可在"图层"面板空白处单击，如图 5-25 所示。也可以执行"选择 > 取消选择图层"命令。

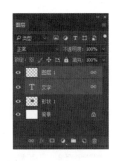

图 5-25

注意：
复制后的图层与之前的图层内容完全相同，并重叠在一起，因此图像窗口并无任何变化。使用移动工具移动图像，即可看到复制图层后的效果。

2. 通过命令复制图层

选择一个图层，执行"图层 > 复制图层"命令，打开"复制图层"对话框，输入图层名称并设置选择项，单击"确定"按钮可以复制该图层，如图 5-28、图 5-29 所示。

图 5-28　　　　　图 5-29

注意：
选择一个图层后，按 Alt +] 快捷键，可选择与之相邻的上一图层；按 Alt +[键，可选择与之相邻的下一图层。

5.3.2　复制图层

复制图层就是再创建一个相同图层。复制图层的操作很有用，它不但可以快速地制作出图像效果，而且还可保护原文件不被破坏。

1. 在"图层"面板中复制图层

在"图层"面板中选中需要复制的图层，按住鼠标左键不放，将其拖动到底部的"创建新图层"按钮上，待鼠标光标变成形状时释放鼠标，即可复制一个该图层的副本到原图层上方，如图 5-26、图 5-27 所示。

注意：
在对话框中的"为"栏中可输入图层的名称。在"文档"栏中可以将图层复制到其他打开的文档中。

5.3.3　链接图层

如果要同时处理多个图层中的内容，例如同时移动，即可将这些图层链接在一起。

用户可以同时移动链接图层，可以调整图层的位置关系等。要进行图层链接，首先在"图层"面板中选定链接的多个图层，单击"图层"面板下方的 按钮，所选图层链接在一起，如图5-30所示。

图 5-30

如果要取消图层的链接关系，则单击该图层操作状态区域的 图标，使其消失，即表明已取消了该图层与当前图层的链接关系。

5.3.4 修改图层的名称和颜色

在图层数量较多的文档中，可以为一些重要的图层设置容易识别的名称或可以区分于其他图层的颜色，以方便在操作中快速找到它们。

如果修改一个图层的名称，可以在"图层"面板中双击需要修改名称的图层原名称部分，等文字出现如图5-31、图5-32所示的状态时，输入新的名称即可。

图 5-31　　　　　　图 5-32

如果修改图层颜色，可以选择该图层，在眼睛图标旁的空白位置单击鼠标右键，选择想要更改的颜色，如图5-33、图5-34所示。

图 5-33　　　　　　图 5-34

5.3.5 显示与隐藏图层

"图层"面板中的眼睛图标 用来控制图层的可见性。当图层缩览图左侧显示有此图标时，表示图像窗口显示该图层的图像，如图5-35、图5-36所示。单击此图标，图标消失并隐藏该图层的图像，如图5-37、图5-38所示。如在此图标上反复单击，将在显示图层和隐藏图层之间进行切换。

图 5-35　　　　　　图 5-36

图 5-37　　　　　　图 5-38

5.3.6　锁定图层

在"图层"面板上方，单击"锁定"按钮，即可把选中的图层给锁定。图层右侧显示一把锁的图标，如图 5-39 所示。要解除此图层锁定，再次单击"锁定"按钮，即可把此图层解锁，图层右侧不再显示一把锁的图标。

图 5-39

5.3.7　查找图层

想要在画布中快速找到图层并转换为当前层，有两种快捷键。

- 在选中移动工具（V 键）的前提下，按住 Ctrl 键的同时用鼠标单击该图层，即可瞬间选中该图层。
- 按住 Alt 键的同时使用鼠标右键单击图层，也是同样的效果。

5.3.8　删除图层

对不需要使用的图层可以将其删除，删除后，图层中的图像也将随之删除。删除图层有以下几种方法。

- 在"图层"面板中选中需要删除的图层，单击面板底部的"删除图层"按钮 🗑 。
- 在"图层"面板中将需要删除的图层拖动到"删除图层"按钮 🗑 上。
- 选中要删除的图层，执行"图层 > 删除"命令。
- 在"图层"面板中，右键单击需要删除的图层，在弹出的快捷菜单中选择"删除图层"命令。

5.3.9　栅格化图层内容

栅格化图层就是将矢量图变为像素图，以便可以在图层上使用一些滤镜等工具。以栅格化文字为例，打开 Photoshop，单击文件，设置好大小，再新建一个图层，接着选择横排文字工具或竖排文字工具，如图 5-40 所示，输入文字，在上方的文字工具栏设置好文字的大小、字体、颜色等，如图 5-41 所示。设置完成后，可以看到图层面板上有两个图层了。右击文字图层，选择"栅格化文字"命令，这样文字图层就栅格化完毕，如图 5-42 所示。直接看文字图层可能没有什么变化，当放大文字图层，就可以看到文字有像素点。

图 5-40

图 5-41

图 5-42

5.4 排列与分布图层

1. 排列

如果将多个图层中的图像内容对齐，可以在"图层"面板中选择它们，执行"图层 > 对齐"命令，如图 5-43 所示。

图 5-43

- 执行"图层 > 对齐 > 顶边"命令，可以将选定图层上的顶端像素与所有选定图层的最顶端的像素对齐，如图 5-44、图 5-45 所示。

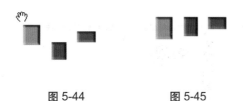

图 5-44　　　　图 5-45

- 执行"图层 > 对齐 > 垂直居中"命令，可以将每个选定图层上的垂直中心像素与所有选定图层的垂直中心像素对齐，如图 5-46、图 5-47 所示。

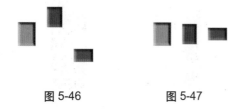

图 5-46　　　　图 5-47

- 执行"图层 > 对齐 > 底边"命令，可以将选定图层上的底端像素与所有选定图层的底端像素对齐，如图 5-48、图 5-49 所示。

图 5-48　　　　图 5-49

- 执行"图层 > 对齐 > 左边"命令，可以将选定图层上左端像素与所有选定图层的最左端像素对齐，如图 5-50、图 5-51 所示。

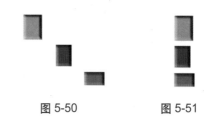

图 5-50　　　　图 5-51

- 执行"图层 > 对齐 > 水平居中"命令，可以将选定图层上的水平中心像素与所有选定图层的水平中心像素对齐，如图 5-52、图 5-53 所示。

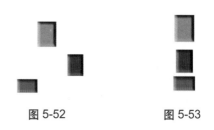

图 5-52　　　　图 5-53

- 执行"图层 > 对齐 > 右边"命令，可以将选定图层上右端像素与所有选定图层的最右端像素对齐，如图 5-54、图 5-55 所示。

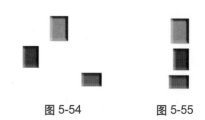

图 5-54　　　　图 5-55

注意：

　　如果当前使用的是移动工具 ，则可以单击工具栏状态中的 按钮来对齐图层。

2. 分布图层

　　如果要让三个或者更多的图层按一定的规律均匀分布，可以选择这些图层，执行"图层>分布"命令，如图 5-56 所示。

图 5-56

- 顶边分布：在垂直方向上，按顶端均匀分布链接的图层，如图 5-57、图 5-58 所示。

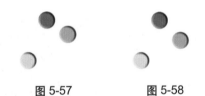

图 5-57　　　　　　图 5-58

- 垂直居中分布：在垂直方向上，按垂直中心均匀分布链接的图层，如图 5-59、图 5-60 所示。

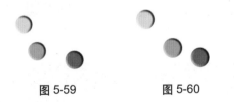

图 5-59　　　　　　图 5-60

- 底边分布：在垂直方向上，按底边均匀分布链接的图层，如图 5-61、图 5-62 所示。

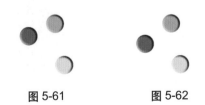

图 5-61　　　　　　图 5-62

- 左边分布：在水平方向上，按左边均匀分布链接的图层，如图 5-63、图 5-64 所示。

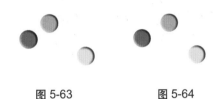

图 5-63　　　　　　图 5-64

- 水平居中分布：在水平方向上，按水平中心均匀分布链接的图层，如图 5-65、图 5-66 所示。

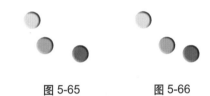

图 5-65　　　　　　图 5-66

- 右边分布：在水平方向上，按右边均匀分布链接的图层，如图 5-67、图 5-68 所示。

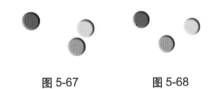

图 5-67　　　　　　图 5-68

5.4.1　调整图层的堆叠顺序

　　在"图层"面板中，所有的图层都是按照一定的顺序进行排列的，图层的排列顺序决定了一个图层是显示在其他图层的上方还是下方，因此，通过移动图层的排列顺序可以更改图层窗口中各图像的叠放位置，以实现所需的效果，如图 5-69 ～图 5-72 所示。

图 5-69　　　　　　图 5-70

图 5-71

图 5-72

其次还可以执行"图层 > 排列"命令,调整图层的排列顺序,如图 5-73 所示。

图 5-73

- 置为顶层:将所选图层调整到最顶层。
- 前移一层:将所选图层向上移动一个堆叠顺序。
- 后移一层:将所选图层向下移动一个堆叠顺序。
- 置为底层:将所选图层调整到最底层。
- 反向:在"图层"面板中选择多个图层以后,执行该命令,可以反转所选图层的堆叠顺序。

 注意:

如果选择的图层位于图层组中,执行"置为顶层"或者"置为底层"命令时,可以将图层调整到当前图层组的最顶层或最底层。

"置为顶层"的快捷键是 Shift+Ctrl+];"前移一层"的快捷键是 Ctrl+];"后移一层"的快捷键是 Ctrl+[;"置为底层"的快捷键是 Shift+Ctrl+[。

5.4.2 案例:排列图标

01 新建一个文档,选择默认格式,然后按快捷键 Shift+Ctrl+N,新建图层。

02 把我们的图片图标导入到新建的文档中,如图 5-74 所示。

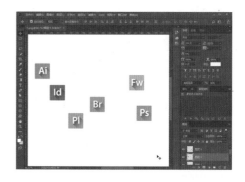

图 5-74

03 同时选中 1 ~ 7 多个图层,按住 Shift 键单击图层 1 和图层 7,选中 7 个图层。接下来使用移动工具 ⊕ 单击工具栏的 按钮来对齐图层,得到如图 5-75 所示图像。单击工具栏状态的 按钮来对齐图层,得到如图 5-76 所示图像。完成了对图标的排列。

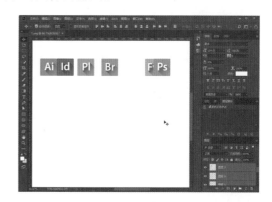

图 5-75

图 5-76

5.5　合并与盖印图层

5.5.1　合并图层

在一幅图像中，建立的图越多，则该文件所占用的磁盘空间也就越多。因此，对一些不必要分开的图层可以将它们合并以减少文件所占用的磁盘空间，同时也可以提高操作速度。图层的合并主要通过菜单命令来完成，打开"图层"面板菜单，选择其中的合并命令即可，合并的方式包括以下几种，如图 5-77 所示。

- 合并图层：用来把当前图层和其下边的图层合并，合并后的新图层的名称为下边图层的名称。

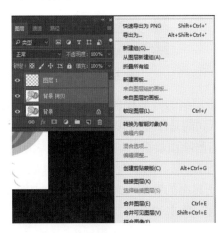

图 5-77

- 合并可见图层：将所有可见图层合并。合并后的名称为当前图层的名称。
- 拼合图像：合并所有的图层，包括可见和不可见图层。合并后的图像将不显示那些不可见的图。

注意：

几个图层合并后将成为一个图层，不能再对其分别进行操作。

5.5.2　向下合并图层

"向下合并"命令可将当前图层与和它相连的下面相邻的一个图层进行合并。

方法是选择一个图层，执行"图层>向下合并"命令，即两个相邻的图层合并在一起，如图 5-78、图 5-79 所示。

 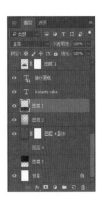

图 5-78　　　　　图 5-79

5.5.3　合并可见图层

执行"图层>合并可见图层"命令，可以将"图层"面板中所有显示的图层进行合并，而被隐藏的图层将不合并，如图 5-80、图 5-81 所示。

图 5-80　　　　　图 5-81

5.5.4　拼合图像

执行"图层>拼合图层"命令，用于将窗口中所有的图层进行合并，并放弃图像中隐藏的图层，如图 5-82 ～图 5-84 所示。

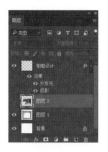

图 5-82　　　　　图 5-83　　　　　图 5-84

注意：

如果"图层"面板中有隐藏的图层，会弹出一个提示对话框，单击"确定"按钮，将扔掉隐藏的图层，并将显示的图层合并；若单击"取消"按钮，将取消合并图层操作。

5.5.5　盖印图层

盖印图层就是在你将处理图片的时候将处理后的效果盖印到新的图层上，功能和合并图层差不多，不过比合并图层更好用。因为盖印是重新生成一个新的图层而不会影响之前所处理的图层，这样做的好处就是，如果觉得之前处理的效果不太满意，可以删除盖印图层，之前做效果的图层依然还在。这极大程度上方便我们处理图片，也可以节省时间。按 Ctrl + Alt + Shift + E 组合键盖印所有可见图层；按 Ctrl +Alt + E 组合键盖印所选图层。

5.6　用图层组管理图层

用图层组管理图层就是设计者对图层进行重命名、排序、编组，可以使图层面板中的图层结构更加清晰，也便于查找需要的图层。

5.6.1　新建图层组

图层组即将若干图层组成为一组，图层组中的图层关系比链接的图层关系更紧密，基本上与图层相差无几。

执行"图层 > 新建 > 图层组"命令，弹出"新建组"对话框，如图 5-85 所示。

图 5-85

单击"确定"按钮，在"图层"面板中出现类似文件夹图标，可以拖动图层将其放入图层组中，如图 5-86 所示。

图 5-86

对图层组的其他操作与对图层的操作基本相同，所不同的是不能直接对图层组套用图层样式。另外，当删除图层组时，系统会弹出询问对话框，如图 5-87 所示。单击"组和内容"按钮，则删除图层组及其中的图层，单击"仅组"按钮，只删除图层组，单击"取消"按钮则取消删除。

图 5-87

5.6.2　从所选图层创建图层组

有些时候我们想快速选择几个图层并放入到图层组中，我们该怎么做呢？按住 Shift 键选中所有图层，按 Ctrl+G 快捷键，就可以把所有的图层都放进新建的组里面。

5.6.3　创建嵌套结构的图层组

所谓嵌套图层组，就是在组的上方再建立一个图层组，来方便我们的管理和编辑，如图 5-88 所示。方法如下：选定图层组，按 Ctrl+G 快捷键即可，或执行图层 > 图层编组。

图 5-88

5.6.4　将图层移入或移出图层组

将图层拖入图层组内，可将其添加到图层组中，如图 5-89 ～图 5-91 所示；将图层组中的图层拖出组外，可将其从图层组中移出，如图 5-92、图 5-93 所示。

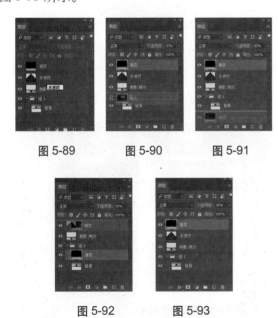

图 5-89　　　　图 5-90　　　　图 5-91

图 5-92　　　　图 5-93

5.6.5　取消图层编组

如果要取消图层编组，但保留图层，可以选

择该图层组，执行"图层 > 取消图层编组"命令，如图 5-94、图 5-95 所示。如果要删除图层组及组中的图层，可以将图层组拖动到"图层"面板底部的"删除图层"按钮 🗑 上。

图 5-94　　　　图 5-95

5.7　图层样式

图层样式是 Photoshop 中比较有代表性的功能之一，它能够在很短的时间内制作出各种特殊效果，如阴影、发光、浮雕等。

5.7.1　添加图层样式

执行"图层 > 图层样式"命令，或单击"图层"面板底部的"添加图层样式"按钮 fx，会弹出所有图层样式。

在"图层"面板中添加了图层效果的图层，右侧会显示一个 fx 图标，表示该图层添加了图层样式效果，如图 5-96 所示。 fx 图标右侧的三角形按钮，可以显示或隐藏该图层添加的所有图层样式效果，如图 5-97 所示。

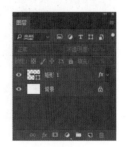

图 5-96　　　　图 5-97

注意：

　　单击"效果"前面的眼睛图标 👁，在图像窗口中将不再显示该图层的所有图层样式，单击某一项图层样式效果前面的眼睛图标 👁，如"投影"效果，在图像窗口中将不显示该图层样式效果。

5.7.2 "图层样式"对话框

　　选择其中的任意一个样式类型选项，会弹出"图层样式"对话框，如图 5-98 所示。

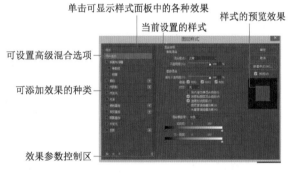

图 5-98

5.7.3 斜面和浮雕

　　"斜面和浮雕"样式可以制作出具有立体感效果的图像。

　　单击"图层"面板底部的"添加图层样式"按钮 fx，在弹出的快捷菜单中选择"斜面和浮雕"样式，打开如图 5-99 所示"图层样式"对话框。

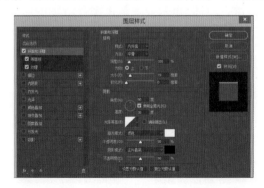

图 5-99

各参数含义如下。

1. 样式

- 内斜面：在图层内容的内边缘上创建斜面，如图 5-100 所示。

图 5-100

- 外斜面：在图层内容的外边缘上创建外斜面，如图 5-101 所示。

图 5-101

- 浮雕效果：创建出使图层内容相对于下层图层呈现浮雕状的效果，如图 5-102 所示。

图 5-102

- 枕状浮雕：创建出将图层内容的边缘压入下层图层中的效果，如图 5-103 所示。

图 5-103

- 描边浮雕：将浮雕应用于图层的描边效果的边界，如图 5-104 所示、图 5-105 所示为未使用"描边"效果和应用"描边浮雕"效果的区别。

图 5-104　　　　　　图 5-105

> **注意：**
>
> 只有图层应用"描边"效果，该"描边浮雕"效果才可见。

2. 方法

- 平滑：边缘过渡得比较柔和，如图 5-106 所示。
- 雕刻清晰：边缘变换效果较明显，并产生较强的立体感，如图 5-107 所示。
- 雕刻柔和：与"雕刻清晰"类似，但边缘的色彩变化较柔和，如图 5-108 所示。

图 5-106　　　图 5-107　　　图 5-108

- 深度：设置斜面与浮雕亮部和阴影的深度。
- 方向：用来设置斜面与浮雕的亮部和阴影的方向，如图 5-109、图 5-110 所示。

图 5-109　　　　　　图 5-110

- 大小：设置斜面与浮雕亮部和阴影面积的大小，如图 5-111、图 5-112 所示。

图 5-111　　　　　　图 5-112

- 软化：设置斜面与浮雕亮部和阴影边缘的过渡程度。
- 角度：设置投影的角度，如图 5-113、图 5-114 所示。

图 5-113　　　　　　图 5-114

- 使用全局光：使用系统设置的全角光照明。
- 高度：设置斜面和浮雕凸起的高度位置。
- 光泽等高线：选择一种光泽轮廓，如图 5-115、图 5-116 所示。

图 5-115　　　　　　图 5-116

● 高光模式：选择一种"斜面和浮雕"效果高光部分的混合模式。

  ◆ 色块 ███：设置高光的光源颜色。

  ◆ 不透明度：设置斜面与浮雕效果高光部分的不透明度，如图5-117所示。

● 阴影模式：选择一种与"斜面和浮雕"效果阴影部分的混合模式。

  ◆ 色块 ███：设置阴影的颜色。

  ◆ 不透明度：设置斜面与浮雕效果阴影部分的不透明度，如图5-118所示。

图 5-117　　　　　图 5-118

3. 等高线和纹理

"斜面和浮雕"样式不但包含右侧的结构和阴影选项组，还包含两个复选框：等高线和纹理，如图5-119所示。利用等高线和纹理，可以对"斜面和浮雕"进行更进一步设置。

图 5-119

● 等高线：单击对话框左侧的"等高线"选项，可以切换到"等高线"设置面板，如图5-120所示。使用"等高线"可以勾画在浮雕处理中被遮住的起伏、凹陷和凸起，如图5-121、图5-122所示。"范围"是设置斜面与浮雕轮廓的运用范围。

● 纹理：单击对话框左侧的"纹理"选项，

可以切换到"纹理"设置面板，如图5-123所示。

图 5-120

图 5-121

图 5-122

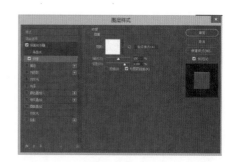

图 5-123

  ◆ 图案：单击"图案"右侧的三角形按钮，可以在打开的下拉面板中选择一个图案，将其应用到斜面和浮雕上，如图5-124、图5-125所示。

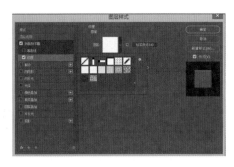

图 5-122

图 5-128

◆ 与图层链接：勾选该项，可以将图案
链接到图层，此时对图层进行变换操
作时，图案也会一同变换。

5.7.4　描边

　　"描边"可以为图像添加描边效果。描边可
以是一种颜色、一种渐变或一种图案，是设计中
常用的手法。选择此样式选项，"图层样式"对
话框也将切换到相应的状态。如图 5-129 所示为
描边参数选项，图 5-130 所示为原图像，图 5-131、
图 5-132 所示为使用颜色描边的效果，图 5-133、
图 5-134 所示为使用渐变描边的效果，图 5-135、
图 5-136 所示为使用图案描边的效果。

图 5-125

◆ 贴紧原点：使图案与当前图层对象
对齐。

◆ 缩放：设置图案大小，调整图案浮雕
的疏密程度，如图 5-126 所示。

图 5-125

◆ 深度：设置图案浮雕的深浅，如
图 5-127 所示。

图 5-127

◆ 反相：反转图案浮雕效果，如图 5-128
所示。

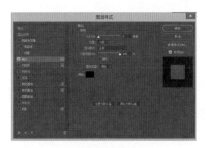

图 5-129　　　　图 5-130

图 5-131　　　　图 5-132

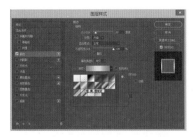

图 5-133

图 5-134

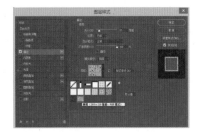

图 5-135

图 5-136

注意：

可以为一个图层同时添加多种图层样式，只需在"图层样式"对话框中选中其他样式的复选框，即可为图层增加一个样式效果。

5.7.5　内阴影

"内阴影"样式可以为图像制作内阴影效果，在其右侧的参数设置区中可以设置"内阴影"的不透明度、角度、阴影的距离和大小等参数，如图 5-137 所示。图 5-138 所示为原图像。

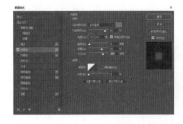

图 5-137

图 5-138

设置方法与"投影"效果的设置基本相同。不同之处在于"内阴影"是通过"阻塞"选项来控制投影边缘的渐变程度。"阻塞"可以在模糊之前收缩内阴影的边界，如图 5-139、图 5-140所示。

图 5-139

图 5-140

5.7.6　内发光

"内发光"样式可以在图像的内部制作出发光效果，参数选项和"外发光"的基本相同，如图 5-141 所示。

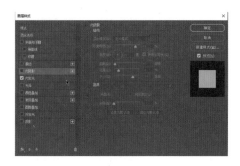

图 5-141

"内发光"样式参数选项中与外发光不同的是"源"的设置，其中包括两种方式。

● 居中：内发光的光源从当前图层对象的中心向外发光，如图 5-142 所示。

图 5-142

● 边缘：内发光的光源从当前图层对象的边缘向内发光，如图 5-143 所示。

图 5-143

5.7.7　光泽

　　"光泽"可以为图像制作出光泽的效果，如金属质感的图像。选择此样式选项后，在其右侧的参数设置区中可以设置光泽的颜色、不透明度、角度、距离和大小等参数，如图 5-144 所示为"光泽"参数选项，图 5-145 所示为原图像，图 5-146 所示为添加"光泽"后的图像效果。

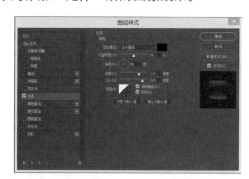

图 5-144

图 5-145

图 5-146

5.7.8　颜色叠加

　　"颜色叠加"可以在当前图像的上方覆盖一层颜色，在此基础上如再使用混合模式和不透明度，可以为图像制作出特殊的效果，如图 5-147

所示为"颜色叠加"参数选项，图 5-148 所示为原图像，图 5-149 所示为添加"颜色叠加"后的图像效果。

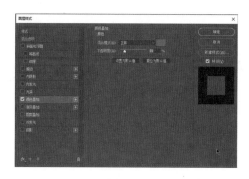

图 5-147

图 5-148

图 5-149

5.7.9　渐变叠加

　　"渐变叠加"可以在当前图像的上方覆盖一种渐变颜色，使其产生类似于渐变填充层的效果。其各个选项的使用与上面的类似，如图 5-150 所示为"渐变叠加"参数选项，图 5-151 所示为原图像，图 5-152 所示为添加"渐变叠加"后的图像效果。

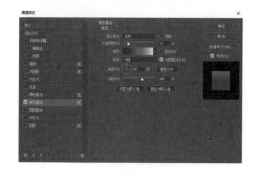

图 5-150

图 5-151   图 5-152

5.7.10 图案叠加

"图案叠加"可以在当前图像的上方覆盖一层图案，之后用户可对图案的"混合模式"和"不透明度"进行调整、设置，使之产生类似于图案填充层的效果。如图 5-153 所示为"图案叠加"参数选项，图 5-154 所示为原图像，图 5-155 所示为添加"图案叠加"后的图像效果。

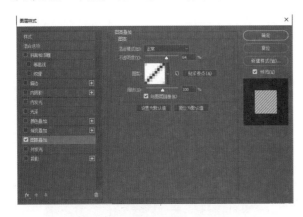

图 5-153

图 5-154   图 5-155

5.7.11 外发光

"外发光"可以在图像的外部产生发光效果，在文字和图像制作中经常使用，并且制作方法简单。

单击"图层"面板底部的"添加图层"样式按钮，弹出的快捷菜单中选择"外发光"样式，打开如图 5-156 所示"图层样式"对话框。

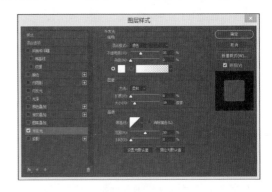

图 5-156

各参数含义如下。

- 色块：设置外发光的颜色，如图 5-157、图 5-158 所示。

巧克力   **巧克力**

图 5-157   图 5-158

- 方法：柔和，使边缘变化较清晰，如图 5-159 所示；精确，使边缘变化较模糊，如图 5-160 所示。

巧克力   **巧克力**

图 5-159   图 5-160

- 消除锯齿：此处的设置可使外发光边缘过渡平滑。

- 范围：设置外发光的轮廓的运用范围，如图 5-161、图 5-162 所示。

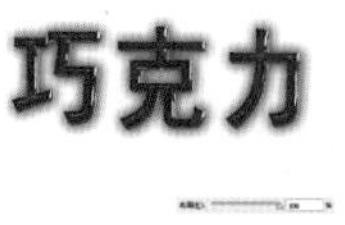

图 5-161　　　　　图 5-162

- 抖动：设置外发光的抖动效果。

设置完成后，单击 确定 按钮，即可为图层添加外发光效果，如图 5-163 所示。图 5-164 所示为原图像。

图 5-163 　　　　　图 5-164

5.7.12　投影

"投影"样式可以给任何图像添加投影，使图像与背景产生明显的层次，是使用比较频繁的一个样式。

单击"图层"面板底部的"添加图层样式"按钮 ，弹出的菜单中选择"投影"命令，打开"图层样式"对话框，如图 5-165 所示。

图 5-165

各参数含义如下。

- 混合模式：在其中可以设置添加的阴影与原图层中图像合成的模式。单击该选项后面的色块，在打开的"拾色器"对话框中可以设置阴影的颜色。

- 不透明度：设置投影的不透明度。
- 角度：设置投影的角度，如图 5-166、图 5-167 所示。

图 5-166　　　　　图 5-167

- 使用全局光：选中该复选框，则图像中的所有图层效果使用相同光线照入角度。
- 距离：设置投影的相对距离，如图 5-168、图 5-169 所示。

图 5-168　　　　　图 5-169

- 扩展：设置投影的扩散程度，如图 5-170、图 5-171 所示。

图 5-170　　　　　图 5-171

- 大小：设置投影的大小，如图 5-172、5-173 所示。

图 5-172　　　　　图 5-173

- 等高线：设置投影的轮廓形状，可以在其列表框中进行选择。
- 消除锯齿：使投影边缘过渡平滑。
- 杂色：设置投影的杂点效果，如图 5-174、图 5-175 所示。

图 5-174   图 5-175

- 图层挖空投影：用于设定是否将投影与半透明图层间进行挖空。

设置完成后，单击 确定 按钮，即可为图层添加投影效果，如图 5-176 所示。图 5-177 所示为原图像。

图 5-176   图 5-177

5.8 编辑图层样式

图层样式的功能强大，能够简单快捷地制作出各种立体投影、各种质感以及光景效果的图像特效。与不用图层样式的传统操作方法相比较，图层样式具有速度更快、效果更精确、更强的可编辑性等优势。

5.8.1 显示与隐藏效果

在我们添加图层样式的过程中，经常需要反复测试比对效果，所以需要显示隐藏效果。我们添加了图层样式之后，会出现如图 5-178 所示的图像。

图 5-178

在形状 1 下方效果旁边有个小眼睛，单击可隐藏所有样式效果。效果下面是样式的子集，单击旁边的小眼睛图标可以隐藏单个图层样式，如图 5-179 所示。

图 5-179

5.8.2 修改效果

鼠标双击图层样式，弹出"图层样式"对话框如图 5-180 所示，根据需求可以进行效果的修改与添加。

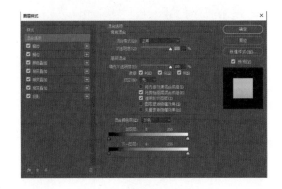

图 5-180

5.8.3　复制、粘贴与清除效果

　　如果其他的图层也需要做同样的效果，我们就需要做同样的图层样式。如果直接做的话会比较麻烦，此时可以选择复制图层样式的方法。复制图层样式有两种方法。

- 选中要复制的图层样式，右击鼠标，选择"拷贝图层样式"命令，如图 5-181 所示。然后回到要添加图层样式的图层，右击鼠标，选择"粘贴图层样式"命令，如图 5-182 所示图像即可。

图 5-181　　　　图 5-182

- 选中要复制的图层样式，按住 Alt 键，然后用鼠标左键拖曳 fx 到目标图层，如图 5-183 所示。

图 5-183

5.8.4　案例：用自定义的纹理制作糖果字

　　01　启动 Photoshop CC 软件，打开一张纹理图。执行"编辑 > 定义图案"命令，弹出"图案名称"对话框。自定义名称，如图 5-184 所示。

图 5-184

　　02　打开文字所在的图片，按住鼠标左键并拖动至纹理图片的编辑窗口，此时工作窗口切换为工作纹理素材图片的工作窗口，将鼠标左键松开，使文字素材导入到纹理素材图片文档中。在窗口右下方的"图层"面板中，鼠标左键双击文字层的右侧，弹出"图层样式"对话框，如图 5-185 所示。

图 5-185

　　03　添加"投影"属性，如图 5-186 所示。

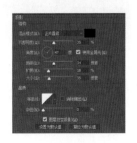

图 5-186

04 添加"内阴影"属性，如图 5-187 所示图像内阴影颜色为"#d45959"。

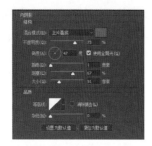

图 5-187

05 添加"内发光"属性，如图 5-188 所示，内发光颜色为"#e08787"。

图 5-188

06 添加"外发光"属性如图 5-189 所示，外发光颜色为"#728604"。

07 添加"渐变叠加"属性，如图 5-190 所示，图案选择之前自定义的图案。

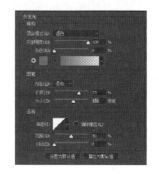

图 5-189

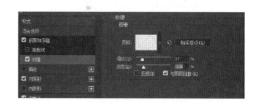

图 5-190

08 在列表中选择"图案叠加"选项，单击"图案"选项右侧的三角按钮，打开下拉菜单，选择自定义图案，设置图案的缩放比例为 150%，如图 5-191 所示。

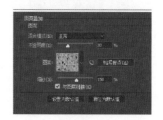

图 5-191

09 最终效果如图 5-192 所示图像。

图 5-192

5.9 使用"样式"面板

Photoshop CC 的"样式"面板用来保存、管理和应用图层样式，我们可以将 Photoshop 提供的预设样式或者外部样式库载入到"样式"面板中；在 Photoshop 中，可以为图层添加样式，使图像效果更生动、美观。图层样式是指为图层中的普通图像添加效果，从而制作出具有阴影、斜面和浮雕、光泽、图案叠加、描边等特殊效果的图像。

5.9.1 "样式"面板

在 Photoshop CC 中文版菜单栏选择"窗口 > 样式"命令，打开"样式"面板，如图 5-193 所示。在"图层面板"中选择一个图层，单击"样式"面板中的一个样式，即可为它添加样式，如图 5-194 所示。

图 5-193

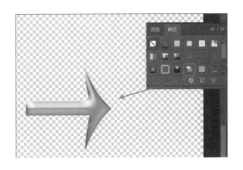

图 5-194

5.9.2 新建样式

在 Photoshop "图层样式"对话框中为图层添加了一种或多种效果以后，可以将该样式保存到"样式"面板中，以方便以后使用。

01 在"图层"面板中选择添加效果的图层，然后单击"样式"面板中的"创建新样式"按钮，如图 5-195 所示。

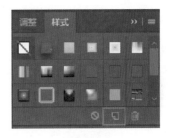

图 5-195

02 在弹出的"新建样式"对话框中输入样式名称，单击"确定"按钮，如图 5-196 所示。

图 5-196

- 名称：用来设置样式的名称。
- 包含图层效果：勾选该项，可以将当前的图层效果设置为样式。
- 包含图层混合选项：如果当前图层设置了

混合模式，勾选该项，新建的样式将具有
这种混合模式。

5.9.3　删除样式

选择所要删除的样式，单击"样式"面板中
的"删除"按钮即可，如图 5-197 所示。

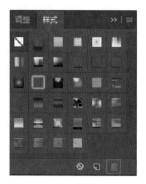

图 5-197

5.9.4　存储样式库

如果在 Photoshop CC 中文版"样式面板"中
创建了大量的自定义样式，可以将这些样式保存
为一个独立的样式库。

单击"样式"面板右侧的 按钮，在弹出的下
拉列表中选择"存储样式"命令，如图 5-198 所
示。在弹出的"另存为"对话框中输入样式库的
名称和保存位置，单击"确定"按钮，即可将"样
式"面板中的样式保存为一个样式库，如图 5-199
所示。

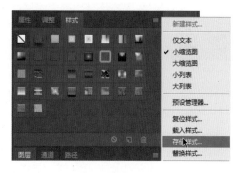

图 5-198

图 5-199

5.9.5　载入样式库

默认情况下，样式列表框中只列出了 20 种
样式，单击"样式"面板右侧的 按钮，在弹出的
下拉列表中选择相应的选项，即可载入其他样式。
如这里我们选择添加"玻璃按钮"样式，如图 5-200
所示。

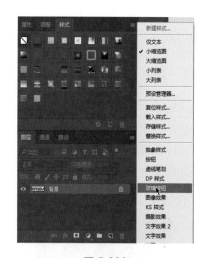

图 5-200

弹出"是否用玻璃按钮中的样式替换当前的
样式？"对话框，如果替换，单击"确定"按钮；
这里我们选择"追加"。

5.9.6　案例：使用基本样式创建特效字

01 打开 Photoshop CC，用文字编辑工具
编辑所需文字，如图 5-201 所示。

图 5-201

02 单击窗口右侧的样式按钮，单击基本投影样式，如图 5-202 所示。

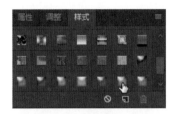

图 5-202

03 最终效果图如图 5-203 所示。

图 5-203

5.10 图层复合

图层复合，简单地说就是"图层"面板状态的快照，它记录了当前文件中的图层可视性、位置和外观；它可以用来记录图层是显示或是隐藏，记录图层在文档中的位置，记录是否将图层样式应用于图层的混合模式。

5.10.1 "图层复合"面板

执行"视图 > 图层复合"命令，如图 5-204 所示。弹出图层复合面板，如图 5-205、图 5-206 所示的图像。

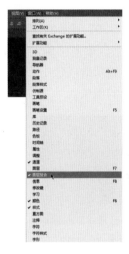

图 5-204

图 5-205

图 5-206

要循环查看所有图层复合，可以使用面板底部的"上一个"按钮 ◄ 和"下一个"按钮 ► 进行查看。在"图层复合"面板中选择图层复合，然后单击面板中的"删除"按钮，或从面板菜单中选取"删除图层复合"，可删除图层复合。在"图层复合"面板中选择图层复合，然后单击面板中的"新建"按钮，或从面板菜单中选取"新建图层复合"，可新建图层复合。

5.10.2 更新图层复合

单击面板底部的"更新图层复合"按钮 即可。

5.10.3　案例：用图层复合展示网页设计方案

01 打开所提供的素材（图层复合 .psd），执行"图层 > 图层复合"命令。打开图层复合菜单。

02 单击图层复合菜单下方的按钮 ，打开"新建图层复合"如图 5-207 所示的图像，弹出"新建图层复合"对话框。单击"确定"按钮如图 5-208 所示的图像。将成功地创建出一个"图层复合 3"如图 5-209 所示的图像。

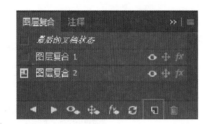

图 5-207

图 5-208

图 5-209

03 单击隐藏按钮，隐藏"背景 2"图层如图 5-210 所示。

图 5-210

04 再次创建复合图层，单击"新建图层复合"再创建一个图层复合如图 5-211 所示。

图 5-211

此时我们就记录了两套设计方案，向客户展示方案时，就可以在"图层复合 2"和"图层复合 3"名称前单击，快速切换方案效果图，如图 5-212 所示的图像。

图 5-212

第6章

图层的高级操作

学习提示

图层是 Photoshop 中非常重要的概念，它是制作各种优秀作品的基础，本章将重点介绍关于图层的填充图层、调整图层、混合图层等内容。通过本章的学习，读者可了解与图层有关的知识，并能够对 Photoshop 的强大处理功能有一个细致的了解。

本章重点导航

- ◎ 不透明度
- ◎ 混合模式
- ◎ 填充图层
- ◎ 调整图层
- ◎ 中性色图层
- ◎ 智能对象

6.1 不透明度

图层的不透明度表示这个图层的范围，不透明度会影响整个图层中的所有对象，如原图层中的对象和添加的各种图层样式效果等，但不能修改背景图层的不透明度。填充是表示要填充的颜色、图案的透明度，不会影响添加的图层样式效果，如图 6-1 所示。

图 6-1

不透明度 100% 的图层跟原图没有区别，如图 6-2 所示。不透明度 50% 的图层有些透明，能看到底层，如图 6-3 所示。

图 6-2

图 6-3

6.2 混合模式

混合模式中包括常规混合、高级混合和混合颜色带等设定（影响图层中所有的像素，包括执行图层样式后增加或改变的部分），如图 6-4 所示。

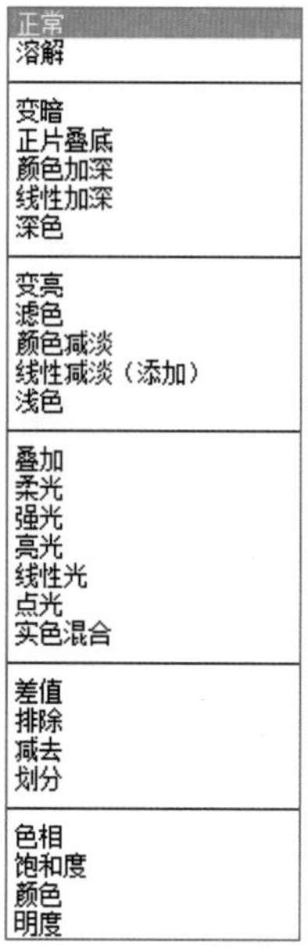

图 6-4

6.2.1 混合模式的方式

- 正常：也是默认的模式，不和其他图层发生任何混合。
- 溶解：产生的像素颜色来源于上下混合颜色的一个随机置换值，与像素的不透明度有关。
- 变暗：考察每一个通道的颜色信息以及相混合的像素颜色，选择较暗的作为混合的结果。颜色较亮的像素会被颜色较暗的像素替换，而较暗的像素不会发生变化。
- 正片叠底：考察每个通道里的颜色信息，并对底层颜色进行正片叠加处理。其原理和色彩模式中的"减色原理"是一样的。这样混合产生的颜色总是比原来的要暗。如果和黑色发生正片叠底的话，产生的就只有黑色，而与白色混合就不会对原来的颜色产生任何影响。
- 颜色加深：让底层的颜色变暗，有点类似于正片叠底，但不同的是，它会根据叠加的像素颜色相应增加底层的对比度，和白色混合没有效果。

- 线性加深：同样类似于正片叠底，通过降低亮度，让底色变暗以反映混合色彩，和白色混合没有效果。

- 变亮：和变暗模式相反，比较相互混合的像素亮度，选择混合颜色中较亮的像素保留起来，而其他较暗的像素则被替代。

- 颜色减淡：与颜色加深刚好相反，通过降低对比度，加亮底层颜色来反映混合色彩。与黑色混合没有任何效果。

- 线性减淡：类似于颜色减淡模式，但是通过增加亮度来使得底层颜色变亮，以此获得混合色彩。与黑色混合没有任何效果。

- 叠加：像素是进行正片叠底混合还是屏幕混合，取决于底层颜色。颜色会被混合，但底层颜色的高光与阴影部分的亮度细节都会被保留。

- 柔光：变暗还是提亮画面颜色，取决于上层颜色信息。产生的效果类似于为图像打上一盏散射的聚光灯。如果上层颜色（光源）亮度高于50%灰，底层会被照亮（变淡）。如果上层颜色（光源）亮度低于50%灰，底层会变暗，就好像被烧焦了似的。如果直接使用黑色或白色去进行混合的话，能产生明显的变暗或者提亮效应，但是不会让覆盖区域产生纯黑或者纯白。

- 强光：正片叠底或者是屏幕混合底层色，取决于上层颜色。产生的效果就好像为图像应用强烈的聚光灯一样。如果上层颜色（光源）亮度高于50%灰，图像就会被照亮，这时混合方式类似于屏幕模式。反之，如果亮度低于50%灰，图像就会变暗，这时混合方式就类似于正片叠底模式。该

模式能为图像添加阴影。如果用纯黑或者纯白来进行混合，得到的也将是纯黑或者纯白。

- 差值：根据上下两边颜色的亮度分布，对上下像素的颜色值进行相减处理。比如，用最大值白色来进行运算，会得到反相效果（下层颜色被减去，得到补值），而用黑色的话不发生任何变化（黑色亮度最低，下层颜色减去最小颜色值0，结果和原来一样）。

- 排除：和Difference类似，但是产生的对比度会较低。同样的，与纯白混合得到反相效果；而与纯黑混合没有任何变化。

- 色相：决定生成颜色的参数包括底层颜色的明度与饱和度、上层颜色的色调。

- 饱和度：决定生成颜色的参数包括底层颜色的明度与色调、上层颜色的饱和度。按这种模式与饱和度为0的颜色混合（灰色），不产生任何变化。

- 颜色：决定生成颜色的参数包括底层颜色的明度、上层颜色的色调与饱和度。这种模式能保留原有图像的灰度细节，可用来对黑白或者是不饱和的图像上色。

- 明度：决定生成颜色的参数包括底层颜色的色调与饱和度、上层颜色的明度。该模式产生的效果与颜色模式刚好相反，它根据上层颜色的明度分布来与下层颜色混合。

6.2.2 图层混合模式的设定方法

图层混合模式有很多种，每种设定的方法是一样的，但结果却大不一样，我们可通过"图层"面板来调节图层的混合模式，即选中要改变混合模式的图层，单击图层面板中右边的小三角按钮，默认的混合模式是正常模式，如图6-5所示。

图 6-5

6.2.3　混合模式效果案例

打开的两张素材图，如图 6-6、图 6-7 所示，将图 6-6 拖曳到图 6-7 中，选择合适位置，选中图层 6-6，改变图层的混合模式为线性加深，效果如图 6-8 所示。

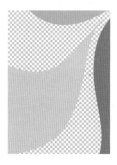　

图 6-6　　　　图 6-7

图 6-8

6.3　填充图层

填充图层就是把透明的图层填充满，可以填充纯色、渐变或图案而创建特殊效果图层。填充的可以是普通图层，也可以是选区，从而达到想要的效果。

6.3.1　案例：用纯色填充图层制作发黄旧照片

01 按 Ctrl+O 快捷键，打开电脑中的素材，如图 6-9 所示。打开"滤镜 > 镜头校正"对话框，单击"自定"选项卡，设置"晕影"参数为负 100，使画面的四周变暗，如图 6-10 所示。

图 6-9

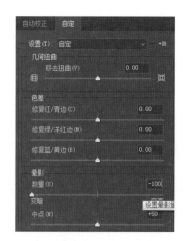

图 6-10

02 执行"滤镜 > 杂色 > 添加杂色"命令，在图像中加入杂点，如图 6-11 所示。

图 6-11

03 执行"图层 > 新建填充图层 > 纯色"
命令，或单击"图层"面板底部的"创建新的
填充或调整图层"按钮，选择"纯色"命令，如
图 6-12 所示。打开"拾色器"设置颜色，单击"确
定"按钮关闭对话框，如图 6-13 所示。填充创建
图层，按 Delete+Alt 组合键。将填充图层的混合
模式设置为"颜色"，如图 6-14 所示。

图 6-12

图 6-13

图 6-14

04 执行"滤镜 > 渲染 > 云彩"命令，使
照片更加朦胧、发黄，效果如图 6-15 所示。

图 6-15

6.3.2 案例：用渐变填充图层制作蔚蓝晴空

01 将准备好的素材文件拖到 Photoshop
CC 中打开，如图 6-16 所示。

图 6-16

02 选择工具箱中快速选择工具，在图像
上选择天空区域形成选区，如图 6-17 所示。

03 执行"选择 > 修改 > 羽化"或按 Shift+
F6 快捷键弹出"羽化选区"对话框，"羽化半径"
设置为 1，单击"确定"按钮，如图 6-18 所示。

图 6-17

图 6-18

04 将背景层转化为普通图层，按 Delete
键删除选区内的天空内容，如图 6-19 所示。

05 新建一个图层，单击工具箱上的渐变工具，设置所需渐变颜色并执行渐变操作，如图 6-20 所示。

图 6-19　　　　　图 6-20

06 执行"滤镜 > 渲染 > 镜头光晕"命令，弹出"镜头光晕"对话框，设置参数，如图 6-21 所示。设置完成后单击"确定"按钮，效果如图 6-22 所示。

图 6-21　　　　　图 6-22

6.3.3　案例：用图案填充图层为衣服贴花

01 执行"文件 > 打开"命令，选择准备好的素材，如图 6-23 所示。

图 6-23

02 打开带花朵的图片，将这幅图片上的景物设为图案。如果想把图片全部设为图案，按

Ctrl+A 快捷键，执行"编辑 > 定义图案"命令。如果仅仅想要某个部分，用椭圆或者方框选择，执行"编辑 > 定义图案"。将其命名为花朵，如图 6-24 所示。

图 6-24

03 切换到人物图片中，选择工具箱中的快速选择工具，在图像上选择要填充的区域形成选区，如图 6-25 所示。

04 执行"图层 > 新建填充图层 > 图案"命令，如图 6-26 所示。选择新建的花朵图案，如图 6-27 所示，单击"确定"按钮。创建出图案填充图层，如图 6-28 所示。

图 6-25　　　　　图 6-26

图 6-27　　　　　　图 6-28

05 设置图案填充模式为"线性加深"，效果如图 6-29 所示。

图 6-29

6.3.4　案例：修改填充图层制作绸缎面料

01 创建一个画布，命名为"图层 1"或"背景 1"，填充色彩，如图 6-30 所示。

图 6-30

02 添加图层 2，改名为"绸缎图层"，在这一层填充黑白线性渐变，在工具选项栏中将渐变模式设为差值，如图 6-31 所示，然后执行渐

变多次。效果如图 6-32 所示。

图 6-31　　　　　　图 6-32

03 执行"滤镜 > 模糊 > 高斯模糊"命令，如图 6-33 所示。接着再执行"滤镜 > 风格化 > 查找边缘"命令，如图 6-34 所示。

图 6-33　　　　　　图 6-34

04 将绸缎图层模式改为正片叠底，绸布就完成了，如图 6-35 所示。

图 6-35

6.4 调整图层

调整图层是一个单独图层，修改方便，可以任意修改所想要的色彩、形状、对比等。调整图层不仅能填充，它对渐变及调整中大部分的命令都适用。

6.4.1 了解调整图层的优势

- 编辑不会造成破坏。可以尝试不同的设置并随时重新编辑调整图层，也可以通过降低调整图层的不透明度来减少调整的效果。

- 通过合并多个调整，图像数据的损失有所减少。每次直接调整像素值时，都会损失一些图像数据。可以使用多个调整图层并进行很小的调整。

- 编辑具有选择性。在调整图层的图像蒙版上绘画，可将调整应用于图像的一部分。稍后，通过重新编辑图层蒙版，可以控制调整图像的哪些部分。通过使用不同的灰度色调在蒙版上绘画，可以改变调整。

- 能够将调整应用于多个图像。在图像之间拷贝和粘贴调整图层，以便应用相同的颜色。

- 调整图层会增大图像的文件大小，但所增加的大小不会比其他图层多。调整图层具有许多与其他图层相同的特性，可以调整它们的不透明度和混合模式，并可以将它们编组以便将调整应用于特定图层。可以启用和禁用它们的可见性，以便应用效果或预览效果。

6.4.2 调整面板

- 亮度/对比度：亮度是调整图片的明暗程度。对比度是指画面中最亮的部分与最暗的部分的差距。把对比度往小调就显得画面不清晰，往大调就显得很清晰，如果太大就会有些刺眼，如图 6-36 所示。

- 色阶：色阶就是调整图片的高光、暗调、中间调时用的。Photoshop 中，色阶窗口中有三个滑块，从左到右分别是黑色、灰色、白色。如果图片发灰，只要把白色和黑色两个滑块向中间移，图片就会很清晰了。若只拖白色图就发亮，只拖黑色就发暗了。总的来说移动不同的滑块，调整颜色值，可以改变图片的明暗度、饱和度和亮度，如图 6-37 所示。

图 6-36　　　　　　图 6-37

- 曲线：曲线用于反映图像的亮度值。一个像素有着确定的亮度值，可以改变它使其变亮或变暗（可以调节全体或是单独通道的对比，可以调节任意局部的亮度，可以调节颜色），如图 6-38 所示。

- 曝光度：曝光度越高图像就越亮，越低就越暗，但是一般不用曝光度来调整明暗，使用色阶和曲线比较精确，如图 6-39 所示。

图 6-38　　　　　　图 6-39

- 色相/饱和度：色相是指颜色变化（黑白灰是没有色相的）。饱和度是指颜色的浓艳程度，饱和度为 0 就为灰度，如把树木变得更翠绿，人物皮肤变红润等，如图 6-40 所示。

- 色彩平衡：色彩平衡，顾名思义就是使色彩得到平衡，可以校正图像色偏、饱和度太过或饱和度不足的情况，也可以根据自己的喜好和制作需要，调制色彩，更好地完成画面效果，如图 6-41 所示。

图 6-40　　　　　图 6-41

- 黑白：黑白是专门用于制作黑白照片和黑白图像的工具，如图 6-42 所示。
- 照片滤镜：照片滤镜就是在图片上加上特殊效果，就像蒙上了一层有颜色的透明的纱，如图 6-43 所示。

图 6-42　　　　　图 6-43

- 通道混合器：对偏色现象作校正，还能创建出高品质的带色调彩色的图像。它是一个很有用的工具，如图 6-44 所示。
- 色调分离：色调分离就是用来制造分色效果，如图 6-45 所示。

图 6-44　　　　　图 6-45

- 阈值：阈值是一个转换临界点，不管你的图片是什么颜色，它最终都会把图片处理成黑白效果。你设定了一个阈值之后，它

就会以此值作为标准，只要是比该值大的颜色就会转换成白色，低于该值的颜色就转换成黑色。最后，你就会得到一张黑白的图片，如图 6-46 所示。

- 渐变映射：根据图片的明暗形成一种渐变，里面会有几种渐变效果可选择，如图 6-47 所示。

图 6-46　　　　　图 6-47

 注意：

在"调整"面板里的所有操作，执行"图像 > 调整"命令也可以调节。

6.4.3　案例：用调整图层制作摇滚风格图像

01 执行"文件 > 打开"命令，将素材打开，如图 6-48 所示。

图 6-48

02 在"调整"面板选中"色调分离"，创建色调分离图层，拖动"属性"面板中的滑块，调整"色阶"为 4，如图 6-49 所示。

图 6-49

图 6-53

03 单击"调整"面板"渐变"按钮来调整图层，设置渐变颜色，如图 6-50 所示。打开文件，用移动工具将其拖入人像图像中，设置混合方式为滤色，如图 6-51 所示。

02 选择工具箱中的快速选择工具，将红色草地部分用选区选出，如图 6-54 所示。单击"调整"面板中的"色相 / 饱和度"按钮，将"色相"修改为负 40，如图 6-55 所示。

图 6-50　　　　　图 6-51

图 6-54　　　　　图 6-55

04 最终显示为摇滚效果，如图 6-52 所示。

03 按 Ctrl+I 快捷键，将调整图层的蒙版反相成为黑色，图像会改变之前的效果。再次按下 Ctrl+I 快捷键，恢复之前的效果。效果对比如图 6-56 所示。

图 6-52

图 6-56

6.4.4　案例：控制调整范围和调整强度

6.4.5　案例：修改调整参数

01 将准备好的素材图片用 Photoshop CC 打开，如图 6-53 所示。

01 将准备好的素材图片用 Photoshop CC 打开，如图 6-57 所示。

图 6-57

02 执行"图像 > 调整 > 自然饱和度"命令，弹出"自然饱和度"对话框，拖动滑块，或者直接修改数字，即可修改饱和度，如图 6-58 所示。

图 6-58

6.4.6 删除调整图层

打开一张多图层照片，选中要删除的图层，如图 6-59 所示。

图 6-59

- 拖动法：把鼠标放到要删除的图层上，当光标变成小手形状时，按住鼠标左键不放，把该图层拖到"图层"面板下面的垃圾桶

图标（即"删除图层"按钮）上。

- 菜单命令法：选择"图层"面板中要删除的图层，然后选择菜单栏中的"图层"删除图层"命令，在弹出的对话框中单击"是"按钮，如图 6-60 所示。

图 6-60

6.5 中性色图层

中性色是指灰度色（就是饱和度）下降，它的作用就是一个辅助的操作图层，在不影响原图像的基础上对原图像进行操作，以达到自己想要的效果。

6.5.1 了解中性色

黑色、白色及由黑白调和的各种深浅不同的灰色系列，称为无彩色系，也称为中性色。这种颜色通常很柔和，色彩不那么明亮耀眼。中性色是介于三大色（红、黄、蓝）之间的颜色，不属于冷色调也不属于暖色调。黑白灰是常用到的三大中性色。黑白灰这三种中性色能对任何色彩起谐和、缓解作用。中性色主要分为五种（黑、白、灰、金、银）而且也指一些色彩的搭配。

6.5.2 案例：用中性色图层校正照片曝光

01 执行"文件 > 打开"命令，打开一张过度曝光的照片，如图 6-61 所示。

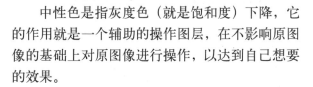

图 6-61

02 执行"图像 > 调整 > 曲线"调节曲线
面板，如图 6-62 所示。

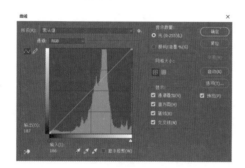

图 6-62

6.5.3 案例：用中性色图层制作金属按钮

01 打开 Photoshop CC，按 Ctrl+O 快捷键
打开一张汽车素材图片，如图 6-63 所示。

图 6-63

02 执行"图层 > 新建 > 图层"命令，打
开"新建图层"对话框；在"模式"下拉列表中

选择"叠加"，勾选"填充叠加中性色"选项，
创建中性色图层，如图 6-64 所示。

图 6-64

03 执行"滤镜 > 渲染 > 光照效果"命令，
打开"光照效果"对话框，在"预设"下拉列表
中选择"RGB 光"。将光标放在红色光源的控制
点上，显示出"缩放宽度"字样，拖动鼠标扩大
光源的照射范围，使用同样的方法调整绿色和蓝
色的光源照射范围和位置，如图 6-65 所示。

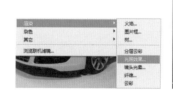

图 6-65

04 单击工具选项栏中的"确定"按钮，
即可在中性色图层上应用滤镜，如图 6-66 所示。

图 6-66

6.5.4 案例：用中性色图层制作金属按钮

01 按 Ctrl+O 快捷键打开素材，执行"图
层 > 新建 > 图层"命令，在"模式"下拉列表中

选择"叠加",勾选"填充变暗中性色"选项,创建中性色图层,如图 6-67 所示。

图 6-67

02 双击中性色图层,打开"图层样式"对话框,添加斜面和浮雕效果,具体参数如图 6-68 所示。

03 在工具箱中选择矩形选框工具,在工具选项栏中设置"羽化"为 60px。选中按钮中心的图像,按反选组合键 Shift+Ctrl+I,如图 6-69 所示。

04 执行"图像 > 调整 > 曲线"命令,单击"调整面板"中的曲线图层,增强边缘的金属质感,如图 6-70 所示。

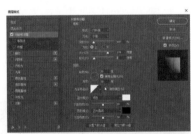

图 6-68

图 6-69

图 6-70

05 最终效果如图 6-71 所示。

图 6-71

6.6 智能对象

智能对象是包含栅格或矢量图像(如 Photoshop 或 Illustrator 文件)中的图像数据的图层。智能对象将保留图像的源内容及其所有原始特性,从而让您能够对图层执行非破坏性编辑。

6.6.1 了解智能对象的优势

● 智能对象可以达到无损处理的效果,就是智能对象能够对图层执行非破坏性编辑,也就是无损处理。我们在使用 Photoshop 过程中,一定都会遇到这样的情况:当你把某个图层(普通图层)上的图形缩小后再拉大,图像就会变得模糊不清;如果将图层事先转变成智能对象的话,无论进行任何变形处理,图像始终和原始效果一样,没有一点模糊(当然这也有个限度,就是不能超出图形原来的大小),因为你把图层设定为智能对象后,所有的像素在变形的时候都会被保护起来。

● 编辑一个智能对象,所有的智能对象都会被一起编辑。如果你把一个或者几个图层转换为智能对象,然后对其中任意一个图层进行编辑处理，其他几个都会发生相同的变化。这样在处理图层较多的图片时就很方便。并且还可以将任意一个智能对象的图层单独提到图片外，成为一个单独的图片，然后对它进行编辑处理；处理完以后，还可以把它还原进原来的图片，这时其他所有智能对象的图层也会跟着加进被单独提出来那个图层上的编辑效果。

● 智能对象有强大的替换功能。我们知道，在 Photoshop 里可以将某个图层上添加的所有图层样式复制粘贴到另外一个图层上，但这只局限于同一张图片的图层。而在对某张图片上智能对象的图层执行一系列的调整、滤镜等的编辑后，可以很方便地将这些编辑应用在另外一张图片上。

6.6.2 新建智能对象实例

打开 Photoshop，执行"文件 > 打开为智能对象"命令，选择要打开的智能对象图片，如图 6-72 所示。

图 6-72

6.6.3 新建链接的智能对象实例

执行"文件 > 置入链接智能对象"命令，选

择要置入的图片，如图 6-73 所示。单击"置入"按钮，效果如图 6-74 所示。

图 6-73　　　　　　图 6-74

6.6.4 新建非链接的智能对象实例

执行"文件 > 置入嵌入智能对象"命令，选择要置入的图片，效果如图 6-73 和图 6-74 所示。

6.6.5 案例：用智能对象制作旋转特效

01 执行"文件 > 打开"命令，打开准备好的素材，如图 6-75 所示。

02 选择工具箱中的快速选择工具，选出一棵树作为选区。按 Ctrl+J 快捷键，将树单独复制出来，如图 6-76 所示。

图 6-75

图 6-76

03 执行"编辑 > 自由变换"命令，拖曳参考点位置，调整图层位置和大小，如图6-77所示。

图 6-77

04 按 Ctrl+shift+Alt+T 组合键多次，完成的特效如图 6-78 所示。

图 6-78

6.6.6 案例：替换智能对象内容

01 执行"文件 > 打开为智能对象"命令，选择准备好的素材，如图 6-79 所示。

02 在"图层"面板中选中图层，出现小手图标后右击，选择"替换内容"命令，如图 6-80所示。

图 6-79

03 选择要替换的图片，单击"置入"按钮，如图 6-81 所示，完成替换。

图 6-80   图 6-81

6.6.7 案例：编辑智能对象内容

01 执行"文件 > 打开为智能对象"命令，选择准备好的素材，如图 6-82 所示。

图 6-82

02 在"图层"面板中选中图层，出现小手图标后右击，选择"编辑内容"命令，如图 6-83所示。

03 弹出新窗口，在这个窗口进行图像的改变、图层的增加操作，然后按快捷键 Ctrl+S 保存（智能对象原来是什么格式，保存的时候还要是什么格式）。返回原图像，效果已经出现了，如图 6-84 所示。

图 6-83

图 6-84

6.6.8 案例：将智能对象转换到图层

01 执行"文件 > 打开为智能对象"命令，选择准备好的素材，如图 6-85 所示。

图 6-85

02 在"图层"面板中选中图层，出现小手图标后右击，选择"栅格化图层"命令，如图 6-86所示，完成转换到普通图层操作。

图 6-86

6.6.9 案例：导出智能对象

01 执行"文件 > 打开为智能对象"命令，选择准备好的素材，如图 6-87 所示。

图 6-87

02 在"图层"面板中选中图层，出现小手图标后右击，选择"导出内容"命令，如图 6-88所示。保存到合适位置，完成导出。

图 6-88

第7章
绘画

学习提示

　　绘画在 Photoshop 里是一个庞大的体系，里面包含的东西非常之多，功能非常强大。我们经常看到 Photoshop 大师利用 Photoshop 做人物画像，就可想 Photoshop 在其心中的地位，本章节我们将进行细致的讲解。

本章重点导航

◎ 颜色设置

◎ 渐变工具

◎ 画笔面板

◎ 绘画工具

7.1 颜色设置

前景色与背景色是用户当前使用的颜色。

7.1.1 前景色与背景色

工具箱中包含前景色与背景色的设置选项，它由设置前景色、设置背景色、切换前景色和背景色以及默认前景色和背景色等部分组成，如图 7-1 所示。

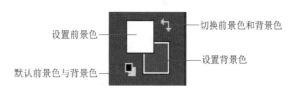

图 7-1

1."设置前景色"块

该色块显示的是当前所使用的前景颜色，单击该色块，通过拾色器可设置其颜色。

2."默认前景色和背景色"按钮

单击该按钮，可恢复前景色和背景色为默认的黑白颜色。

3."切换前景色和背景色"按钮

单击该按钮，可切换前景色和背景色。

4."设置背景色"块

该色块中显示的是当前所使用的背景色，单击该色块，通过拾色器可设置其颜色。

单击设置"前景色"块，在打开的"拾色器（前景色）"对话框中设置好颜色，如图 7-2 所示，然后选择画笔工具，使用默认设置，在图像窗口中按住鼠标左键进行拖动，即可使用前景色绘制图像，如图 7-3 所示。

图 7-2

图 7-3

7.1.2 拾色器概述

在"拾色器"对话框中，可通过从色谱中选取颜色或者通过输入数值来定义颜色。使用"拾色器"对话框，可以设置前景色、背景色和文本颜色。单击工具箱中的前景色或背景色色块图标，打开"拾色器"对话框，如图 7-4 所示。

1—拾取的颜色；2—原稿颜色；3—调整后的颜色；
4—"溢色"警告图标；5—不是"Web 安全颜色"
警告图标；6—仅颜色 Web 安全颜色；7—色域；8—颜色
滑块；9—颜色值

图 7-4

在"拾色器"对话框中，可以采用多种方法设置颜色。

方法 1：单击"设置前景色"色块图标，出现"拾色器"对话框，拖动彩色条两侧的三角滑块设置色相，如图 7-5 所示。

方法 2：在"拾色器"的色域中单击鼠标确定亮度与饱和度，如图 7-6 所示。

方法 3：也可以在"拾色器"对话框右侧的文本框中输入数值来设置颜色。拾色器有 HSB、RGB、Lab、CMKY 四种色彩模式可供选择，设置完毕后，单击"确定"按钮，关闭"拾色器"对话框，如图 7-7 所示。

在使用色域和颜色滑块调整颜色时，不同颜色模型的数值会进行相应的调整。颜色滑块右侧的矩形区域中的上半部分将显示新的颜色，下半部分将显示原始颜色。在以下两种情况下将会出现警告：颜色不是 Web 安全颜色📦或者颜色是色域之外的颜色⚠️。

如果勾选"只有 Web 颜色"选项时，"拾色器"对话框只对"Web 安全颜色"显示，其他颜色将被隐藏，如图 7-8 所示。

图 7-8

7.1.3　案例：用拾色器设置颜色

我们手动设置一个固定数值的颜色。天空蓝色颜色的 RGB 是（70，127，198）。打开前景色的拾色器，修改 RGB 的数值，如图 7-9 所示，单击"确定"按钮设置成功。

图 7-9

7.1.4　案例：用吸管工具拾取颜色

01 打开我们的目标文件，如图 7-10 所示。

拖动滑块设置色相

图 7-5

按住鼠标左键选取

图 7-6

输入数值确定颜色

图 7-7

图 7-10

图 7-14

02 选择吸管工具，它在 Photoshop 的工具栏中，如图 7-11 所示。

06 打开"拾色器"对话框，可以看到吸管工具记录的颜色数据如图 7-15 所示，这样我们就完成了用吸管工具对颜色的拾取。

图 7-11

03 在图片上，用鼠标单击需要的颜色的地方，如图 7-12 所示。

图 7-15

图 7-12

04 单击后会弹出一个颜色圈，内圈颜色就是刚刚吸取的颜色，如图 7-13 所示。

7.2 渐变工具

渐变工具 ■ 可以创建多种颜色的逐渐混合效果。选择渐变工具后，需要先在工具选项栏选择一种渐变类型，并设置渐变颜色和混合模式等选项，然后才能创建渐变。如图 7-16 所示为渐变工具的选项栏。

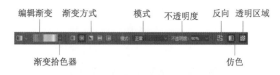

图 7-16

图 7-13

05 在前景色状态栏中，也可以看到颜色刚才吸取的颜色了，如图 7-14 所示。

渐变色条中显示了当前的渐变颜色，单击它右侧的下拉按钮 ■，将打开渐变拾色器，如图 7-17 所示。如果直接单击渐变颜色条，则会弹出渐变编辑器，在其中可以编辑渐变颜色或者保存渐变，如图 7-18 所示。

图 7-17

图 7-18

角度　　　　　　　　对称

菱形

图 7-19（续）

7.2.1　渐变工具选项

- 渐变类型：单击"线性渐变"按钮█，可创建从起点到终点的直线渐变；单击"径向渐变"按钮█，可创建从起点到终点的圆形图案渐变；单击"角度渐变"按钮█，可创建围绕起点以逆时针扫描方式的渐变；单击"对称渐变"按钮█，可创建使用均衡的线性渐变为起点的任意一侧渐变；单击"菱形渐变"按钮█，以菱形方式从起点向外渐变，终点定义菱形的一个角。如图 7-19 所示。

- 模式：设置渐变填充与背景图像的混合模式。

- 不透明度：设置渐变填充颜色的不透明度。值越小越透明，如图 7-20 所示。

不透明度为 50%　　　不透明度为 100%

图 7-20

- 反向：可转换渐变中的颜色顺序，得到反方向的渐变效果。

- 仿色：勾选该复选框，可以使渐变的颜色效果更加平滑地过渡。主要用于防止打印时出现条带化现象，但在屏幕上并不能明显地体现出作用。

- 透明区域：设置透明渐变的效果。选择该复选框，可以创建包含透明像素的渐变；取消选择，则创建实色渐变，如图 7-21 所示。

线性　　　　　　　　径向

图 7-19

图 7-21

7.2.2　案例：用实色渐变制作水晶按钮

01 按 Ctrl+N 快捷键新建一个默认文档，利用椭圆选区工具选择出如图 7-22 所示的区域。

图 7-22

02 选择渐变工具 ，单击上方渐变拾色器 ，在选项栏单击"线性渐变"按钮，选择一个渐变预设类型，然后更改渐变颜色，如图 7-23 所示，渐变颜色数值修改为如图 7-24、图 7-25 所示。更改完成后确认，并改为径向填充 。

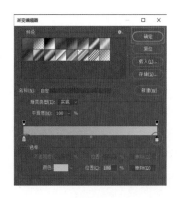

图 7-23

03 将自定义的渐变色填充到绘制的椭圆选区中。按 Shift 键，将鼠标从下到上拖曳，如图 7-26 所示，效果如图 7-27 所示。

图 7-24

图 7-25

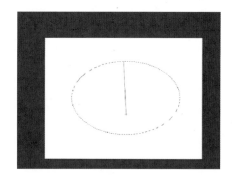

图 7-26

图 7-27

04 自定义白色到透明渐变。在渐变编辑器中将渐变色标设置为"白＞白"渐变，然后选择右侧的不透明度色标，在"色标"选项组中将其"不透明度"设置为 0%，单击"确定"按钮，完成白色透明的渐变设置，如图 7-28 所示。

图 7-28

05 填充白色到透明渐变。在已经填充的绿色渐变椭圆偏上位置绘制一个较小的椭圆选区，然后选择渐变工具并在选项栏中将渐变效果设置为"线性渐变"，将刚才自定义的白色透明渐变按从上往下的方向填充到该选区中。填充完毕后，按 Ctrl+D 快捷键取消选区，如图 7-29 所示。

图 7-29

7.2.3　设置杂色渐变

Photoshop 除了可以创建实色渐变外，还可以创建杂色渐变。杂色渐变应用于闪耀背景很实用，我们看看如何设置杂色渐变。

在工具箱中选择渐变工具，单击渐变工具选项，弹出渐变编辑器，调整渐变属性，在"渐变类型"列表中选择"杂色"选项，单击"确定"按钮即可，如图 7-30 所示。

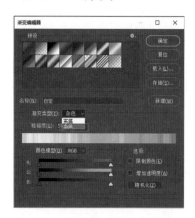

图 7-30

7.2.4　案例：用杂色渐变制作放射线背景

01 用 Photoshop 打开目标文件，新建图层。

02 在工具箱中选择渐变工具，单击渐变工具选项，弹出渐变编辑器。

03 调整渐变属性，在"渐变类型"列表中选择"杂色"选项，单击"确定"按钮即可，如图 7-31 所示。

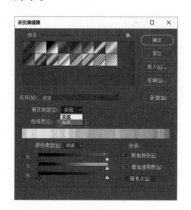

图 7-31

04 选择径向填充，在新建的图像上进行填充，如图 7-32 所示。

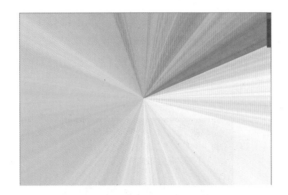

图 7-32

05 设置混合选项为"正片叠底",设置"不透明度"为 78%,如图 7-33 所示。

图 7-33

06 最终效果如图 7-34 所示。

图 7-34

7.2.5 案例:创建透明渐变

Photoshop 除了可以创建实色渐变外,还可以创建透明渐变。

01 在工具箱中选择渐变工具,单击渐变工具选项,弹出渐变编辑器。

02 首先选择渐变工具,然后打开渐变编辑器,如图 7-35 所示,上方红色标记的选项是透明度设置,鼠标单击进行透明度设置,如图 7-36 所示。

图 7-35   图 7-36

7.2.6 存储渐变

有些时候我们需要把自己喜欢的渐变存储起来方便日后的使用,操作方式如下。

01 首先选择渐变工具,然后打开渐变编辑器,如图 7-37 所示。

图 7-37

02 在渐变编辑器中自定一种渐变颜色,如图 7-38 所示。

03 可以在画布中绘制查看渐变效果,如图 7-39 所示。

04 满意后,在画布上右击鼠标,打开渐变拾色器,如图 7-40 所示。

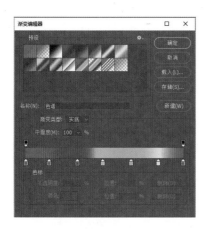

图 7-38

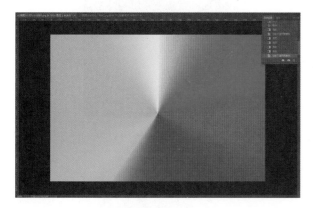

图 7-39

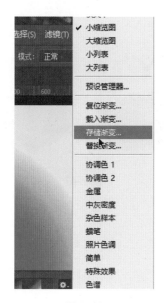

图 7-40

05 输入渐变的名称，选择 grd 格式的渐变特效文件，保存即可，如图 7-41 所示。

图 7-41

7.2.7　载入渐变库

我们也可以使用其他人的渐变，这时候我们就需要载入渐变库，步骤如下。

01 首先选择渐变工具，然后打开渐变编辑器，如图 7-42 所示。单击右侧的"载入"按钮，如图 7-43 所示。

图 7-42　　　　　　　　　图 7-43

02 找到我们的目标渐变，双击鼠标即可载入，如图 7-44 所示。

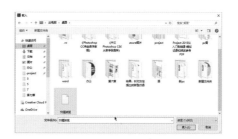

图 7-44

7.2.8 删除与重命名渐变

当渐变编辑器里面的预设渐变太多时，就不方便我们操作了，这时需要删除没有必要的预设或重命名。选中目标渐变，右击鼠标，选择删除渐变预设或"重命名"命令即可。

7.3 填充与描边

1. 填充

使用"填充"命令可以在当前图层或选区内填充颜色或图案，在填充时还可以设置不透明度和混合模式。文本层和被隐藏的图层不能进行填充。

执行"编辑 > 填充"命令，将会弹出"填充"对话框，如图 7-45 所示。通常在使用"填充"命令执行填充操作前，需要制作一个合适的选择区域。如果在当前图像中不存在选区，则填充效果将作用于整幅图像。

图 7-45

"填充"对话框主要选项功能如下。

● 内容：选择填充方式，包括使用前景色、背景色、颜色、内容识别、图案、历史记录、黑色、50% 灰色和白色进行填充。当选择"内容识别"选项时，可以根据所选区域周围的图像进行修补。当选择"图案"选项时，可以激活其下方的"自定图案"选项，单击右侧的下拉按钮 ，在图案类型列表中选择图案。

● 模式：设置填充的模式。

● 不透明度：调整填充的不透明程度。

● 保留透明区域：勾选该复选框后，只对图层中包含像素的区域进行填充，不会影响透明区域。

2. 描边

使用"描边"命令，可以对选择的区域进行描边操作，得到沿选择区域勾描的线框，描边操作的前提条件是具有一个选择区域。执行"编辑 > 描边"命令，弹出"描边"对话框，如图 7-46 所示。

图 7-46

"描边"对话框主要选项功能如下。

● 描边：设置边线宽度和边线的颜色。在"宽度"选项中可以设置描边宽度；单击"颜色"选项右侧的颜色块，可以在打开的"拾色器"中设置描边颜色，效果如图 7-47 所示。

图 7-47

● 位置：设置描边相对于选区的位置，包括"内部""居中"和"居外"，效果如图 7-48 所示。

● 混合：设置描边的模式和不透明度。"保留透明区域"表示只对包含像素的区域描边。

内部　　　　　　　居中

居外

图 7-48

7.3.1　案例：用油漆桶工具填色

油漆桶工具通过在图像中单击进行填充前景色或图案。在填充时，可以利用工具选项栏的相关参数设置，更好地达到填充的效果。填充颜色时，所使用的颜色为当前工具箱中的前景色。填充图案时，通过工具选项栏中的填充方式的设置，可以为图像填充图案效果。如果创建了选区，填充的区域为所选区域；如果没有创建选区，则填充与鼠标单击点颜色相近的区域。如图 7-49 所示为油漆桶工具的选项栏。

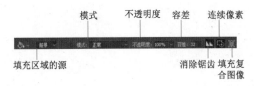

图 7-49

- 填充区域的源：单击油漆桶右侧的按钮，可以在下拉列表中选择填充区域的源。选择"前景"，填充的内容是当前工具箱中的前景色；选择"图案"，可以从图案选项中选择合适的图案，然后进行图案填充，如图 7-50 所示。

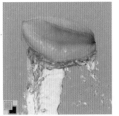

原图　　　　　　　前景

图案

图 7-50

- 模式：设置填充的颜色或图案与原图像的混合模式。

- 不透明度：设置填充颜色或图案的不透明度，如图 7-51 所示。

不透明度为 50%　　　不透明度为 100%

图 7-51

- 容差：定义必须填充的像素的颜色相似程度。低容差会填充颜色值范围内与单击点像素非常相似的像素，高容差则填充更大范围内的像素。

- 消除锯齿：可以使填充的颜色或图案产生平滑过渡效果。

● 连续像素：只填充与鼠标单击点相邻的像素；不选时可填充图像中的所有相似像素，如图 7-52 所示。

置为正常如图 7-55、图 7-56 所示，然后单击"确定"按钮，效果如图 7-57 所示。

图 7-54

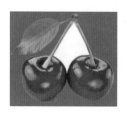 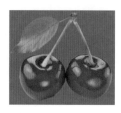

连续　　　　　　　取消勾选

图 7-52

● 填充复合图像：单击后，当填充颜色或图案时，将影响所有图层中的合并颜色数据填充像素；否则仅填充当前图层。

 注意：

按 Alt + Delete 组合键，可以使用前景色填充画布；按 Ctrl + Delete 组合键，可以使用背景色填充画布。并不是所有的图像模式都适用"油漆桶工具"。

图 7-55

7.3.2　案例：用"填充"命令填充草坪图案

01 打开目标图像，如图 7-53 所示。

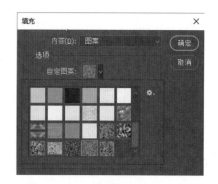

图 7-56

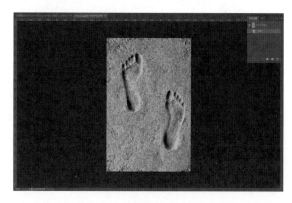

图 7-53

02 新建图层 1，如图 7-54 所示。

03 执行"编辑 > 填充"命令，填充内容改为"图案"，自定义图案设置为草地，模式设

图 7-57

04 混合模式设置为"正片叠底",如图7-58
所示。

图 7-58

05 最终效果图如图 7-59 所示。

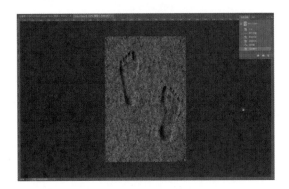

图 7-59

7.3.3　案例：用"描边"命令制作画框

01 打开目标图像,如图7-60所示。

图 7-60

02 复制背景图层,如图7-61所示。

图 7-61

03 执行"编辑>描边"命令,修改描边"宽
度"为 50 像素。

04 "颜色"设置为白色、"位置"设置
为内部,如图 7-62 所示。

图 7-62

05 效果如图 7-63 所示。

图 7-63

7.4 画笔面板

"画笔"面板是最重要的面板之一,它可以
设置绘画工具(画笔、铅笔、历史记录画笔等),
以及修饰工具(涂抹、加深、减淡、模糊、锐化等)
的笔尖种类、画笔大小和硬度,并且还可以创建
自己需要的特殊画笔。我们下面就来详细了解"画
笔"面板的功能和各项选项的作用。

7.4.1　"画笔预设"面板与画笔下拉菜单

Photoshop 的"画笔预设"面板中提供了各

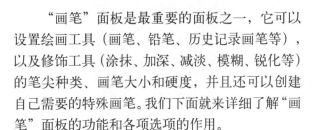

种预设的画笔。预设画笔带有诸如大小、形状和硬度等定义的特性。我们使用绘画或修饰工具时，如果要选择一个预设的笔尖，并只需要调整画笔的大小，可以在 Photoshop 菜单栏选择"窗口 > 画笔预设"命令，打开"画笔预设"面板进行设置，如图 7-64 所示。

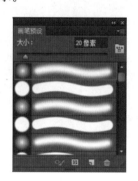

图 7-64

单击"画笔预设"面板中的一个笔尖将其选中，拖动"大小"滑块可以调整笔尖大小。如果选择的是毛刷笔尖，则可以创建逼真的、带有纹理的笔触效果。并且按下面板中的"切换实时笔尖画笔预设"按钮，画面中还会出现一个窗口，显示该画笔的具体样式，在它上面单击可以显示状态。在绘制时，该笔刷还可以显示笔尖的运行方向，如图 7-65 所示。

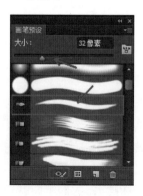

图 7-65

单击"画笔预设"面板中的"切换画笔面板"按钮，可以弹出画笔面板；单击"打开预设管理器"按钮，可以打开"预设管理器"对话框，

如图 7-66 所示。

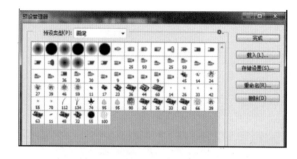

图 7-66

单击"创建新画笔"按钮可以打开"画笔名称"对话框。输入画笔的名称后，单击"确定"按钮，可以将当前画笔保存为一个预设的画笔，如图 7-67 所示。

图 7-67

单击"画笔预设"面板右上角按钮，在打开的下拉菜单中可以选择面板的显示方式，以及载入预设画笔库等，如图 7-68 所示。

图 7-68

01 新建画笔预设：用来创建新的画笔预设。

02 重命名画笔：选择一个画笔后，可执行该命令重命名画笔。

03 删除画笔：选择一个画笔后，执行该命令可将其删除。

04 复位画笔：当进行了添加或者删除画笔的操作以后，如果想要让面板恢复为显示默认的画笔状态，可执行该命令。

05 载入画笔：执行该命令，可以打开"载入"对话框，选择一个外部的画笔库可以将其载入面板中。

06 替换画笔：执行该命令，可以打开"载入"对话框，在对话框中可以选择一个画笔库来替换面板中的画笔。

07 画笔库：预设面板菜单底部是 Photoshop 提供的各种预设的画笔库，选择一个画笔库，可以弹出提示信息，单击"确定"按钮，可以载入画笔并替换面板中原有的画笔，单击"追加"按钮，可以将载入的画笔添加到原有的画笔后面。

7.4.2　"画笔"面板

使用画笔面板可以对笔触外观进行更多的设置。在"画笔"面板内，不仅可以对画笔的尺寸、形状和旋转角度等基础参数进行定义，还可以对画笔设置多种特殊的外观效果。

执行"窗口 > 画笔"命令，或单击工具选项栏中的"切换画笔面板"按钮，打开"画笔"面板，如图 7-69 所示。

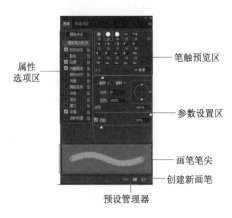

属性
选项区

笔触预览区

参数设置区

画笔笔尖

创建新画笔

预设管理器

图 7-69

- 画笔预设：单击"画笔预设"按钮，可以打开"画笔预设"面板。
- 画笔设置：单击画笔属性区中的选项，面板中会显示该选项的详细设置内容，它们用来改变画笔的角度、圆度，以及为其添加纹理、颜色动态等变量。
- 锁定 / 未锁定：显示锁定图标🔒时，表示当前画笔的笔尖形状属性（形状动态、散布、纹理等）为锁定状态。单击该图标，即可取消锁定。
- 选中的画笔笔尖：当前选择的画笔笔尖。
- 画笔笔尖 / 画笔描边预览：其中显示了 Photoshop 提供的预设画笔笔尖。选择一个笔尖后，可在画笔描边预览选项区中预览该笔尖的形状。
- 画笔参数选项：用来调整画笔的参数。
- 显示画笔样式：使用毛刷笔尖时，在窗口中显示笔尖样式。
- 打开预设管理器：单击按钮，可以打开"预设管理器"对话框。
- 创建新画笔：如果对一个预设的画笔进行了调整，可单击画笔面板下方的"创建新画笔"按钮，将其保存为一个新的预设画笔。

> 📢 **注意：**
> 按 F5 键，也可以打开"画笔"面板。

7.4.3　笔尖的种类

种类分为常规画笔、干介质画笔、湿介质画笔、特殊效果画笔，每一种都具有不同的效果。

7.4.4　画笔笔尖形状

在"画笔"面板的左侧属性选项区，选择"画笔笔尖形状"选项，在面板的右侧会显示画笔笔尖形状的相关参数设置选项，包括大小、角度、圆度、翻转和间距等参数设置，如图 7-70 所示。

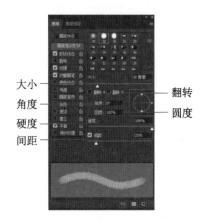

大小
角度
硬度
间距
翻转
圆度

图 7-70

- 大小：调整画笔笔触的大小，可以通过拖动下方的滑块修改，也可以在文本框中输入数值来修改。数值越大，笔触越粗。
- 翻转 X、翻转 Y：控制画笔笔尖的水平、垂直翻转。选择"翻转 X"选项，将画笔笔尖水平翻转；选择"翻转 Y"选项，将画笔笔尖垂直翻转，如图 7-71 所示为画笔原始笔尖、水平翻转、垂直翻转、水平垂直都翻转的效果。

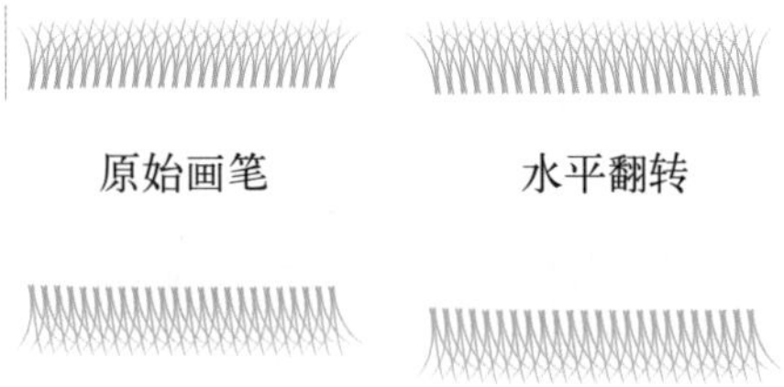

原始画笔　　　　水平翻转

垂直翻转　　　水平和垂直翻转

图 7-71

- 角度：设置笔尖的绘画角度，可以在文本框中输入数值，也可以在右侧的坐标上拖曳鼠标进行更为直观的调整。如图 7-72 所示为不同角度的画笔。

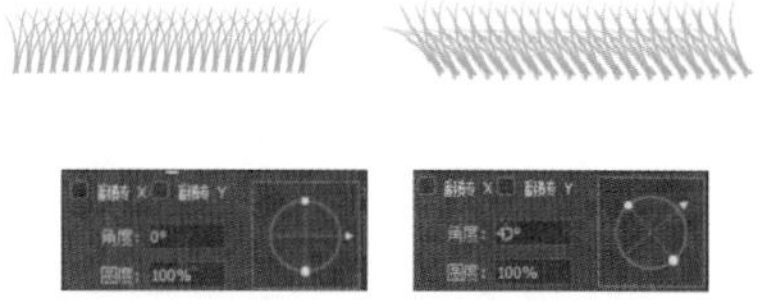

角度为 0　　　　角度为 40

图 7-72

- 圆度：设置笔尖的圆形程度。可以在文本框中输入数值，也可以在右侧的坐标上拖拽鼠标修改笔尖的圆度。当值为 100% 时，笔尖为圆形，值小于 100% 时，笔尖为椭圆形，如图 7-73 所示。
- 硬度：设置画笔笔触边缘的柔和程度。在文本框中输入数值，也可以通过拖动滑块修改笔触硬度。值越大，边缘越硬，如图 7-74 所示。

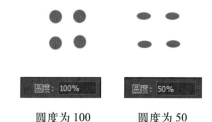

圆度为 100　　　　圆度为 50

图 7-73

硬度为 100%　　硬度为 50%　　硬度为 0%

图 7-74

- 间距：设置画笔笔触间的间距大小。值越小，所绘制的形状间距越小。选择的画笔不同，其间距的默认值也不同，如图 7-75 所示。

间距为 25%　　间距为 70%　　间距为 100%

图 7-75

7.4.5　形状动态

在"画笔"面板的选项区，选择"形状动态"选项，在面板的右侧将显示画笔笔尖形状动态的相关参数设置选项，包括大小抖动、角度抖动和圆度抖动等参数设置，如图 7-76 所示。

- 大小抖动：设置画笔笔触绘制的大小变化效果。值越大，大小变化越大。在"控制"下拉列表中可以选择抖动的改变方式，选择"关"表示不控制画笔笔迹的大小变化；选择"渐隐"可按照指定数量的步长在初始直径和最小直径之间渐隐画笔笔迹的大小，使笔迹产生逐渐淡出的效果；如果计算机配置有数位板，则可以选择"钢笔压力""钢笔斜度""光笔轮"和"旋转"选项，根据钢笔的压力、斜度、钢笔拇指轮位置或钢笔的旋转来改变初始直径和最小直径之间的画笔笔迹大小，如图 7-77 所示。

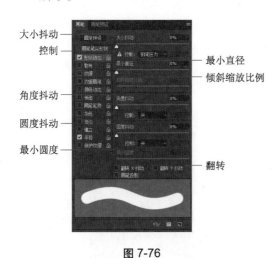

图 7-76

抖动值为 0%　　　　抖动值为 100%

图 7-77

- 最小直径：设置画笔笔触的最小显示直径。该值越高，笔尖直径的变化越小。
- 倾斜缩放比例：在"控制"选项中选择了"钢笔斜度"命令后，利用此选项，可设置画笔笔触的倾斜缩放比例大小。
- 角度抖动：设置画笔笔触的角度变化程度。值越大，角度变化越大。如果要指定画笔角度的改变方式，可在"控制"下拉列表中选择一个选项，如图 7-78 所示。
- 圆度抖动：设置画笔笔触的圆角变化程度。值越大，形状越扁平。可在"控制"下拉列表中选择一种角度的变化方式，如图 7-79 所示。

抖动值为 0%　　　　抖动值为 20%

抖动值为 60%　　　　抖动值为 100%

图 7-78

抖动值为 0%　　　　抖动值为 100%

图 7-79

- 最小圆度：设置画笔笔触的最小圆度值。当使用"圆度抖动"时，该选项才能使用。值越大，圆度抖动的变化程度越大。
- "翻转 X 抖动"和"翻转 Y 抖动"与前面讲的"翻转 X""翻转 Y"用法相似，不同的是前者在翻转时不是全部翻转，而是随机性的翻转。

7.4.6　散布

画笔散布选项设置可确定在绘制过程中画笔笔迹的数目和位置。在"画笔"面板的属性选项区中单击"散布"选项，在画板右侧将显示画笔笔尖散布的相关参数设置选项，包括散布、数量和数量抖动等参数项，如图 7-80 所示。

- 散布：设置画笔笔迹在绘制过程中的分布方式，该值越大，分散的范围越广。如果选中"两轴"，画笔笔迹将以中间为基准，向两侧分散。在"控制"下拉列表中可以设置画笔笔迹散布的变化方式，如图 7-81 所示。
- 数量：设置在每个间距间隔应用的画笔笔迹散布数量。如果在不增加间距值或散布值的情况下增加数量，绘画性能可能会降低，如图 7-82 所示。

数量为 1　　　　　数量为 4

图 7-82

- 数量抖动：设置在每个间距间隔中应用的画笔笔记散布的变化百分比。在"控制"下拉列表中可以设置以任何方式来控制画笔笔迹的数量变化，如图 7-83 所示。

数量抖动为 0%　　　数量抖动为 100%

图 7-83

7.4.7　纹理

纹理画笔利用图案使描边看起来像是在带纹理的画布上绘制的一样，产生明显的纹理效果。在"画笔"面板的属性选项区，单击"纹理"选项，在面板的右侧显示纹理的相关参数设置选项，包括缩放、模式、深度、最小深度和深度抖动等，如图 7-84 所示。

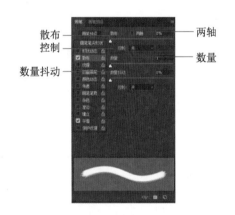

散布————————两轴
控制
数量抖动————————数量

图 7-80

散布前的效果　　　　散布后的效果

图 7-81

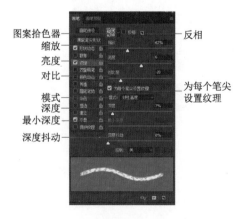

图案拾色器————————反相
缩放
亮度
对比
　　　　　　　　　　————为每个笔尖
模式　　　　　　　　　　　设置纹理
深度
最小深度
深度抖动

图 7-84

- 图案拾色器：单击"图案拾色器"按钮，将打开"图案"面板，从中可以选择所需的图案，也可以通过"图案"面板菜单，打开更多的图案，如图7-85、图7-86所示。

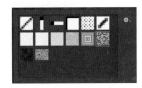

图 7-85

图 7-86

- 反相：选中该复选框，图案中的明暗区域将进行反转。图案中的最亮区域转换为暗区域，最暗区域转换为亮区域。
- 缩放：设置图案的缩放比例，输入数字或拖动滑块可改变图案大小的百分比值，如图7-87所示。

缩放为 50%　　　　缩放为 100%

图 7-87

- 亮度：设置图案的亮度。
- 对比：设置图案的对比度。
- 为每个笔尖设置纹理：选中该复选框，在绘图时为每个笔尖都应用纹理，如果撤销选中，则无法使用"最小深度"和"深度抖动"。
- 模式：设置画笔和图案的混合模式。不同的模式，可以绘制出不同的混合笔迹效果。
- 深度：设置油彩渗入纹理中的深度。输入数字或拖动滑块调整渗入的深度。值为0%时，纹理中的所有点都接收相同数量的油彩，进而隐藏图案；值为100%时，纹理中的暗点不接收任何油彩，如图7-88所示。

深度为 1%　　　　深度为 7%

图 7-88

- 最小深度：当选中"为每个笔尖设置纹理"并且"控制"设置为"渐隐""钢笔压力""钢笔斜度"或"光笔轮"时，油彩可渗入纹理的最小深度。
- 深度抖动：设置图案渗入纹理的变化程度。当选中"为每个笔尖设置纹理"时，输入数值或拖动滑块可调整抖动的深度变化。可以在"控制"选项中设置以任何方式控制画笔笔迹的深度变化，如图7-89所示。

深度抖动为 0%　　深度抖动为 100%

图 7-89

7.4.8　双重画笔

双重画笔是指让描绘的线条中呈现出两个笔

尖相同或不同的纹理重叠混合的效果。要使用双重画笔，首先要在"画笔笔尖形状"选项中设置主画笔，然后从"双重画笔"部分中选择另一个画笔，如图 7-90 所示。

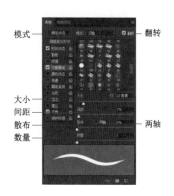

图 7-90

- 模式：设置两种画笔在组合时使用的混合模式。
- 翻转：启用随机画笔翻转功能，产生笔触的随机翻转效果。
- 大小：设置双笔尖的大小。当画笔的笔尖形状是通过采集图像中的像素样本创建的时候，单击"使用取样大小"按钮，可以使用画笔笔尖的原始直径。
- 间距：设置双重画笔笔迹之间的距离。输入数字或拖动滑块可改变间距的大小。
- 散布：设置双笔尖笔迹的分布方式。选择"两轴"，画笔笔迹按水平方向分布；取消选择时，画笔笔迹按垂直方向分布。
- 数量：设置每个间距间隔应用的画笔笔迹的数量。

7.4.9 颜色动态

颜色动态决定描边路线中油彩颜色的变化方式。通过设置颜色动态，可控制画笔中油彩色相、饱和度、亮度和纯度等的变化。在"画笔"面板的属性区，选择"颜色动态"选项，在面板右侧将显示颜色动态的相关参数，如图 7-91 所示。

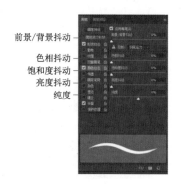

图 7-91

- 前景 / 背景抖动：设置前景色和背景色之间的油彩变化方式。值越小，变化后的颜色越接近前景色。如果要设置控制画笔笔迹的颜色变化方式，可在"控制"选项中选择，如图 7-92 所示。

前景 / 背景抖动为 0%　　前景 / 背景抖动为 100%

图 7-92

- 色相抖动：设置颜色色彩变化的百分比。该值越小，颜色越接近前景色。较高的值增大色相间的差异，如图 7-93 所示。

色相抖动为 0%　　色相抖动为 100%

图 7-93

- 饱和度抖动：设置颜色的饱和度变化程度。值越小，饱和度越接近前景色；值越高，色彩的饱和度越高，如图 7-94 所示。

饱和度抖动为 0%　　饱和度抖动为 100%

图 7-94

- 亮度抖动：设置颜色的亮度变化程度。值越小，亮度越接近前景色；值越高，颜色的亮度值越大，如图 7-95 所示。

亮度抖动为 0%　　亮度抖动为 100%

图 7-95

- 纯度：设置颜色的纯度。该值为 40% 时，笔迹的颜色为黑白色；该值越高，颜色饱和度越高，如图 7-96 所示。

纯度为 >100%　　纯度为 100%

图 7-96

7.4.10　传递

传递选项确定油彩在描边路线中的改变方式可设置画笔的油彩或效果的动态建立。在画笔面板的属性区，选择"传递"选项，在面板右侧将显示传递的相关参数，如图 7-97 所示。

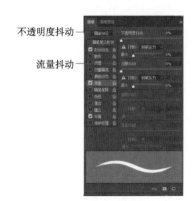

不透明度抖动—

流量抖动—

图 7-97

- 不透明度抖动：设置画笔笔迹中油彩不透明度的变化程度。输入数值或拖动滑块可调整颜色不透明度的变化百分比。可在"控制"下拉列表中选项中设置画笔笔迹的不透明度变化，如图 7-98 所示。

不透明度抖动为 0%　　不透明度抖动为 100%

图 7-98

- 流量抖动：设置画笔笔迹中油彩流量的变化程度。可在"控制"下拉列表中，设置画笔颜色的流量变化，如图 7-99 所示。

流量抖动为 0%　　流量抖动为 100%

图 7-99

注意：

如果配置了数位板和压感笔，则"湿度抖动"和"混合抖动"选项可以使用。

7.4.11　画笔笔势

表示调整笔刷的姿势。在画笔面板的属性区，选择"画笔姿势"选项，在面板右侧将显示相关参数，如图 7-100 所示。

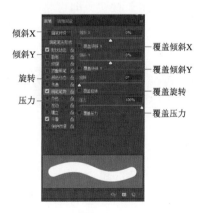

倾斜 X—　　　—覆盖倾斜 X

倾斜 Y—　　　—覆盖倾斜 Y

旋转—　　　　—覆盖旋转

压力—　　　　—覆盖压力

图 7-100

7.4.12 案例：创建自定义画笔

在 Photoshop CC 中，我们可以将已有图形整体或者选区内的图形创建为自定义画笔，方便以后使用。下面我们以"创建蝴蝶画笔"形状来说明自定义画笔的方法：

01 按Ctrl+ O快捷键，打开文件，如图7-101所示。用画笔绘制圆点，如图7-102 所示。

图 7-101

图 7-102

02 执行"编辑 > 定义画笔预设"命令，打开如图7-103 所示的"画笔名称"对话框，输入名称单击"确定"按钮，即可将图片定义为画笔预设。

图 7-103

03 选择画笔工具 ，在工具选项栏中单击"画笔"选项右侧的 按钮，打开"画笔预设"面板，在画笔选择区的最后将显示刚定义的画笔笔触——蝴蝶，如图7-104 所示。

图 7-104

7.5 绘画工具

7.5.1 画笔工具

画笔工具 是绘图常用的工具之一，利用画笔工具可以绘制边缘柔和的线条，画笔的大小、边缘柔和幅度都可以灵活调节。如图 7-105 所示为画笔工具的选项栏。

图 7-105

利用画笔工具的选项栏可以设置画笔的形态、大小、不透明度以及绘画模式等。

● 画笔：单击工具选项栏上"画笔"下拉按钮，在打开的面板中可以设置画笔的大小和硬度，单击右上角的 按钮，弹出下拉菜单，如图 7-106 所示。其中，新建画笔预设：建立新画笔。重命名画笔：重新命名画笔。删除画笔：删除当前选中的画笔。仅文本：以文字描述方式显示画笔选择面板。小缩览图：以小图标的方式显示画笔选择面板。大缩览图：以大图标的方式显示画笔选择面板。小列表：以小文字和图标列表方式显示画笔选择面板。大列表：以大文字和图标列表方式显示画笔选择面板。描边缩览图：以笔画的方式显示画笔选择面板。预设管理器：在弹出的"预设管理器"对话框中编辑画笔。复位画笔：恢复默认状态的画笔。载入画笔：将存储的画笔载入面板。存储画笔：将当前的画笔进行存储。替换画笔：载入新画笔并替换当前画笔。

图 7-106

- 模式：设置绘图的像素和图像之间的混合方式。单击"模式"右侧的绘画模式，在弹出的下拉列表中选择所需的混合模式，如图 7-107 所示。

图 7-107

- 不透明度：设置画笔绘制的不透明度。数值范围在 0%~100% 之间，数值越大，不透明度就越高。将透明度设置为 100% 绘制树叶，效果如图 7-108 所示，将透明度设置为 50%，效果如图 7-109 所示。

图 7-108　　　　　图 7-109

- 流量：设置笔触颜色的流出量，即画笔颜色的深浅。数值范围在 0%~100% 之间。值为 100% 时，绘制的颜色最浓；值小于 100% 时，绘制的颜色变浅，值越小颜色越淡。如图 7-110 所示为 100% 时的效果，图 7-111 所示为 50% 时的效果。

图 7-110　　　　　图 7-111

- 喷枪：设置画笔油彩的流出量。单击画笔工具选项栏中的"喷枪"按钮 ，启用喷枪工具。喷枪会在绘制的过程中表现其特点，即画笔在画面停留的时间越长，喷枪的范围就越大。如图 7-112 所示为未启用喷枪，如图 7-113 所示为启用喷枪。

图 7-112

图 7-113

7.5.2 铅笔工具

铅笔工具 可以绘制自由手画线式的线条，使用方法与画笔工具相似。在工具箱中选择"铅笔工具"后，其工具选项栏，如图 7-114 所示。

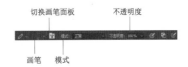
图 7-114

在画笔的下拉列表框中可以选择画笔的形状，但铅笔工具只能绘制硬边线条。

7.5.3 混合器画笔工具

混合器画笔工具 可以混合像素，其工具选项栏如图 7-115 所示。

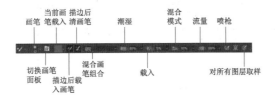
图 7-115

它创建类似于传统画笔绘画时颜料之间的相互混合的效果，可以使绘画功底不是很强的人绘制出具有水粉画或油画风格的漂亮图像。选择混合器画笔工具，在工具选项栏中设置画笔参数，在画面中进行涂抹即可。如图 7-116 所示为"干燥，深描"模式；如图 7-117 所示为"湿润"模式。

图 7-116　　　　图 7-117

单击 按钮，即可将光标下的颜色与前景色进行混合，如图 7-118 所示。

图 7-118

7.6 擦除工具

擦除工具包含 3 种类型：橡皮擦工具 、背景橡皮擦工具 和魔术橡皮擦工具 。后两种橡皮擦主要用于抠图（去除图像的背景），而橡皮擦则会因设置的选项不同，具有不同的用途。如图 7-119 所示为擦除工具组。

图 7-119

7.6.1 橡皮擦工具

橡皮擦工具 可以更改图像的像素。如果使用橡皮擦工具处理的是背景图层或锁定了透明区域（按下"图层"面板中的按钮）的图层，涂抹区域会显示为背景色；处理其他图层时，可擦除涂抹区域的像素。如图 7-120 所示为橡皮擦工具的选项栏。

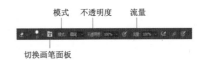
图 7-120

- 模式：可以选择橡皮擦的种类。选择"画笔"，可创建柔边擦除效果；选择"铅笔"，可创建硬边擦除效果；选择"块"，擦除的效果为块状，如图 7-121 所示。
- 不透明度：设置工具的擦除强度，100%的不透明度可以完全擦除像素，较低的不透明度将部分擦除像素。将"模式"设置为"块"时，不能使用该选项。
- 流量：设置当将指针移动到某个区域上方时应用颜色的速率。

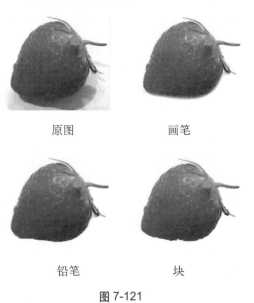

原图　　　　　　画笔

铅笔　　　　　　块

图 7-121

7.6.2　案例：用背景橡皮擦工具抠动物毛发

01 按 Ctrl+ O 快捷键，打开一个文件，如图 7-122 所示。

图 7-122

02 选择背景橡皮擦工具■，在工具选项栏中设置，"大小"为 100，"取样"为连续，"容差"为 100%，防止马身上的细节被擦除。将光标移动到马的周围，对图像进行背景擦除，效果如图 7-123 所示。

03 将"容差"值设为 20%，将光标移到马周围没处理完的背景上进行处理。注意不要让光标的十字碰到马，否则也会被擦除，效果如图 7-124 所示。

图 7-123

图 7-124

04 打开一个背景文件，使用移动工具将马的影像拖入该文件，并调整其位置，这样就更换了画面背景。效果如图 7-125 所示。

图 7-125

7.6.3 案例：用魔术橡皮擦工具抠人像

魔术橡皮擦工具可以擦除图像中与光标相近的像素。如果在锁定了透明的图层中擦除图像，被擦除的像素会更改为背景色；如果在背景层或普通层中擦除图像，被擦除的像素会显示为透明效果。如图 7-126 所示为魔术橡皮擦工具的选项栏。

图 7-126

- 容差：设置可擦除的颜色范围。低容差会擦除颜色值范围内与单击点像素非常相似的像素，高容差可擦除范围更广的像素，如图 7-127 所示。

容差为 50%　　　　　容差为 80%

图 7-127

- 消除锯齿：可以使擦除区域的边缘与其他像素的边缘，产生平滑过渡效果。
- 连续：勾选该复选框，擦除与单击点像素邻近的像素；取消该复选框时，可擦除图像中所有相似的像素，如图 7-128 所示。

不勾选"连续"　　　　　勾选"连续"

图 7-128

- 对所有图层取样：对所有可见图层中的组合数据来采集擦除色样。
- 不透明度：设置擦除强度，100% 的不透明度将完全擦除像素；较低的不透明度将擦除的区域显示为半透明状态。

第 8 章
调整颜色与色调

 学习提示

　　"图像 > 调整"子菜单中的命令大都是用来进行色彩调整的命令。使用"色阶""自动色阶""自动对比""曲线"以及"亮度／对比度"命令可调整图像的对比度和亮度，这些命令可修改图像中像素值的分布，并允许在一定精度范围内调整色调，"曲线"命令还可提供最精确的调整。对彩色图像的个别通道执行"色阶"和"曲线"命令修改图像中的色彩平衡时，"曲线"命令对在通道内的像素值分布可提供最精确的控制。执行"色相／饱和度"命令替换颜色和可选颜色，可对图像中特定的颜色进行修改，此命令常用于对不太精确的色彩进行调整，它可调整图像的色彩平衡、对比度和饱和度。

本章重点导航

◎　Photoshop 调整命令概览

◎　转换图像的颜色模式

◎　"自然饱和度"命令

8.1 Photoshop 调整命令概览

Photoshop 中提供了大量色彩和色调的调整工具，用于处理图像，执行"图像 > 调整"命令，调出相应子菜单，选择相应的命令调整图像，如图 8-1 所示。

图 8-1

8.1.1 调整命令的分类

- 调整颜色和色调的命令："色阶"和"曲线"命令可以调整颜色和色调，它们是最重要、最强大的调整命令；"色相/饱和度"和"自然饱和度"命令用于调整色彩；"阴影/高光"和"曝光度"命令只能调整色调。
- 匹配、替换和混合颜色的命令："匹配颜色""替换颜色""通道混合器"和"可选颜色"命令可以匹配多个图像之间的颜色，替换指定的颜色或者对颜色通道做调整。
- 快速调整命令："自动色调""自动对比度"和"自动颜色"命令能够自动调整图片的颜色和色调，可以进行简单调整，适合初学者使用；"照片滤镜""色彩平衡"和"变化"是用于调整色彩的命令，使用方法简单且直观；"亮度/对比度"和"色调均化"命令用于调整色相。

- 应用特殊颜色调整的命令："反相""阈值""色调分离"和"渐变映射"是特殊的颜色调整命令，它们可以将图片转换为负片效果，简化为黑白图像、分类色彩或者用渐变颜色转换图片中原有的颜色。

8.1.2 调整命令的使用方法

- 亮度/对比度：使用"亮度/对比度"命令可以直观地调整图像的明暗程度，还可以通过调整图像亮部区域与暗部区域之间的比例来调节图像的层次感
- 色阶：调整图像的阴影、中间调和高光的关系，从而调整图像的色调范围或色彩平衡。
- 曲线：能够对图像整体的明暗程度进行调整。
- 曝光度：可以对图像的暗部和亮部进行调整，常用于处理曝光不足的照片。
- 色相/饱和度：可以调整图像的色彩及色彩的鲜艳程度，还可以调整图像的明暗程度。
- 色彩平衡：可以改变图像颜色的构成。它是根据在校正颜色时增加基本色，降低相反色的原理设计的。
- 照片滤镜：是通过模拟相机镜头前滤镜的效果来进行色颜色参数调整，该命令还允许选择预设的颜色以便向图像应用色相调整。
- 通道混合器：利用图像内现有颜色通道的混合来修改目标颜色通道，从而实现调整图像颜色的目的。
- 反相：是用来反转图像中的颜色。在对图像进行反相时，通道中每个像素的亮度值都会转换为256级颜色值刻度上相反的值。
- 色调分离：该命令可以指定图像中每个通道的色调级或者亮度值的数目，然后将像素映射为最接近的匹配级别。
- 阈值：是将灰度或者彩色图像转换为高对

比度的黑白图像，其效果可用来制作漫画或版刻画。

- 渐变映射：是将设置好的渐变模式映射到图像中，从而改变图像的整体色调。
- 可选颜色：可以校正偏色图像，也可以改变图像颜色。一般情况下，该命令用于调整单个颜色的色彩比重。
- 阴影 / 高光：能够使照片内的阴影区域变亮或变暗，常用于校正照片内因光线过暗而形成的暗部区域，也可校正因过于接近光源而产生的发白焦点。"阴影 / 高光"命令不是简单地使图像变亮或变暗，它基于阴影或高光中的周围像素（局部相邻像素）增亮或变暗。
- 去色：是将彩色图像转换为灰色图像，但图像的颜色模式保持不变。
- 匹配颜色：可以将一个图像的颜色与另一个图像中的色调相匹配，也可以使同一文档不同图层之间的色调保持一致。
- 替换颜色：与"色相 / 饱和度"命令中的某些功能相似，它可以先选定颜色，然后改变选定区域的色相、饱和度和亮度值。
- 色调均化：是按照灰度重新分布亮度，将图像中最亮的部分提升为白色，最暗部分降低为黑色。

8.2 转换图像的颜色模式

颜色模式是将某种颜色表现为数字形式的模型，或者说是一种记录图像颜色的方式，分为 RGB 模式、CMYK 模式、Lab 颜色模式、位图模式、灰度模式、索引颜色模式、双色调模式和多通道模式。在菜单栏上执行"图像 > 模式"命令，子菜单如图 8-2 所示。

图 8-2

8.2.1 位图模式

Photoshop 使用的位图模式只使用黑白两种颜色中的一种表示图像中的像素。位图模式的图像也叫作黑白图像，它包含的信息最少，因而图像也最小。

> **注意：**
>
> 当一幅彩色图像要转换成黑白模式时，不能直接转换，必须先将图像转换成灰度模式。

8.2.2 灰度模式

灰度模式是用单一色调表现图像，一个像素的颜色用八位元来表示，一共可表现256阶（色阶）的灰色调（含黑和白），也就是 256 种明度的灰色。灰度也可用于将彩色图像转为高品质的黑白图像。

> **注意：**
>
> 将彩色图像转换为灰度模式时，所有的颜色信息都将被删除。虽然 Photoshop 允许将灰度模式的图像再转换为彩色模式，但是原来已经丢失的颜色信息不能再返回。

8.2.3 双色调模式

双色调模式采用 2~4 种彩色油墨混合其色阶来创建双色调（2 种颜色）、三色调（3 种颜色）、四色调（4 种颜色）的图像。在将灰度图像转换为双色调模式的图像过程中，可以对色调进行编辑，产生特殊的效果。使用双色调的重要用途之一是使用尽量少的颜色表现尽量多的颜色层次，减少印刷成本。

8.2.4 索引颜色模式

索引颜色模式是采用一个颜色表存放并索引图像中的颜色，当转换为索引颜色时，Photoshop 将构建一个颜色查找表（CLUT），用以存放并索引图像中的颜色。

8.2.5 RGB 颜色模式

RGB 是色光的彩色模式，R（red）代表红色，G（green）代表绿色，B（blue）代表蓝色。三种色彩相叠加形成了其他的色彩。因为三种颜色每一种都有 256 个亮度水平级，所以三种色彩叠加就能形 1670 万（256×256×256）种颜色（俗称"真彩"）。在 Photoshop 中，除非有特殊要求而使用特定的颜色模式，其他情况下，RGB 都是首选。在这种模式下，可以使用所有 Photoshop 工具和命令，而其他模式则会受到限制。我们可以通过"通道"面板查看 RGB 模式下的图像信息，如图 8-3、图 8-4 所示。

图 8-3   图 8-4

注意：

虽然编辑图像时 RGB 色彩模式是首选的色彩模式，但是在印刷中 RGB 色彩模式就不是最佳选择了。因为 RGB 模式所提供的有些色彩已经超出了打印色彩范围之外，因此在打印一幅真彩的图像时，就必然会损失一部分亮度，并且比较鲜明的色彩肯定会失真的。这主要是因为打印所用的是 CMYK 模式，而 CMYK 模式所定义的色彩要比 RGB 模式定义色彩要少得多。

8.2.6 CMYK 颜色模式

CMYK 是商业印刷使用的一种四色印刷模式。在 CMYK 模式中，CMYK 代表印刷上用的四种油墨色，C 代表青色，M 代表洋红色，Y 代表黄色，K 代表黑色，CMYK 模式的色域（颜色范围）要比 RGB 模式小，只有制作要用印刷色打印的图像时，才使用该模式。此外，在该模式下，有许多滤镜都不能使用。我们可以通过"通道"面板查看 CMYK 模式下的图像信息，如图 8-5、图 8-6 所示。

图 8-5   图 8-6

CMYK 模式以打印在纸上的油墨的光线吸收特性为基础。当白光照射到半透明油墨上时，色谱中的一部分被吸收，而另一部分被反射回眼睛。理论上，纯青色（C）、洋红（M）和黄色（Y）色素合成的颜色吸收所有光线并生成黑色，因此这些颜色也称为减色。

但由于所有打印油墨都包含一些杂质，因此这三种油墨混合实际生成的是土灰色。为了得到真正的黑色，必须在油墨中加入黑色（K）油墨（为避免与蓝色混淆，黑色用 K 而非 B 表示）。这些油墨混合重现颜色的过程称为四色印刷。减色（CMYK）和加色（RGB）是互补色。每对减色产生一种加色，反之亦然，如图 8-7 所示。

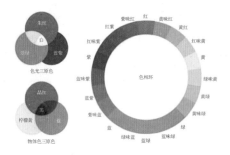

图 8-7

CMYK 模式为组成每个像素的印刷油墨指定一个百分比参数。为较亮（高光）颜色指定的印刷油墨颜色百分比较低，而为较暗（阴影）颜色指定的百分比较高。例如，亮红色可能包含 2% 的青色、93% 洋红、90% 黄色和 0% 黑色，如图 8-8 所示。在 CMYK 图像中，当四种分量的值均 0% 时，就会产生纯白色，如图 8-9 所示。

图 8-8

图 8-9

在准备要用印刷色打印图像时，应使用 CMYK 模式。将 RGB 图像转换为 CMYK 模式即会产生分色，在创作图像开始，最好先用 RGB 编辑，然后再转换为 CMYK。打开一张素材图片，打开"通道"面板，通过隐藏 CMYK 模式下不同颜色通道，会产生不同的图像效果，原图如图 8-10 所示。

图 8-10

保留洋红(M)与黑色(K)通道效果如图 8-11、图 8-12 所示，保留纯青色（C）与洋红（M）通道效果如图 8-13、图 8-14 所示，保留黑色（K）与青色（C）通道效果如图 8-15、图 8-16 所示，保留黄色（Y）与洋红（M）通道效果如图 8-17、图 8-18 所示。

图 8-11 　　　　　　图 8-12

图 8-13 　　　　　　图 8-14

图 8-15　　　　　　　图 8-16

图 8-17　　　　　　　图 8-18

8.2.7　Lab 颜色模式

　　Lab 模式既不依赖于光线，又不依赖于颜料。它是由 CIB（国际照明委员会）组织确定的一个理论上包括了人眼可见的所有色彩的色彩模式。

　　Lab 模式是 Photoshop 进行颜色模式转换时使用的中间模式。例如，在将 RGB 图像转换为 CMYK 模式时，Photoshop 会在内部先将其转换为 Lab 模式，再由 Lab 转换为 CMYK 模式。因此，Lab 的色域最宽，它涵盖了 RGB 和 CMYK 的色域。

　　在 Lab 颜色模式中，L 代表了亮度分量，它的范围为 0 ~ 100；a 代表了由绿色到红色的光谱变化；b 代表了由蓝色到黄色的光谱变化。颜色分量 a 和 b 的取值范围均为 +127 ~ -127。Lab 模式的光谱变化图如图 8-19 所示。

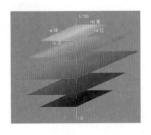

图 8-19

　　Lab 模式下的通道信息如图 8-20、图 8-21 所示。

图 8-20　　　　　　　图 8-21

　　Lab 模式在照片调色中有着非常特别的优势。我们在处理明度通道时，可以在不影响色相和饱和度的情况下轻松修改图像的明暗信息；处理 a 和 b 通道时，则可以在不影响色调的情况下修改颜色。打开素材图像，如图 8-22 所示，执行"窗口 > 调整 > 曲线"菜单命令，打开曲线调整面板，保持通道 a 设置如图 8-23 所示，调节通道 b 曲线设置如图 8-24 所示，最终效果如图 8-25 所示。

图 8-22　　　　　　　图 8-23

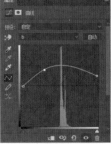

图 8-24　　　　　　　图 8-25

8.2.8　多通道模式

多通道是一种减色模式，将 RGB 图像转换为该模式后，可以得到青色、洋红和黄色通道。此外，如果删除 RGB、CMYK、Lab 模式的某个颜色通道，图像会自动转换为多通道模式。在多通道模式下，每个通道都使用 256 级灰度。Photoshop 能够将 RGB 颜色模式、CMYK 颜色模式等模式的图像转化为多通道模式的图像。这种色彩模式对有特殊打印要求的图像非常有用。例如，如果图像中只使用了一两种或两三种颜色，使用多通道颜色模式可以减少印刷成本。

打开素材图片，查看其色彩模式与通道信息如图 8-26 所示。

图 8-26

删除 RGB 面板上的红色通道后，再次查看，发现其色彩模式变成了多通道模式，同时增加了洋红、黄色两个新通道，如图 8-27 所示。

图 8-27

8.2.9　位深度

位深度是指在记录数字图像的颜色时，计算机实际上是用每个像素需要的位深度来表示的。计算机之所以能够显示颜色，是采用了一种称作"位"（bit）的记数单位来记录表示颜色的数据。当这些数据按照一定的编排方式被记录在计算机中时，就构成了一个数字图像的计算机文件。"位"（bit）是计算机存储器里的最小单元，它用来记录每一个像素颜色的值。图像的色彩越丰富，"位"就越多。每一个像素在计算机中所使用的这种位数就是"位深度"。

8.2.10　颜色表

当我们将图像的颜色模式转换为索引模式以后，执行"图像 > 模式 > 颜色表"命令，Photoshop 会从图像中提取 256 种典型颜色，通过单击任意颜色方块，跳转到拾色器界面。

8.3　快速调整图像

自动调整图像颜色有三个命令，第一是个"自动色调"，第二是个"自动对比度"，第三个是"自动颜色"。下面将对这三个命令进行讲解。

8.3.1　"自动色调"命令

"自动色调"命令可以自动调整图像中的黑场和白场，将每个颜色通道中最亮和最暗的像素映射到纯白和纯黑，中间像素值按比例重新分布，从而增强图像的对比度。"自动色调"命令自动移动"色调"滑块以设置高光和暗调。它将每个颜色通道中的最亮和最暗像素定义为白色和黑色，然后按比例重新分布中间像素值。因为"自动色调"单独调整每个颜色通道，所以可能会消除或引入色偏。默认情况下，此功能剪切白色和黑色像素的 0.5%，即在标识图像中的最亮和最暗像素时忽略两个极端像素值的前 0.5%。这种颜色值剪切可保证白色和黑色值基于的是代表性像素值，而不是极端像素值。执行方法如图 8-28 所示。

图 8-28

下面我们以实例操作来了解"自动色调"的实际效果。打开一张色调有些发灰的素材"椰汁沙滩"照片，如图 8-29 所示，执行"图像 > 自动色调"命令，Photoshop 会自动调整图像，使色调变得清晰，如图 8-30 所示。

图 8-29 图 8-30

8.3.2 "自动对比度"命令

如图 8-31 所示，"自动对比度"命令可以自动调整图像的对比度，使高光看上去更亮，阴影看上去更暗。如图 8-32 所示为色调有些发白的照片"孩童"，执行"图像 > 自动对比度"命令后的效果如图 8-33 所示。

图 8-31

图 8-32 图 8-33

"自动对比度"命令不会单独调整通道，它只调整色调，而不会改变色彩平衡，因此也就不会产生色偏，但也不能用于消除色偏（色偏即色彩发生改变）。该命令可以改进色彩图像的外观，无法改善单色调颜色的图像（只有一种颜色的图像）。

8.3.3 "自动颜色"命令

如图 8-34 所示，"自动颜色"命令可以通过搜索图像来表示阴影，中间调和高光，从而调整图像的对比度和颜色。我们可以使用该命令来校正出现色偏的照片。

图 8-34

如图 8-35 所示为素材"蜘蛛"照片，执行"图像 > 自动颜色"命令校正颜色后的效果如图 8-36 所示。

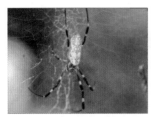
图 8-35

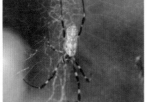
图 8-36

图 8-40

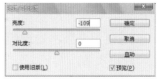
图 8-41

8.4 "亮度/对比度"命令

选择"图像 > 调整 > 亮度/对比度"命令，弹出如图 8-37 所示的对话框，在此对话框中可以直接调节图像的对比度和亮度。

图 8-37

图 8-42

图 8-43

01 打开素材图片"美女 7"，如图 8-38 所示。增加图像的亮度，将"亮度"滑块向右侧拖动，如图 8-39 所示，得到效果如图 8-40 所示。反之向左拖动，如图 8-41 所示，得到效果如图 8-42 所示。增加图像的对比度，将"对比度"滑块向右拖动，如图 8-43 所示，得到效果如图 8-44 所示；反之向左拖动，如图 8-45 所示，得到效果如图 8-46 所示。

图 8-44

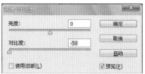
图 8-45

图 8-38

图 8-39

图 8-46

02 利用"使用旧版"选项，可以使用旧版本的"亮度／对比度"命令来调整图像，而默认情况下，则使用新版的功能进行调整。新版命令在调整图像时，将仅对图像进行亮度的调整，而色彩的对比度则保持不变，如图8-47所示，(a) 图为使用新版本处理的效果，(b) 图为旧版本处理后的效果。

(a)   (b)

图 8-47

8.5 "去色"命令：制作高调黑白人像照片

在人像、风光和纪实摄影领域，黑白照片是具有特殊魅力的一种艺术表现形式。高调式由灰色级谱的上半部分构成，主要包含白、极浅灰白、灰浅、深灰和中灰，如图8-48所示。即表现得轻盈明快、单纯清秀、优美等艺术氛围的照片，称为高调照片。

01 按Ctrl + O快捷键，打开素材"美女5"照片，如图8-49所示。选择"图像 > 调整 > 去色"命令，如图8-50所示。

图 8-48   图 8-49

图 8-50

02 执行"图像 > 调整 > 去色"命令，删除图像的颜色，将其转变为黑白效果，如图8-51所示。按 Ctrl + J 快捷键，复制"背景"图层，得到 "图层 1"，设置它的混合模式为"滤色"，不透明度为 70%，提高图像的亮度，如图8-52所示。

图 8-51   图 8-52

03 执行"滤镜 > 模糊 > 高斯模糊"命令，对图像进行模糊处理，此时色调变得柔美，如图8-53和图8-54所示。

图 8-53   图 8-54

8.6 "自然饱和度"命令：让人像照片色彩鲜艳

"自然饱和度"命令是用于调整色彩饱和度的命令，其特别之处是可在增加饱和度的同时，防止颜色过于饱和而出现溢色，非常适合处理人像照片。下面通过实例进行讲解。

01 按Ctrl + O快捷键，打开素材"美女3"照片，如图 8-55 所示。由于天气不好，人物肤色不够红润，色彩有些苍白。

图 8-55

02 执行"图像>调整>自然饱和度"命令，打开"自然饱和度"对话框，如图 8-56 所示。对话框中有两个滑块，向左侧拖动可以降低颜色的饱和度，向右侧则增加饱和度。拖动"饱和度"滑块时，可以增加（或减少）所有颜色的饱和度。如图 8-57 所示为增加饱和度时的效果，可以看到，色彩过于鲜艳，人物皮肤的颜色显得非常不自然。而拖动"自然饱和度"滑块增加饱和度时，Photoshop 不会生成过于饱和的颜色，并且即使是将饱和度调整到最高值，皮肤颜色变得红润以后，仍能保持自然、真实的效果，如图 8-58 所示。

图 8-56

图 8-57　　　　　图 8-58

8.7 "色相/饱和度"命令：美女照片

"色相/饱和度"命令可以控制图像的色相、饱和度和明度，其操作步骤如下所述。

01 执行"图像>调整>色相/饱和度"命令，弹出的对话框如图 8-59 所示。

图 8-59

02 在该对话框的选项下拉列表框中，包括红色、绿色、蓝色、青色、洋红以及黄色 6 种颜色，可选择任何一种颜色单独进行调整，或选择"全图"来调整所有的颜色。

03 通过拖动三角，可改变色相饱和度和明度。在该对话框的下面有两个色谱，图 8-60 表示调整前的状态，图 8-61 表示为调整后的状态。

图 8-60

图 8-61

04 打开素材"美女 2"图片，如图 8-62 所示。

图 8-62

05 执行"图像 > 调整 > 色相 / 饱和度"命令，打开"色相 / 饱和度"对话框，如图 8-63 所示。提高图像的饱和度，调整图像的明度，效果如图 8-64 所示。

图 8-63

图 8-64

06 在选项下拉列表中选择"全图"，调整颜色范围，设置参数，如图 8-65 和图 8-66 所示。

图 8-65

图 8-66

8.8 "色调均化"命令

"色调均化"命令可以重新分布像素的亮度值，将最亮的值调整为白色，最暗的值调整为黑色，中间的值分布在整个灰度范围之中，使它们更均匀地呈现所有范围的亮度级别（0~255）。该命令还可以增加那些颜色相近的像素间的对比度。打开素材"湖畔"图片，如图 8-67 所示，执行"图像＞调整＞色调均化"命令，效果如图 8-68 所示。

图 8-67

图 8-68

如果在图像中创建了一个选区，如图 8-69 所示，则执行"色调均化"命令时，会弹出一个对话框，如图 8-70 所示，选择"仅色调均化所选区域"，表示仅均匀分布选区内的像素，如图 8-71 所示；选择"基于所选区域色调均化整个图像"，则可根据选区内的像素均匀分布所有图像像素，包括选区外的像素，如图 8-72 所示。

图 8-69

图 8-70

图 8-71　　　　　图 8-72

8.9 "色彩平衡"命令

选择"图像＞调整＞色彩平衡"命令弹出如图 8-73 所示对话框。

图 8-73

"色彩平衡"命令能进行一般性的色彩校正，它可以改变图像颜色的构成，但不能精确控制单个颜色成分（单色通道），只能作用于复合颜色通道。首先需要在对话框的"平衡范围"选项组中选择想要重新进行更改的色调范围，其中包括"阴影""中间调""高光"。

选项组下边的"保持亮度"选项可保持图像中的色调平衡。通常，调整 RGB 色彩模式的图像时，为了保持图像的光度值，都要将此选项选中。

然后是"色彩平衡"选项组，这也是"色彩平衡"对话框的主要部分：色彩校正就通过在这里的数值框输入数值或移动三角到滑块实现。三角形滑块移向需要增加的颜色，或是拖离想要减少的颜色，就可以改变图像中的颜色组成（增加滑块接近的颜色，减少远离的颜色），与此同时，颜色条旁的三个数据框中的数值会在 -100~100 之间不断变化（出现相应数值，三个数值框分别表示 R、G、B 通道的颜色变化，如果是 Lab 色彩模式下，这三个值代表 A 和 B 通道的颜色）。
将色彩调整到满意，确定就行了。

01 打开素材"老人"图片，如图 8-74 所示，执行"图像 > 调整 > 色彩平衡"命令，打开其对话框，如图 8-75 所示，在对话框中相互对应的两个颜色互为补色，当我们提高某种颜色的比重时，位于另一侧的补色的颜色就会减少。

增加洋红减少绿色

增加绿色减少洋红

图 8-74　　　　　　　图 8-75

02 在"色阶"数值框中输入数值，或拖动滑块向图像中增加或减少颜色。例如，如果将最上面的滑块移向"青色"，可在图像中增加青色，同时减少其补色红色。图 8-76 所示为调整不同的滑块对图像的影响。

03 可以选择一个或多个色调来进行调整，包括"阴影""中间调""高光"。如图 8-77 所示为单独向阴影、中间调、高光中添加黄色的效果。勾选"保持明度"选项，可以保持图像的明度不变，防止亮度值随颜色的更改而改变。

增加黄色减少蓝色　　　增加蓝色减少黄色

图 8-76（续）

阴影中添加黄色

增加红色减少青色　　　增加青色减少红色

图 8-76

中间调中添加黄色

图 8-77

高光中添加黄色

图 8-77（续）

8.10 "黑白"命令：调整美景颜色

"黑白"命令不仅可以将彩色图片转换为黑白效果，也可以为灰色效果，此时图像呈现为单色效果。打开素材"红屋"图片，如图 8-78 所示，执行"图像 > 调整 > 黑白"命令，打开"黑白"对话框，如图 8-79 所示。Photoshop 会基于图像中的颜色混合执行默认灰度转换。

图 8-78

图 8-79

1. 手动调整特定颜色

如果要对某种颜色进行细致的调整，可以将光标定位在颜色区域的上方，此时光标会变为状，如图 8-80 所示。单击并拖动鼠标可以使该颜色变亮或变暗，如图 8-81 和图 8-82 所示。同时，"黑白"对话框中的相应颜色滑块也会自动移动。

图 8-80

图 8-81　　　　　　　　图 8-82

2. 拖动颜色滑块调整

拖动各个颜色的滑块可以调整图像中特定颜色的灰度。例如，向左拖动洋红色滑块时，可以使图像中由洋红色转化而来的灰色调变暗，如图 8-83 所示。向右拖动，则使这样的灰色调变亮，如图 8-84 所示。

图 8-83　　　　　　　　图 8-84

3.使用预设文件调整

在下拉列表中可以选择一个预设的调整文件，对图像自动应用调整。如图 8-85 所示的 12 张图，为使用不同预设文件创建的黑白效果。如果要存储当前的调整设置结果，可单击选项右侧的按钮，在下拉菜单中选择"存储预设"命令。

最黑　　　　　　　　最白

图 8-85（续）

高对比度红色滤镜　　高对比度蓝色滤镜

红色滤镜　　　　　　红外线

黄色滤镜　　　　　　蓝色滤镜

绿色滤镜　　　　　　中灰密度

较暗　　　　　　　　较亮

图 8-85

- 为灰度着色：如果要为灰度着色，创建单色调效果，可勾选"色调"选项，再拖动"色相"滑块和"饱和度"滑块进行调整。单击颜色块，可以打开拾色器对颜色进行调整。如图 8-86 和图 8-87 所示为创建的单色调图像。

图 8-86

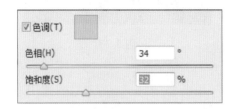

图 8-87

- 自动：单击该按钮，可设置基于图像的颜色值的灰度混合，并将灰度值的分布最大化。"自动"混合通常会产生极佳的效果，并可以用作使用颜色滑块调整灰度值的起点。

8.11 "阈值"命令：制作涂鸦效果卡片

"阈值"命令可以将彩色图像转换为只有黑白两色。适合制作单色照片，或模拟类似于手绘效果的线稿。以下为制作一素描的几个步骤方法。

01 按 Ctrl + O 快捷键，找到相应的文件夹，打开素材"美女"照片，如图 8-88 所示。

图 8-88

02 执行"图像 > 调整 > 阈值"命令，打开"阈值"对话框。其中的直方图显示了图像像素的分布情况。输入"阈值色阶"值或拖动直方图下面的滑块，可以指定某个色阶作为阈值，所有比阈值亮的色素会转化为白色，所有比阈值暗的色素会转化为黑色，如图 8-89 和图 8-90 所示。

图 8-89 图 8-90

03 将"背景"图层拖动到"图层"面板底部的按钮上进行复制，按 Ctrl + J 快捷键，将该图层调整到面板顶层。执行"滤镜 > 风格化 > 查找边缘"命令，如图 8-91 所示，单击鼠标左键后，得到效果图 8-92 所示。

图 8-91 图 8-92

04 按 Shift + Ctrl + U 组合键去除颜色，将该图层的混合模式设置为"正片叠底"，得到效果如图 8-93 所示。

图 8-93

177

8.12 "照片滤镜"命令

"照片滤镜"的功能相当于传统摄影中滤光镜的功能，即模拟在相机镜头前加上彩色滤光镜，以便调整到达镜头光线的色温与色彩的平衡，从而使胶片产生特定的曝光效果。在"照片滤镜"对话框中可以选择系统预设的一些标准滤光镜，也可以自己设定滤光镜的颜色。执行"图层 > 调整 > 照片滤镜"命令，弹出的对话框如图 8-94 所示。

图 8-94

- 打开素材"蝴蝶"照片，如图 8-95 所示，执行"图像 > 调整 > 照片滤镜"命令，打开"照片滤镜"对话框，如图 8-96 所示。

图 8-95

图 8-96

- 滤镜 > 颜色：在"滤镜"下拉列表中可以选择要使用的滤镜。若要自定义滤镜颜色，则可单击"颜色"选项右侧的颜色块，打开拾色器调整颜色。
- 浓度：可调整应用到图像中的颜色数量，该值越高，颜色的调整强度就越大，如图 8-97 和图 8-98 所示。

图 8-97

图 8-98

- 保留明度：勾选该项时，可以保持图像的明度不变，如图 8-99 所示。取消勾选该项，则会因为添加滤镜效果而使图像色调变暗，如图 8-100 所示。

图 8-99

图 8-100

图 8-102

图 8-103

图 8-104

8.13 "反相"命令

如图 8-101 所示，"反相"就是图像的颜色色相反转，形象地说就是彩色照片和底片的颜色就是反相，黑变白、蓝变黄、红变绿。

亮度/对比度(C)...	
色阶(L)...	Ctrl+L
曲线(U)...	Ctrl+M
曝光度(E)...	
自然饱和度(V)...	
色相/饱和度(H)...	Ctrl+U
色彩平衡(B)...	Ctrl+B
黑白(K)...	Alt+Shift+Ctrl+B
照片滤镜(F)...	
通道混合器(X)...	
颜色查找(X)...	
反相(I)	Ctrl+I
色调分离(P)...	
阈值(T)...	
渐变映射(G)...	
可选颜色(S)...	
阴影/高光(W)...	
HDR 色调...	
变化...	
去色(D)	Shift+Ctrl+U
匹配颜色(M)...	
替换颜色(R)...	
色调均化(Q)	

图 8-101

打开素材"怪相"照片，如图 8-102 所示。执行"图像 > 调整 > 反相"命令，或按 Ctrl + I 快捷键，Photoshop 会将通道中每个像素的亮度值转化为 255 级颜色值刻度上相反的值，从而反转图像的颜色，创建彩色负片效果，如图 8-103 所示。再次执行该命令，可以将图像重新恢复为正常效果。将图像反相以后，执行"图像 > 调整 > 去色"命令，可以得到黑白负片，如图 8-104 所示。

8.14 "通道混合器"命令

在"通道"面板中，各个印刷通道（红、绿、蓝）保存着图像的色彩信息。我们将印刷通道调亮或者调暗，都会改变图像的颜色。"通道混合器"可以将所选的通道与我们想要调整的颜色通道混合，从而修改颜色通道中的光线度亮，影响其颜色含量，从而改变色彩。执行"图像 > 调整 > 通道混合器"命令，弹出的对话框如图 8-105 所示。

图 8-105

"通道混合器"命令可以使用图像中现有颜色通道的混合来修改目前（输出）颜色通道，创建高品质的灰度图像、棕褐色调图像或对图像进

行创建性的颜色调整。打开素材"湖泊"图片，
如图 8-106 所示，执行"图像 > 调整 > 通道混合
器"命令，打开"通道混合器"对话框，如图 8-107
所示。

图 8-106

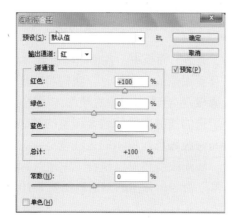

图 8-107

图 8-108

- 预设：该选项的下拉列表中包含了
  Photoshop 提供的预设调整设置文件，可
  用于创建各种黑白效果。
- 输出通道：可以选择要调整的通道。
- 源通道：用来设置输出通道中源通道所
  占的百分比；向右拖动则增加百分比，
  负值可以使源通道被添加到输出通道
  之前反相。如图 8-108 所示为分别选择
  "红""绿""蓝"作为输出通道时的调
  整效果。

- 总计：显示了源通道的总计值。如果合并
  的通道值高于 100%，会在总计旁边显示
  一个警告。该值超过 100%，有可能会损
  失阴影和高光细节。
- 常数：用来调整输出通道的灰度值，负值
  可以在通道中总计黑色，正值则在通道中
  增加白色。-200% 会使输出通道成为全黑，
  + 200% 则会使输出通道成为全白。

● 单色：勾选该项，可以将彩色图案转换为黑白效果。

图 8-111

8.15 "渐变映射"命令

"渐变映射"命令可以将图片转换为灰度，再用设定的渐变色替换图像中的各级灰度。如果指定的是双色渐变，图像中的阴影就会映射到渐变填充的一个端点颜色，高光则映射到另一个端点颜色，中间调映射为两个端点颜色之间的渐变。执行"图像>调整>渐变映射"，弹出的对话框如图 8-109 所示。

图 8-112

图 8-109

● 调整渐变：单击渐变颜色右侧的三角按钮，可在打开的下拉列表中选择一个预设的渐变。如果要创建自定义的渐变，则可以单击渐变颜色条，打开渐变编辑器进行设置。图 8-113 和图 8-114 所示为自定义的渐变及效果图。

● 灰度映射所用的渐变：打开素材"美女 4"图片，如图 8-110 所示，执行"图像>调整>渐变映射"命令，弹出"渐变映射"对话框，如图 8-111 所示，此时会使用当前的前景色和背景色改变图像的颜色，如图 8-112 所示。

图 8-113

图 8-110

● 仿色：可以添加随机的杂色来平滑渐变填充的外观，减少带宽效应，使渐变效果更加平滑。

● 反向：可以反转渐变填充的方向，如图 8-115 和图 8-116 所示。

图 8-114

图 8-115

图 8-116

8.16 "可选颜色"命令

该命令可以对图像中限定颜色区域中的各像素中的青、洋红、黄、黑四色油墨进行调整，从而不影响其他颜色（非限定颜色区域）的表现。执行"图像 > 调整 > 可选颜色"命令，打开"可选颜色"对话框，如图 8-117 所示。

图 8-117

打开素材"孔雀"图片，如图 8-118 所示，执行"图像 > 调整 > 可选颜色"命令，打开"可选颜色"对话框，如图 8-119 所示。

图 8-118

图 8-119

- 颜色/滑块：在"颜色"下拉列表中选择要修改的颜色，拖动下面的各个颜色滑块，即调整所选颜色中青、洋红、黄、黑的含量，如图 8-120 所示为在"颜色"下拉列表中选择"绿色"，然后调整绿色中各个印刷色含量的效果。

图 8-120

- 方法：用来设置调整方式。选择"相对"，可按照总量的百分比修改现有的青、洋红、黄、黑的含量。

8.17 "阴影/高光"命令

有时我们会遇到逆光的情况，就是场景中亮的区域特别亮，暗的区域特别暗。处理这种照片最好的方法就是使用"阴影/高光"命令来单独调整阴影区域，它能够基于阴影或高光中的局部相邻像素来校正每个像素，调整阴影区域时，对高光的影响很小。它非常适合校正由强逆光而形成剪影的照片，也可以校正由于太接近相机闪光灯而有些发白的焦点。执行"图像 > 调整 > 阴影/高光"命令，弹出的对话框如图 8-121 所示。

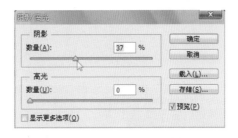

图 8-121

8.18 "变化"命令

"变化"命令可调整图像的色彩平衡、对比度和饱和度。打开素材"海"照片，如图 8-122 所示，执行"图像 > 调整 > 变化"命令，打开"变化"对话框，如图 8-123 所示。选择图像的暗调、中间色调和高光分别进行调整，也可单独调整饱和度，同时还可设定每次调整的程度。将三角拖向"精细"表示调整的程度较小，拖向"粗糙"表示调整的程度较大。在该对话框中最左上角是"原稿"，后面的是调整后的图像，下面的各图分别代表增加某色后的情况。

图 8-122

● 原稿/当前挑选：对话框顶部的"原稿"缩览图中显示了原始图像，"当前挑选"缩览图中显示了图像的调整结果。第一次打开该对话框时，这两个图像是一样的，而"当前挑选"图像将随着调整的进行而实时显示当前的处理结果，如图 8-124 所示。如果要将图像恢复为调整前的状态，可单击"原稿"缩览图，如图 8-125 所示。

● 加深绿色、加深黄色等缩览图：在对话框左下侧的 7 个缩览图中，位于中间的"当前挑选"缩览图也是用来显示调整结果的。另外的 6 个缩览图用来调整颜色。单击其中任何一个缩览图，都可将相应的颜色添加到"当前挑选"中，连续单击则可以累积添加颜色。例如，单击"加深红色"缩览图两次将应用两次调整，如图 8-126 所示。如果要减少一种颜色，可单击其对角的颜色缩览图。例如，要减少红色，可单击"加深青色"缩览图，如图 8-127 所示。

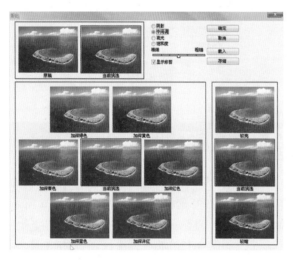

图 8-123

图 8-126

图 8-127

图 8-124

8.19 "匹配颜色"命令

"匹配颜色"命令将一个图像（源图像）的颜色与另一个图像（目标图像）相匹配。当您尝试使不同照片中的颜色看上去一致，或者当一个图像中特定元素的颜色（如肤色）必须与另一个图像中某个元素的颜色相匹配时，该命令非常有用。执行"图像 > 调整 > 匹配颜色"命令，打开的对话框如图 8-128 所示。

图 8-125

图 8-128

下面的缩览图中，白色代表选中的颜色），
用"添加到取样工具"在图像中单击，可
以添加新的颜色；用"从取样中减去工具"
在图像中单击，可以减少颜色。

● 本地化颜色簇：要选多种颜色，可以先勾
选该项，再用"吸管工具"和"添加到取
样工具"在图像中单击，进行颜色取样，
即可同时调整两种或者更多的颜色。

● 颜色容差：控制颜色的选择精度。该值越
高，选中的颜色范围越广（白色代表选中
的颜色）。

● 选区/图像：勾选"选区"项，可在预览
区中显示蒙版。黑色代表未选中的选区、
白色代表选中的选区、灰色代表被部分选
中的选区。

● 替换：拖动各个滑块即可调整选中的颜色
的色相、饱和度和明度。

8.20 "替换颜色"命令

"替换颜色"命令可以选中图像中的颜色，
然后修改其色相、饱和度和明度，该命令包含了
颜色选择和颜色调整两种选项，颜色选择方式和
"色彩范围"命令基本相同，颜色调整方式则与"色
相/饱和度"命令十分相似。

打开素材图片"桂林山水"，执行"图像 >
调整 > 替换颜色"命令，弹出如图 8-129 所示的
对话框。

8.21 "颜色查找"命令

Photoshop 颜色查找命令有两个作用：第一，
对图像色彩进行校正，校正的方法有 3DLUT 文
件（三维颜色查找表文件，精确校正图像色彩）、
摘要、设备连接；第二，打造一些特殊效果。

8.22 "色调分离"命令

执行"图像 > 调整 > 色调分离"命令，弹出
如图 8-130 所示的对话框，"色调分离"命令可
以按照指定的色阶数减少图像的颜色（或灰度图
像中的色调），从而简化图像内容。该命令适合
创建大的单调区域，或者在彩色图像中产生有趣
的效果。

打开素材"美女 1"照片，如图 8-131 所示，
执行"图像 > 调整 > 色调分离"命令，打开"色

图 8-129

"替换颜色"功能如下。

● 吸管工具：用"吸管工具"在图像上单击，
可以选中下面的颜色（"颜色容差"选项

调分离"对话框。

图 8-130

图 8-131

如果要得到简化的图像，可以降低"色阶值"，如图 8-132 所示。如果要显示更多的细节，则增加"色阶"值，如图 8-133 所示。

图 8-132   图 8-133

第 9 章
对颜色与色调进行高级调整及相关工具

学习提示

　　颜色的高级工具可以方便我们对颜色的认识以及方便了解图像中颜色的信息等操作。色调中的高级工具有色阶、曲线、曝光度、色相饱和度，以及亮度／对比度等命令，这些高级命令可修改图像中像素值的分布，并允许在一定精度范围内调整色调，还有通道调色技术，通道保存了图像的颜色信息，通过通道高级工具进行通道调节，也能绘制出出彩的图像。

本章重点导航

◎　色域和溢色

◎　色阶

◎　曲线

◎　通道调色技术

9.1 用颜色取样器和"信息"面板识别颜色

我们可以利用颜色取样器对图片中多个地方的颜色进行对比。就是在调整图像时监测几个地方（如高光部分、暗调部分）的颜色，这样就可以避免这些地方的颜色被过度调整。取样器工具最多可取4处，按F8键，"信息"面板将会弹出，颜色信息也会显示在其中。

在调整图像时，如果需要精确地了解颜色值的变化情况，可以使用颜色取样器工具 ，在需要观察的位置进行单击，建立取样点，这时会弹出"信息"面板显示取样点位置的颜色值。在开始调整的时候，面板中会出现两组数字，用斜杠分开。斜杠前面的是调整前的颜色值，斜杠后的是调整后的颜色值。

01 打开素材图，如图9-1所示，在视图中单击，会自动弹出"信息"面板，如图9-2所示。

图 9-1

图 9-2

02 在"信息"面板中可以显示很多信息，在面板最上边的两个颜色信息表示视图中鼠标所处位置的颜色，左侧为RGB模式下的颜色，右侧为CMYK模式下的颜色，如图9-3所示。

图 9-3

03 在"信息"面板的第二行信息中，左边的信息显示鼠标在视图中的坐标，右边显示视图中选区的长度和宽度。

9.2 "信息"面板

"信息"面板主要是观察鼠标在移动过程中，所经过各点的准确颜色数值，它的主要用途如下。

01 校正偏色图像。偏色图像一般中性色都有问题，这时，可以大致根据感觉确定什么颜色是中性色，在这一点做个标记，然后在"信息"面板观察它的RGB值，看看三种颜色的偏差有多大，然后用曲线进行调整，使其RGB值趋于接近。

02 从平均值中可以看出图像的明亮程序（过亮过暗人眼都能分辨出，但是不是很明显就要靠数据来分析），平均值低于128图像偏暗，高于128则偏亮。平均值过高或过低都说明图像存在严重问题。

03 在"通道"面板里，可以通过CMYK中的K值来看在一个通道里图像偏向哪一种颜色，单击红通道，用鼠标在图像上移动，如果K值大于50%说明偏青色，小于50%则说明偏红色。

9.2.1 使用信息面板

执行"窗口>信息"命令，打开"信息"面板，默认情况下，面板中显示以下选项。

- 显示颜色信息：将光标放在图像上，面板中会显示光标的精确坐标和光标下面的颜色值，如图 9-4 所示。在显示 CMYK 值时，如果光标所在位置或颜色取样点下的颜色超出了可打印的 CMYK 色域，则 CMYK 值旁边便会出现一个惊叹号。

图 9-4

- 显示选取大小：使用选框工具（矩形选框、椭圆选框等）创建选区时，面板中会随鼠标的拖动而实时显示选框的宽度和高度，如图 9-5 所示。
- 显示定界框的大小：使用剪裁工具和缩放工具时，会显示定界框的宽度和高度，如果旋转剪裁框，还会显示旋转角度，如图 9-6 所示。

图 9-5

图 9-6

- 显示开始位置、变化角度和距离：当移动选区，或者使用直线工具、钢笔工具、渐变工具时，面板会随着鼠标的移动显示开始位置的 X 和 Y 坐标，X 的变化，Y 的变化，以及角度和距离，如图 9-7 所示为使用渐变工具绘制时的信息。

图 9-7

- 显示变换参数：在执行二维变换命令时，会显示宽度和高度的百分比变化、旋转角度以及水平切线或垂直切线的角度。
- 显示状态信息：显示文档大小、文档配置文件、文档尺寸、暂存盘大小、效率、计时以及当前工具等。
- 显示工具提示：如果选择了"显示工具提示"选项，则可以显示当前选项的提示信息。
- 在"信息"调板的第三行信息中，一个是当前文档的大小，一个是当前工具的使用方法提示，如图 9-8 所示。

图 9-8

确认当前选择的工具为颜色取样器 ，移动鼠标指针到取样点上，当指针呈 状时单击并拖动鼠标，使取样点移动，查看"信息"调板，其中的信息也会随之发生改变。

在取样点上右击，弹出快捷菜单，在该菜单中执行"删除"命令，可以删除该取样点，如图9-9所示。

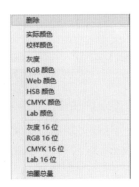

图 9-9

单击颜色取样器工具选项栏中的"清除全部"按钮，可以将图像中所有的取样点删除，如图9-10所示。

图 9-10

一个图像中最多可以放置四个取样点，单击并拖动取样点，可以移动它的位置，"信息"面板中的颜色值也会随之改变；按住 Alt 键单击颜色取样点，可将其删除；要在调整框处打开的状态下删除颜色取样点，可单击工具选项栏中的"清除"按钮。

注意，颜色取样器的工具选项栏中有一个"取样大小"选项，如图9-11所示，选择"取样点"，

可拾取取样点下面像素的精确颜色；选择"3×3平均"，则拾取取样点 3 个像素区域内的平均颜色；其他选项依此类推。

图 9-11

9.2.2 查看信息面板选项

执行"信息"面板菜单中的"面板"命令，可以打开"信息面板选项"对话框，选项如图9-12所示。

图 9-12

9.3 色域和溢色

9.3.1 色域

色域是对一种颜色进行编码的方法，也指一个技术系统能够产生的颜色的总和。在计算机图形处理中，色域是颜色的某个完全的子集。颜色子集最常见的应用是用来精确地代表一种给定的情况，例如一个给定的色彩空间或是某个输出装置的呈色范围。

9.3.2 溢色

溢色通常用于Photoshop等图像处理软件中。某些颜色在 RGB 模式中的电脑显示器上可以显示，但在 CMYK 模式下是无法印刷出来的，这种现象叫溢色。

9.3.3 判断图片哪些位置出现溢色

打开图片，执行"视图 > 色域警告"命令，如图 9-13 所示。变灰的地方即是出现溢色的地方。

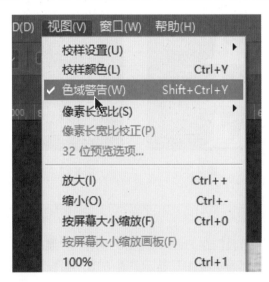

图 9-13

如图 9-15 所示。

图 9-14

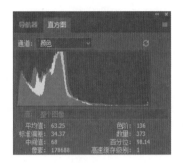

图 9-15

● 通道：在下拉列表中选择一个通道（包括颜色通道、alpha 通道和专色通道）以后，面板中会显示该通道的直方图，如图 9-16 所示为红色通道大直方图；选择"明度"，则可以显示复合通道的亮度或强度值，如图 9-17 所示；选择"颜色"，可以显示颜色中单个颜色通道的复合直方图，如图 9-18 所示。

9.4 直方图

Photoshop 的直方图用图形表示了图像的每个亮度级别的像素数量，展现了像素在图像中的分布情况。通过观察直方图，可以判断出照片的阴影、中间调和高光中包含的细节是否充足，以便对其做出正确调整。

9.4.1 "直方图"面板

打开素材"傍晚"照片，如图 9-14 所示，执行"窗口 > 直方图"命令，打开"直方图"面板，

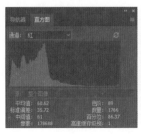

图 9-16

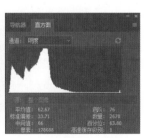

图 9-17

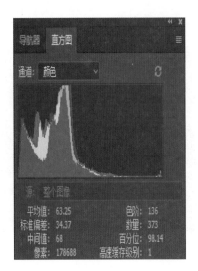

图 9-18

图 9-19

图 9-20   图 9-21

- 不使用高速缓存的刷新：单击该按钮可以刷新直方图，显示当前状态下最新的统计结果。

- 高速缓存数据警告：使用"直方图"面板时，Photoshop 会在内存中高速缓存直方图，即最新的直方图是被 Photoshop 存储在内存中的，而并非实时显示在"直方图"面板中。此时直方图的显示速度较快，但并不能即时显示统计结果，面板中就会出现图标。单击该图标，可以刷新直方图。

- 改变面板的显示方式："直方图"面板菜单中包含切换直方图显示方式的命令。"紧凑视图"是默认的显示方式，它显示的是不带统计数据或控件的直方图，如图 9-19 所示。"扩展视图"显示的是带有统计数据和控件的直方图；"全部通道视图"显示的是带有统计数据和控件的直方图，同时还显示每一个通道的单个直方图（不包含 Alpha 通道、专色通道和蒙版），如图 9-20 所示。如果选择面板菜单中的"用原色显示直方图"命令，还可以用彩色方式查看通道直方图，如图 9-21 所示。

9.4.2　直方图中的统计数据

当我们在 Photoshop CC 中以"扩展视图"和"全部通道视图"显示"直方图"面板时，可以在面板中查看统计数据。如果在直方图上按住鼠标左键并拖动，则可以显示所选范围内的数据信息，如图 9-22 所示。

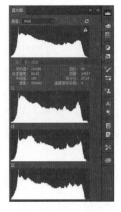

图 9-22

- 平均值：显示了像素的平均亮度值（0~255之间的平均亮度），通过观察该值，我们可以判断出图像的色调类型。例如在该图像中，"平均值"为 155.03，直方图中的山峰位于直方图的中间偏右，这说明该图像属于平均色调且偏亮。
- 标准偏差：显示了亮度值的变化范围，该值越高，说明图像的亮度变化越剧烈。如图 9-23 所示图像中降低了图像亮度后的状态，"标准偏差"由调整前的 62.32 变为 56.48，说明图像的亮度变化在减弱。

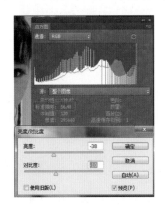

图 9-23

- 中间值：显示了亮度值范围内的中间值，图像的色调越亮，它的中间值越高。
- 像素：显示了用于计算直方图的像素总数。
- 色阶：显示了光标下面区域的亮度级别。
- 数量：显示了相当于光标下面亮度级别的像素总数。
- 百分位：显示了光标所指的级别或该级别以下的像素累计数。如果对全部色阶范围取样该值为 100，对部分色阶取样显示的则是取样部分占总量的百分比。

9.4.3 从直方图中判断照片的影调和曝光

曝光是摄影最重要的要素之一，只有获得正

确的曝光，才能拍摄出令人满意的作品。那么，我们怎样了解照片的曝光是否正确呢？答案便是使用直方图。

直方图是用于判断照片影调和曝光是否正常的重要工具。我们拍摄完照片以后，可以在相机的液晶屏上回放照片，通过观察它的直方图来分析曝光参数是否正确，再根据情况修改参数重新拍摄。在 Photoshop CC 中文版中处理照片时，可以打开"直方图"面板，根据直方图形态和照片的实际情况，采取具有针对性的方法，调整照片的影调和曝光。

无论是在拍摄时使用相机中的直方图评价曝光，还是使用 Photoshop CC 中文版后期调整照片的影调，我们首先要能够看懂直方图。在直方图中，左侧代表了图像的阴影区域，中间代表了中间调，右侧代表了高光区域，从阴影（黑色，色阶 0）到高光（白色，色阶 255）共有 256 级色调。直方图中的山脉代表了图像的数据，山峰则代表了数据的分布方式，较高的山峰表示该区域所包含的像素较多，较低的山峰则表示该区域所包含的像素较少。

- 曝光准确的照片：曝光准确的照片色调均匀，明暗层次丰富，亮部分不会丢失细节，暗部分也不会漆黑一片。从直方图中我们可以看到，山峰基本在中心，并且从左（色阶 0）到右（色阶 255）每个色阶都有像素分布，如图 9-24 所示。

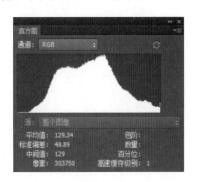

图 9-24

- 曝光不足的照片：曝光不足照片，画面色调非常暗，在它的直方图中，山峰分布在直方图左侧，中间调和高光都缺少像素，如图 9-25 所示。

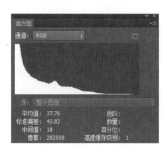

图 9-25

- 曝光过度的照片：曝光过度的照片，画面色调较亮，人物的皮肤、衣服等高光区都失去了层次，在它的直方图中，山峰整体都向右偏移，阴影缺少像素，如图 9-26 所示。

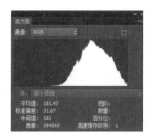

图 9-26

- 反差过小的照片：如图 9-27 所示为反差过小的照片，在它的直方图中，两个端点出现空缺，说明阴影和高光区域缺少必要的像素，图像中最暗的色调不是黑色，最亮的色调不是白色，该暗的地方没有暗下去，该亮的地方没有亮起来，所以照片是灰蒙蒙的。

- 明暗缺失的照片：如图 9-28 所示为明暗缺失的照片，在它的直方图中，一部分山峰紧贴直方图左端，它们就是全黑的部分。

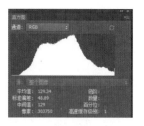

图 9-27

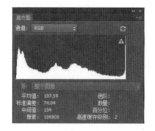

图 9-28

9.5 色阶

9.5.1 "色阶"对话框

"图像 > 调整 > 色阶"命令是一个功能非常强大的调整命令，使用此命令可以对图像的色调、亮度进行调整。选择"图像 > 调整 > 色阶"命令，将弹出如图 9-29 所示的对话框。

图 9-29

调整图像色阶的方法如下。

01 打开素材，如图 9-30 所示，执行"图像 > 调整 > 色阶"命令，在"通道"下拉列表中选择要调整的通道，要增加图像对比度则拖动"输入色阶"区域的滑块，其中向右侧拖动黑色滑块可使图像变暗，如图 9-31 所示；向左侧拖动白色滑块则可使图像变亮，如图 9-32 所示。

图 9-30　　　　　　　图 9-31

图 9-32

02 拖动"输出色阶"区域的滑块可增加图像的对比度，向左侧拖动白色滑块可使图像变暗，如图 9-33 所示；向右侧拖动黑色滑块则可使图像变亮，如图 9-34 所示。

图 9-33　　　　　　　图 9-34

03 在拖动滑块的过程中仔细观察图像的变化，满意后单击"确定"按钮即可。

在"通道"下拉列表中可选一个通道，从而使色阶调整工作基于该通道进行，此处显示的通道名称依据图像颜色模式而定，如 RGB 模式下显示红、绿、蓝，如图 9-35 所示。

图 9-35

9.5.2 案例：让照片的色调清晰明快

01 打开目标文件，如图 9-36 所示。

图 9-36

02 执行"图像 > 调整 > 色阶"命令，如图 9-37 所示。

图 9-37

03 单击"自动"按钮，如图 9-38 所示。

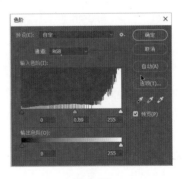

图 9-38

04 单击色阶上的灰色吸管，再单击如图9-39所示的山顶的位置。

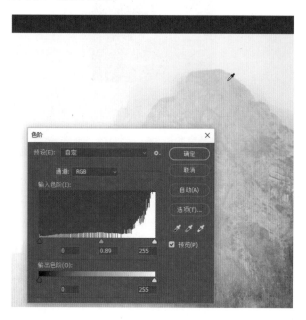

图 9-39

05 最终效果图如图 9-40 所示。

图 9-40

9.5.3 案例：利用阈值调整照片

"阈值"命令可以将彩色图像转换为只有黑白两色，适合制作单色照片，或模拟类似于手绘效果的线稿。操作步骤如下。

01 按 Ctrl + O 快捷键，找到相应的文件夹，打开素材照片，如图 9-41 所示。

图 9-41

02 执行"图像 > 调整 > 阈值"命令，创建"阈值"调整图层。面板中的直方图显示了图像像素的分布情况。输入"阈值色阶"值或拖动直方图下面的滑块可以指定某个色阶作为阈值，所有比阈值亮的色素会转化为白色，所有比阈值暗的色素会转化为黑色，如图 9-42 和图 9-43 所示。

图 9-42　　　　　图 9-43

03 将背景图层拖动到"图层"面板底部的按钮上进行复制，按 Ctrl + J 快捷键，将该图层调整到面板顶层。执行"滤镜 > 风格化 > 查找边缘"命令，如图 9-44 所示，单击鼠标左键后得到效果如图 9-45 所示。

04 按 Shift + Ctrl + U 组合键去除颜色，将该图层的混合模式设置为"正片叠底"，得到效果如图 9-46 所示。

图 9-44　　　　　图 9-45

图 9-46

9.5.4　案例：定义灰点校正偏色的照片

 打开目标文件，如图 9-47 所示。

图 9-47

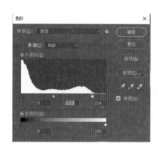 执行"图像 > 调整 > 色阶"命令，打开的对话框如图 9-48 所示。

 单击如图 9-49 所示的灰色吸管。

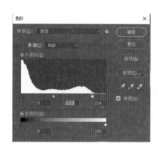　　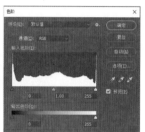

图 9-48　　　　　图 9-49

 吸取灰色的部分，得到灰色的地方矫正偏色如图 9-50 所示。

图 9-50

 最终效果如图 9-51 所示。

图 9-51

9.6 曲线

9.6.1 "曲线"对话框

"曲线"命令和"色阶"命令类似，都是用来调整图像的色调范围，不同的是"色阶"命令只能调整亮部、暗部和中间灰度，而"曲线"命令可调整灰阶曲线中的任何一点。执行"图像 > 调整 > 曲线"命令，会弹出"曲线"对话框，如图 9-52 所示。

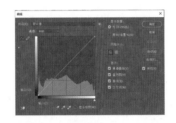

图 9-52

在该对话框中，横轴用来表示图像原来的亮度值，相当于"色阶"对话框中的输入色阶；纵轴用来表示新的亮度值，相当于"色阶"对话框中的输出色阶；对角线用来显示当前输入和输出数值之间的关系，在没有进行调整时，所有的像素都有相同的输入和输出数值。

9.6.2 曲线的色调映射原理

打开一个文件，按 Ctrl+M 快捷键，打开"曲线"对话框，如图 9-53 所示。

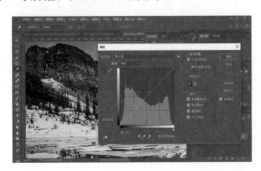

图 9-53

在对话框中，水平的渐变颜色条为输入色阶，它代表了像素的原始强度值；垂直的渐变颜色条为输出色阶，它代表了调整曲线后像素的强度值。调整曲线以前，这两个数值是相同的。我们在曲线上单击添加一个控制点，向上拖动该点时，在输入色阶中可以看到图像正在被调整的色调（色阶 68），在输出色阶中可以看到它映射为更浅的色调（色阶 138），图像就会因此而变亮，如图 9-54 所示。

图 9-54

📢 **注意：**

整个色阶范围为 0~255，0 代表了全黑，255 代表了全白。因此，色阶数值越高，色调越亮。

如果向下移动控制点，则会将所调整的色调映射为更深的色调（将色阶 130 映射为 80），图像也会因此而变暗，如图 9-55 所示。

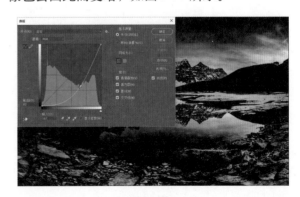

图 9-55

- 将曲线调整为 S 形，可以使高光区域变亮、阴影区域变暗，从而增强色调的对比度，如图 9-56 所示。

图 9-56

反 S 形曲线则会降低对比度，如图 9-57 所示。

图 9-57

向上移动底部的控制点，可以把黑色映射为灰色，阴影区域因此而变亮，如图 9-58 所示。

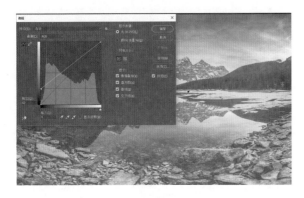

图 9-58

- 向下移动曲线顶部的控制点，可以将白色映射为灰色，高光区域因此而变暗，如图 9-59 所示。

图 9-59

- 将曲线的两个端点向中间拖动，色调反差会变小，色彩会变得灰暗；将曲线调整为水平直线，可以将所有像素都映射为灰色（R=G=B），如图 9-60 所示。水平线越高，灰色色调越亮。

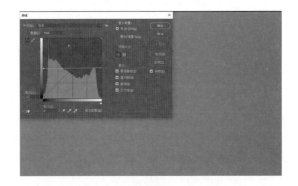

图 9-60

- 将曲线顶部的控制点向左移动，可以将高光滑块（白色三角滑块）所在点位的灰色映射为白色，因此，高光区域会丢失细节（即高光溢出），如图 9-61 所示。
- 将曲线底部的控制点向右移动，可以将阴影滑块（黑色三角滑块）所在点位的灰色映射为黑色。因此，阴影区域会丢失细节（即阴影溢出），如图 9-62 所示。

图 9-61

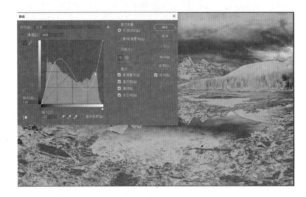

图 9-62

将曲线顶部和底部的控制点同时向中间移动，可以增加色调反差（效果类似于 S 形曲线），但会压缩中间调，因此，中间调会丢失细节，如图 9-63 所示。

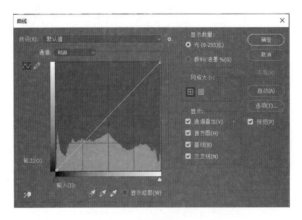

图 9-63

将顶部和底部的控制点移动到最中间，可以

创建色调分离效果，如图 9-64 所示。

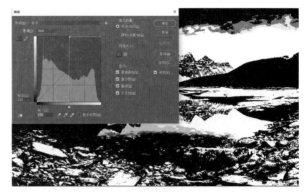

图 9-64

将曲线顶部和底部的控制点调换位置，可以将图像反相成负片，效果与执行菜单栏"图像 > 调整 > 反相"命令相同；将曲线调整为 N 形，可以使部分图像反相，如图 9-65 所示。

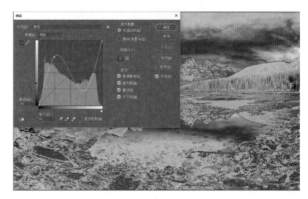

图 9-65

9.6.3 曲线与色阶的异同之处

相同点：均有输入和输出。均有颜色通道，针对 RGB 图片而言分别为 RGB 通道、红色通道、蓝色通道、绿色通道。

区别：色阶只与亮度有关，是表示图片明暗关系。最亮的是白色，最暗的是黑色。色阶调整是所选图像或区域的 0~255 色阶全程的调整，不可以调整其中的一部分。曲线则与颜色和亮度均有关。曲线调整可以调整 0~255 色阶全程中某一段（如 120~180）的色阶，实现曲线多点调整，然后再用色阶调整比较前后的结果。"曲线"对话框也可以去调整图像的整个色调范围。但与只有三个调整功能（白场、黑场、灰度系数）的色阶不同，曲线允许在图像的整个色调范围内最多调整 14 个不同的点，也可以对某个颜色通道来对该颜色进行调整。

9.6.4　案例：调整有严重曝光缺陷的照片

01 打开目标文件，如图 9-66 所示。

图 9-66

02 执行"图像 > 调整 > 曲线"命令，如图 9-67 所示。

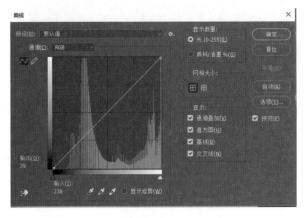

图 9-67

03 把曲线向下拉，如图 9-68 所示。

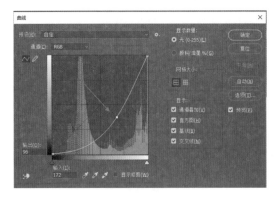

图 9-68

04 最后效果如图 9-69 所示。

图 9-69

9.6.5　案例：让照片中的花草的颜色更鲜艳

01 打开目标文件，如图 9-70 所示。

图 9-70

▲02 执行"图像＞调整＞色阶"命令如图 9-71 所示。

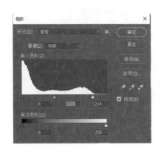

图 9-71

▲03 调整色阶，如图 9-72 所示。

图 9-72

▲04 效果如图 9-73 所示。

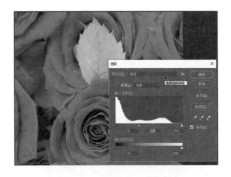

图 9-73

9.7 通道调色技术

我们下载的图像素材、拍摄的数码照片等通常都使用 RGB 模式，它包含一个 RGB 复合通道和 3 个颜色通道（红、绿、蓝），颜色通道保存了图像的颜色信息。在 Photoshop CC 中编辑颜色通道就可以改变图像的颜色，这是一种高级调色技术。

9.7.1 调色命令与通道的关系

图像的颜色信息保存在通道中，因此，我们使用任何一个调色命令调整颜色时，都是通过通道来影响色彩的。例如，如图 9-74 所示为一个 RGB 文件及它的通道。

图 9-74

我们使用"色相／饱和度"命令调整它的整体颜色时，可以看到，红、绿、蓝通道都发生了改变，如图 9-75 所示。

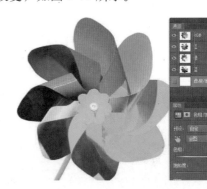

图 9-75

由此可见，我们使用调色命令调整图像颜色时，是在内部处理颜色通道，使之变亮或者变暗，从而实现色彩的变化。

9.7.2 颜色通道与色彩的关系

打开一个图像文件，如图 9-76 所示。

图 9-76

在颜色通道中，灰色代表了一种颜色的含量，明亮的区域表示包含大量对应的颜色，暗的区域表示对应的颜色较少。如果要在图像中增加某种颜色，可以将相应的通道调亮；要减少某种颜色，将相应的通道调暗即可。"色阶"和"曲线"对话框中都包含通道选项，我们可以选择一个通道，调整它的明度，从而影响颜色。

例如，将红通道调亮，可以增加红色；将红色通道调暗，则减少红色，如图 9-77 所示。

图 9-77

9.7.3　观察色轮了解色彩的转换关系

通过前面的介绍我们了解到，通道的明度与其包含的颜色量有密切关系，然而，这只是一个方面。在颜色通道中，色彩还可以互相影响，当我们增加一种颜色含量的同时，还会减少它的补色的含量。做个形象的比喻，通道调色就像是压

跷跷板，一边下去了，另一边（补色）一定上来。如图 9-78 所示的图色轮显示了颜色的互补关系，处于相对应位置的颜色互为补色，如洋红与绿、黄与蓝。

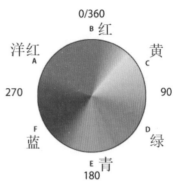

图 9-78

有了色轮，我们就可以在调整一个颜色通道时明白相对应的颜色以及它的补色产生怎样的影响。例如，将红色通道调亮，可增加红色，并减少它的补色青色；将红色通道调暗，则减少红色，同时增加青色。其他颜色通道也是如此。了解这个规律以后，我们就可以用通道调整任意的颜色了。

Photoshop CC 中的"色彩平衡"和"变化"命令也是基于色彩互补关系进行调整的。

9.7.4　案例：用通道调出暖暖的夕阳余晖

01 打开 Photoshop CC 软件，并打开夕阳西下的照片素材，如图 9-79 所示。执行"窗口"命令，如图 9-80 所示。

图 9-79

图 9-80

02 在右侧出现"调整"面板，在其中单击"曲线"，如图 9-81 所示。

图 9-81

03 弹出曲线调整界面，选择红色通道，如图 9-82 所示。

图 9-82

04 在曲线上单击，添加一个控制点并向上拖动曲线，使该通道变亮，增加红色如图 9-83 所示。

图 9-83

05 选择蓝色通道，向下拖动曲线，将该通道调暗，减少蓝色，同时会增加它的补色黄色，画面会呈现出暖暖的金黄色，如图 9-84 所示。

图 9-84

06 选择 RGB 复合通道，将曲线调整成 S 形，增加对比度，使画面更完美，如图 9-85 所示。

图 9-85

07 调整完以后的效果，如图 9-86 所示。

图 9-86

9.8 Lab 调色技术

Lab 模式是由国际照明委员会（CIE）于 1976 年公布的一种色彩模式。Lab 技术是基于此模式的技术。

9.8.1 Lab 模式的通道

打开 Photoshop CC，按 Ctrl + O 快捷键打开一张图片，如图 9-87 所示，此时图层的模式是被锁定的。

图 9-87

在图片后缀名称中的 jpg，会以 RGB 颜色模式进行显示。如果我们将 RGB 模式的图片转换为 CMYK 模式，这个图片将会以网页图片的形式进行转换，图片的颜色模式将变得更加亮丽，方便观看。

选择图像模式，将 RGB 模式图片转换为 CMYK 模式，图层的通道会呈现出四种颜色，包括青色、洋红、黄色、黑色。CMYK 模式中的颜色各有不同，如图 9-88 所示。

图 9-88

将 CMYK 模式的图片转换为 Lab 通道，Lab 通道包含明度通道，表示的是图片的亮度，a 通道是从绿色到红色的颜色通道，而 b 通道是从蓝色到黄色的颜色通道。a 通道和 b 通道中显示的图片颜色会各不相同，如图 9-89 所示。

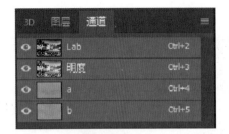

图 9-89

图 9-91

当图片处于 Lab 通道，并转换成多通道的时候，颜色将会呈现出一种灰色，图像的整体灰度也变得十分浓厚，在多通道颜色模式的图像，是灰色的蒙版颜色模式转换出来的。多通道是指：几个通道之间的颜色不断地进行还原。其中包含有 Alphal 通道，而 Alphal 通道主要为亮度通道提供参数，Alpha2 通道为 A 通道，Alpha3 通道相当于 B 通道。在不同的模式转换为多通道，呈现的是不一样的。说得通俗些也就是灰色、白色、黑色，三种颜色之间的组合如图 9-90 所示。

图 9-90

图 9-92

同样，黄到蓝之间的颜色层级映射到黑白上，就是纯黄对应纯白，纯蓝对应纯黑，半黄半蓝对应灰色。这就是 Lab 通道中的 b 通道层，如图 9-93、图 9-94 所示。而 Lab 通道中的 L 层就是色彩中黑色与白色的表示方式，黑对应黑色，白色对应白色（也可以理解为明度）。这样我们就可以用 Lab 来表示形形色色不同的颜色了。

9.8.2　Lab 通道与色彩

Lab 通道是一个拥有三层的通道，包括 L 层通道、a 层通道、b 层通道。而这些层的通道把红到绿之间的颜色层级映射到黑白上形成一个用三个黑白层显示彩色的目的。例如：纯红为纯白，纯绿为纯黑，假设有半红半绿的渐变图像，如图 9-91 所示。如果在 Lab 通道中显示，就会将红色对应白色，黑色对应白色绘制出一张黑白图像，如图 9-92 所示是 Lab 中的 a 通道此时的状态。

图 9-93

图 9-94

大千世界的颜色都能由半红半绿、半黄半蓝的色彩信息叠加出来，再加上一个表示亮度的 L 通道，就能表示出世界上几乎所有的色彩。没必要理解得太深，Photoshop 毕竟只是个工具，艺术修养和色彩感觉才是最重要的。另外，其实 RGB 也能不改变明度而改变颜色（或不改变颜色改变明度），把调整图层的混合模式给成明度（或色相/饱和度）就行了。一般 Lab 模式调整整体具有某种倾向性的偏色特别有用，结合强大的计算命令，能够让你将操作进一步限制在明暗部或某种颜色上。

9.8.3　案例：用 Lab 通道调照片影调

01　在 Photoshop CC 中打开人物素材照片，如图 9-95 所示，执行"图像 > 模式 >Lab 颜色"命令，将图片转换成 Lab 模式，如图 9-96 所示。

图 9-95

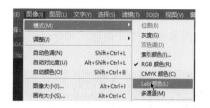

图 9-96

02　执行"图像 > 调整 > 曲线"命令，打开"曲线"对话框，如图 9-97 所示。

图 9-97

03　选择 a 通道，单击小网格，如图 9-98 所示。

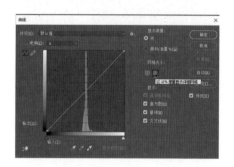

图 9-98

04　将曲线上下两个点分别调到如图 9-99 所示位置。

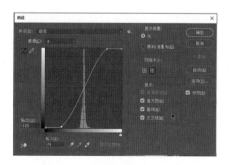

图 9-99

05 选择 b 通道，也将曲线上下两个点分别调到如图 9-100 所示位置。

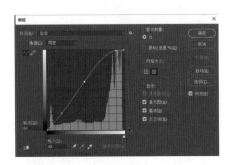

图 9-100

06 最后选择明度通道，拖动滑块，选择三个控制点，调到如图 9-101 所示位置。单击"确定"按钮图片的调整，如图 9-102 所示。

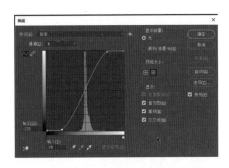

图 9-101

图 9-102

第10章

照片的修饰与编辑

学习提示

    Photoshop 中的编辑和修饰工具可以修改图像的颜色和进行修饰等，其中编辑工具主要包括照片润饰工具、修复工具和裁剪工具。修饰工具主要包括仿制图章工具组、涂抹工具组和减淡工具组等。通过对图像进行修饰和编辑，可以使用户创作出更多更精美的图像，也可以使整个图像更具感染力。

本章重点导航

◎ 裁剪图像

◎ 照片修复工具

◎ 用"消失点"滤镜编辑照片

◎ 编辑 HDR 照片

◎ 照片润饰工具

◎ 用"液化"滤镜扭曲图像

◎ 用 Photomerge 创建全景图

10.1 裁剪图像

每一幅图像都有主体，若主体周围的事物过于突出，会导致喧宾夺主而使主体部分不鲜明、不突出。在此种情况下，可利用裁剪工具对图像进行裁切操作。Photoshop CC 对裁剪工具进行了极大的改进，将之前版本的裁剪工具分裂为两个工具——裁剪工具和透视裁剪工具，下面来对它们进行详细的介绍。

10.1.1 裁剪工具

选择裁剪工具后，图像四周会自动显示一个定界框，如图 10-1 所示。当需要对一个图像裁剪时，不必拖动裁剪框，直接确定操作即可。图中所示，最直观的变化是剪裁框的八个操控点由原来的小方块变成了现在的小线段。

图 10-1

拖动定界框，缩小裁剪区域，试着拖动或旋转选区你会发现选区是固定不动的，变化的只有背后的图形，如图 10-2 ～图 10-5 所示为拖动或旋转时的效果。

图 10-2

图 10-3

图 10-4　　　　　　　图 10-5

在对图像进行裁剪时，也是一个对图像重定义的过程，单击裁剪工具 或者按 C 键就可以对图像进行裁剪了。拉伸或者旋转选区达到所需的效果后，按 Enter 键就完成了对图像的裁剪。

当选择裁剪工具后，它的工具选项栏如图 10-6 所示。

"长宽比"菜单　　　　拉直控件　　　设置其他裁切
　　自定义纵横比　　叠加选项　　选项（从左到右）

图 10-6

● 选择预设纵横比 在 下拉列表如图 10-7 所示。Photoshop CC 为我们提供了一些常见的裁剪比例，方便我们直接选择其来裁剪，并且我们也可以设置裁时的图像大小和分辨率，选择"宽 × 高 × 分辨率"时就可以在选项栏中设置其数值，如图 10-8 所示。

✓ 比例
宽 × 高 × 分辨率

原始比例
1 : 1（方形）
4 : 5（8 : 10）
5 : 7
2 : 3（4 : 6）
16 : 9

前面的图像
4 x 5 英寸 300 ppi
8.5 x 11 英寸 300 ppi
1024 x 768 像素 92 ppi
1280 x 800 像素 113 ppi
1366 x 768 像素 135 ppi

新建裁剪预设...
删除裁剪预设...

像素/厘米

图 10-7 　　　　　　　图 10-8

● 自定义纵横比 ：如果

要自定义裁剪时的长宽比，可以在自定义纵横比数值框中输入相应的数值，如果自定义纵横比中是空白，可以按任意比例裁剪图像。

- 清除按钮：单击清除按钮，可清除选项栏中宽度和高度字段的值。如果显示分辨率字段，也会清除该字段的值。

- 拉直控件 ▦ 拉直：拉直控件与标尺工具相同，选择此工具后可以将处于倾斜的图像进行拉直裁剪。如将如图 10-9 所示的图像导入 Photoshop CC 中，选择裁剪工具，再选择拉直控件对其进行拉直裁剪，如图 10-10 所示，拉直裁剪操作部分放大后的效果如图 10-11 所示，拉直裁剪后的最终效果如图 10-12 所示。

图 10-9

图 10-10 　　　　图 10-11

- 叠加选项 ▦：其中显示不同裁剪图像的参考叠加线和裁剪时显示图像的方式，如图 10-13 所示。可用的参考线包括三等分

参考线、网格参考线和黄金比例参考线等。要循环切换所有选项，可以按 O 键。

图 10-12

图 10-13

- 设置其他裁切选项 ⚙：其他裁切选项如图 10-14 所示。如果希望像在之前的 Photoshop 版本中一样使用裁剪工具，请启用使用"经典模式"选项。"自动居中预览"方便在画布的中心进行预览。"启用裁剪屏蔽"将裁剪区域与色调叠加，可以指定颜色和不透明度。如果启用"自动调整不透明度"，那么当编辑裁剪边界时会降低不透明度。

图 10-14

- 删除裁剪的像素 ☑删除裁剪的像素：若勾选此
  选项会删除裁剪掉的区域；若不勾选此选
  项，则不会删除裁剪掉的区域。

- 内容识别 □内容识别：当使用裁剪工具拉直
  或旋转图像时，或将画布的范围扩展到图
  像原始大小之外时，Photoshop CC 现在能
  够利用内容识别技术智能地填充空隙。将
  如图 10-15 所示的图像导入，选择裁剪工
  具，再选择拉直工具对图像进行裁剪，如
  图 10-16 所示。勾选"内容识别"选项框，
  单击 ☑ 图标提交当前操作，完成对图像
  的修改，如图 10-17 所示。

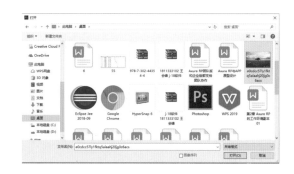
图 10-18

图 10-15

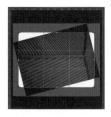
图 10-16

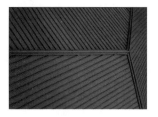
图 10-17

注意：
在 Photoshop CC 中裁剪完图像以后，如果对
裁剪效果不满意的话，只需要再次选择裁剪工具，
然后随意操作即可看到原文档。

10.1.2 案例：用裁剪工具裁剪图像

 执行"文件＞打开"命令，选择准备
好的图片素材，如图 10-18 所示。

02 选择工具箱中的裁剪工具 🔲，鼠标
左键单击，如图 10-19 所示。在边框边缘按住鼠
标左键拖动，选择需要的区域完成裁剪，效果如
图 10-20 所示。

图 10-19

图 10-20

10.1.3 案例：用透视裁剪工具校正透视畸变

01 执行"文件＞打开"命令，导入图像，
如图 10-21 所示。选择透视裁切工具，裁切图中
的课本的封面，拉出一个裁切框，如图 10-22 所示。

图 10-21

图 10-22

02 将裁切框变形为与课本的封面吻合，
如图 10-23 所示。双击裁切框以确定操作，最终
效果如图 10-24 所示。

图 10-23　　　　　图 10-24

> **注意：**
> 拖动裁剪框的同时按住 Shift 键，裁剪范围就会是一个正方形，而按住 Alt 就会得到一个以开始点为中心的正方形裁剪范围。

10.1.4　案例：用"裁剪"命令裁剪图像

对图像进行裁剪，我们也可以直接用"裁剪"命令来裁剪图像，下面我们来具体操作一下。用快捷键 Ctrl+O 打开一个文件，如图 10-25 所示，选择矩形选框工具 ，在图像上拖出裁剪的区域，如图 10-26 所示，执行"图像 > 裁剪"命令，如图 10-27 所示，按 Ctrl+D 快捷键取消选择，最终效果如图 10-28 所示。

图 10-25　　　　　图 10-26

图 10-27　　　　　图 10-28

10.1.5　案例：用"裁切"命令裁切图像

在要保留裁剪掉的图像或者要将图像裁切成几个部分时，可以直接用"裁切"命令来达到所需裁切的效果。对图像执行"图像 > 裁切"命令时，会弹出一个对话框，如图 10-29 所示。

图 10-29

- 基于：在此选项区域中，选择裁切图像所基于的准则。若当前图像的图层为透明，则选择"透明像素"选项。
- 裁剪：在此选项区域，可以选择裁切的四个方位。

10.1.6　案例：修改扫描的照片

我们都有自己的生活照片，要用 Photoshop CC 处理这些照片，需要先通过扫描仪将它们扫描到电脑中。如果将多张照片扫描在一个文件中，我们可以用"裁剪并修齐照片"命令自动将各个图像裁剪为单独的文件，快速而且方便。下面我们用一个实例来看一下怎么裁剪修齐扫描仪的照片。

01 按 Ctrl+O 快捷键，打开一个文件，如图 10-30 所示。

02 执行"文件 > 自动 > 裁剪并修齐照片"命令，如图 10-31 所示，Photoshop 就会将各个照片分离为单独的文件，如图 10-32、图 10-33 所示。

03 最后，执行"文件 > 存储为"命令，将它们分别保存即可完成操作。

图 10-30　　　　　图 10-31

图 10-32　　　　　图 10-33

10.1.7　案例：限制图像大小

01 按 Ctrl+O 快捷键，打开一个文件，如图 10-34 所示。

图 10-34

02 执行"文件 > 自动 > 限制图像"命令，对话框设置宽度和高度为 150 像素，如图 10-35 所示。最终效果图如图 10-36 所示。

图 10-35

图 10-36

10.2　照片润饰工具

修饰与润色工具包括模糊工具、锐化工具、涂抹工具、减淡工具、加深工具和海绵工具，使用这些工具对照片进行润饰，可以改善图像的细节、色调、曝光，以及色彩的饱和度。如图 10-37 所示为模糊工具组和减淡工具组。

模糊工具组　　　　减淡工具组

图 10-37

10.2.1　模糊工具与锐化工具

模糊工具可以柔化图像中生硬的边缘，使其显示模糊，也可以用于柔化图像的高亮区或阴影区。如图 10-38 所示为模糊工具的选项栏。

模式　　强度

切换画笔

图 10-38

● 画笔：可以选择一个笔尖，模糊区域的大小取决于画笔的大小。

● 模式：设置模糊工具的混合模式。

● 强度：设置模糊工具的描边强度。参数
越大，在视图中涂抹的效果越明显，如
图 10-39 所示。

强度为 50%　　　　　　强度为 100%

图 10-39

锐化工具可以增大像素之间的对比度，以
提高画面的清晰度。锐化工具选项栏中的内容与
模糊工具相同，它们的使用方法也相同，但锐化
工具产生的效果与模糊工具的效果正好相反。如
图 10-40 所示为锐化工具的选项栏。

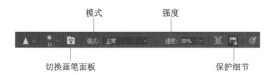

图 10-40

● 保护细节：保护图像的细节不受影响，如
图 10-41 所示。

锐化前　　　　　　锐化后

图 10-41

📢 注意：

在对图像进行锐化处理时，应尽量选择较小的
画笔以及设置较低的强度百分比。过高的设置会使
图像出现类似划痕一样的色斑像素。

10.2.2　减淡工具与加深工具

减淡工具可以改善图像的曝光效果，通
过对图像的阴影、中间调或高光部分进行提亮和
加光，使之达到强调突出的效果。如图 10-42 所
示为减淡工具的选项栏。

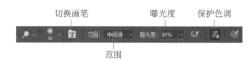

图 10-42

● 范围：设置减淡工具要修改的颜色范围。
选择"阴影"，可处理图像的暗色调；选
择"中间调"，可处理图像的中间调（灰
色的中间范围色调）；选择"高光"，则
处理图像的亮部色调，如图 10-43 所示。

原图　　　　　　阴影

中间调　　　　　　高光

图 10-43

● 曝光度：可以为减淡工具指定曝光强度。值
越大，效果越明显，图像越亮，如图 10-44
所示。

● 喷枪：按下该按钮，可以为画笔开启喷枪
功能。

● 保护色调：可以保护图像的色调不受影响。

曝光度为50% 　　　　　曝光度为100%

图 10-44

　　加深工具 与减淡工具在应用效果上正好相反，它可以降低图像的亮度，通过加暗来校正图像的曝光度，多用于处理阴影和曝光度需要加深的图像。加深工具选项栏中的内容与减淡工具相同，它们的使用方法也相同。如图 10-45 所示为加深工具的选项栏；图 10-46 为加深前后的效果。

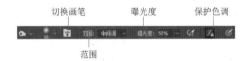

切换画笔　　　　曝光度　　　保护色调

范围

图 10-45

原图 　　　　　　加深效果

图 10-46

10.2.3　海绵工具

　　海绵工具 可以用来增加或减少图像颜色的饱和度。当增加颜色饱和度时，其灰度就会减少，但对黑白图像处理的效果不明显。当 RGB 模式的图像显示超出 CMYK 范围的颜色时，海绵工具的去色选项十分有用。使用海绵工具在这些超出范围的颜色上拖动，可以逐渐减小其浓度，从而使其变为 CMYK 光谱中可打印的颜色。如图 10-47 所示为海绵工具的选项栏。

切换画笔 　　流量

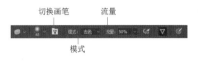

模式

图 10-47

- 模式：设置海绵工具的模式，选择"加色"（增加图像饱和度）或"去色"（降低图像饱和度）选项，加色使颜色更加饱和艳丽，去色使颜色变淡变暗，如图 10-48 所示。

去色 　　　　　　加色

图 10-48

- 流量：可以为海绵工具指定流量。值越大，海绵工具的加色或去色的强度越大，效果越明显。
- 自然饱和度：勾选该复选框，调整图像的饱和度，防止颜色过度饱和出现溢色。

10.2.4　涂抹工具

　　涂抹工具 就像使用手指搅拌颜料桶一样混合颜色。使用涂抹工具时，由单击处的颜色开始，并将其与鼠标拖动的颜色进行混合。除了颜色外，涂抹工具还可用于在图像中实现水彩般的图像效果。如果图像在颜色与颜色之间的边界生硬，或颜色之间过渡不好，可以使用涂抹工具，将过渡颜色柔和化。如图 10-49 所示为涂抹工具的选项栏，除"手指绘画"外，其他选项均与模糊和锐化工具相同。

模式　　　强度

切换画笔 　　　　　　　　手指绘画

图 10-49

● 手指绘画：单击该按钮后，可以在涂抹时产生类似于用手指蘸着颜料在图像中进行涂抹的效果，它与前景色有关；再次点击，则使用每个描边处光标所在位置的颜色进行涂抹，如图 10-50 所示。

原图 　　　　　勾选"手指绘画"

取消勾选

图 10-50

10.3　照片修复工具

照片的修复工具有很多，有修补工具、修复画笔工具、仿制图案图章工具等，它们都能使一些不完美的照片变得符合心意。下边详细介绍一下如何使用它们。

10.3.1　"仿制源"面板

单击工具箱中的仿制图案图章工具，单击工具选项栏中的切换"仿制源"面板，通过"仿制源"面板可以设置多个不同的仿制图章工具的样本源，可以显示样本源的叠加，以帮助我们在特定位置仿制图案。此外，还可以缩放或旋转样本源以更好地匹配目标的大小和方向，如图 10-51 所示。

图 10-51

先单击仿制源按钮，使用仿制图章工具或修复画笔工具，按住 Alt 键在画面中单击，可设置取样点，完成第一个取样；再按 Alt 键在画面中单击，还可以继续取样。采用同样方法最多可以设置 5 个不同的取样源，"仿制源"面板会存储样本源，直到关闭文档。

● 位移：指定 X 和 Y 像素位移时，可在相对于取样点的精确位置进行绘制。

● 缩放：输入 W（宽度）或 H（高度）值，可缩放所仿制的源。默认情况下会约束比例。如果要单独调整尺寸或恢复约束选项，可单击"保持长宽比"按钮，如图 10-52 所示。

原图 　　　　　缩放 50%

图 10-52

● 翻转：单击 ▣ 按钮，可以对样本源进行水平翻转；▣ 按钮，可对样本源垂直翻转，如图 10-53 所示。

水平翻转 　　　　　垂直翻转

图 10-53

● 旋转：在文本框中输入旋转角度，可以旋转仿制的源，如图 10-54 所示。

旋转 90 度

图 10-54

● 帧位移 / 锁定帧：在"帧位移"文本框中输入帧数，可以使用与初始取样的帧相关的特定帧进行绘制。输入正值时，要使用的帧在初始取样的帧之后；输入负值时，要使用的帧在初始取样的帧之前；如果选择"锁定帧"，则总是使用初始取样的相同帧进行绘制。

● 显示叠加：选择"显示叠加"并指定叠加选项，可以在使用仿制图章或修复画笔时，更好地查看叠加以及下面的图像。其中，"不透明度"用来设置叠加图像的不透明度；"自动隐藏"可在应用绘画描边时隐藏叠加；"已剪切"可将叠加剪切到画笔大小；如果要设置叠加的外观，可以从"仿制源"面板底部的弹出菜单中选择一种混合模式；勾选"反相"，可反相叠加中的颜色。

> **注意：**
> 使用仿制图章工具时，可以按 Caps Lock 键将仿制图章工具的光标变为十字形光标。使用十字光标的中心判断复制区域的精确位置要比仿制图章工具的光标更加容易。

10.3.2 案例：用仿制图章复制小兔子

Photoshop 中的仿制图章工具主要是用来复制取样图像，它能够按涂抹的范围复制全部或者复制部分到一个新的图像中。使用仿制图章工具时，在图层任意位置按住 Alt 键，获取样本源，在工具选项栏中选择"对齐"，无论绘画时暂停过多少次，都可以连续使用最新的取样点。当"对齐"处于取消选择状态时，在每次绘画时重新使用同一个样本像素，如图 10-55 所示为图案图章工具的选项栏。

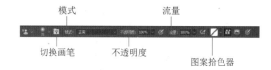

图 10-55

01 执行"文件 > 打开"命令，打开准备好的小兔子图片，如图 10-56 所示。选择工具箱中的仿制图章工具，按住 Alt 键选择合适的点，如图 10-57 所示。

图 10-56 　　　　图 10-57

02 选择你想复制的位置，按住鼠标左键拖动，来复制一只小兔子，效果如图 10-58 所示。

图 10-58

10.3.3 用图案图章绘制特效纹理

图案图章工具  可以用来复制预先定义好的图案。使用该工具前可以先定义需要的图案，并将该图案复制到当前的图像中。图案图章工具可以用来创建特殊效果、背景网纹以及织物或壁纸等。如图 10-59 所示为图案图章工具的选项栏。

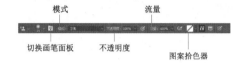

图 10-59

● 图案：单击 按钮，打开图案的选项面板，可以从中选择需要的图案，如图 10-60 所示。

图 10-60

📢 注意：

如果面板中没有这种图案，可单击 ▣ 按钮打开面板菜单，选择"图案"命令，加载该图案库，如图 10-61 所示。

图 10-61

● 对齐：选择该选项以后，可以保持图案与原始起点的连续性，即使多次单击鼠标也不例外；取消选择时，则每次单击鼠标都重新应用图案，如图 10-62 所示。

● 印象派效果：选中该复选框，可以对图像应用印象派艺术效果，使图案变得扭曲、模糊。

对齐　　　　　　　　取消对齐

图 10-62

10.3.4 案例：用修复画笔去除鱼尾纹和眼中血丝

01 执行"文件 > 打开"命令，打开需要修改的图片，如图 10-63 所示。然后选择修复画笔工具，如图 10-64 所示。

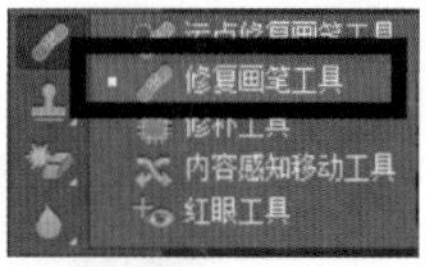

图 10-63　　　　　　　图 10-64

02 在工具选项栏中选择一个柔角笔尖，在"模式"下拉列表中选择"替换"，将源设置为"取样"，如图 10-65 所示。

图 10-65

03 将光标放在眼角附近没有皱纹的皮肤上，按住 Alt 键然后鼠标左键进行取样，放开 Alt 键，在眼角皱纹处单击并拖动进行修复，如图 10-66 所示。

04 继续按住 Alt 键在眼角周围没有皱纹的皮肤上单击取样然后修复鱼尾纹，在修复的过程中适当调整工具的大小，如图 10-67 所示。

05 最后采用同样的方法在眼白上取样，修复眼中的血丝，如图 10-68 所示。

图 10-66

 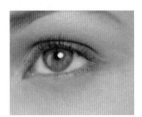

图 10-67　　　　　　图 10-68

10.3.5　案例：用污点修复画笔去除面部痘痘

01 按 Ctrl+ O 快捷键，打开一个文件，如图 10-69 所示。

图 10-69

02 选择污点修复画笔工具，在工具选项栏中单击画笔右侧的按钮，打开画笔参数面板，设置画笔的大小为 80，硬度为 30%，并在工具栏选项中的类型中 "近似匹配" 按钮，如图 10-70 所示。

03 将鼠标放在斑点处，单击或拖动即可去除面部斑点，如图 10-71 所示。对于脸颊处的

斑点，可以进行单击或拖动来处理斑点；而对于鼻子和额头处的，应该根据斑点的大小调整画笔的大小来进行修复，效果如图 10-72 所示。

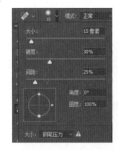 

图 10-70

图 10-71　　　　　　图 10-72

> **注意：**
> 　　在使用污点修复画笔工具时，画笔的笔触可以根据修改图像的大小进行改变，以更好地修改图像。按 "[" 键可以缩小画笔大小；按 "]" 键可以放大画笔大小。

10.3.6　案例：用修补工具修复旧照片

01 按 Ctrl+ O 快捷键打开一份文件，如图 10-73 所示。

02 将背景图层拖曳到 "创建新图层" 按钮上，得到 "背景副本" 图层。选择修补工具，在工具选项栏中设置修补为内容识别。在

要修复的地方描绘出选区，按住鼠标左键将其拖动到与选区颜色相似的地方，完成选区修补。按 Ctrl+ D 快捷键取消选区，效果如图 10-74 所示。

图像的画面提亮。参数设置如图 10-76 所示。最终效果如图 10-77 所示。

图 10-73

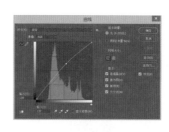

图 10-76

图 10-77

图 10-74

03 继续修复图像，效果如图 10-75 所示。

图 10-75

04 执行"图像 > 调整 > 曲线"命令，将

10.3.7 内容感知移动工具

内容感知移动工具  可以将选中的对象移动或扩展到图像的其他区域，并且可以自动重组和混合对象。如图 10-78 所示为混合工具的选项栏。

图 10-78

- 选区：该区域的按钮主要用来进行选区的相加、相减和相交的操作。
- 模式：设置移动模式。如选择"移动"，当将选区拖至要混合的区域以后，放开鼠标就会用当前选区中的图像修补原来选中的内容；而设置为"扩展"，则会将选中的图像复制到目标区域，如图 10-79 所示。

原图   移动

图 10-79

扩展

图 10-79（续）

01 执行"文件 > 打开"命令，打开素材图片。单击工具箱中的红眼工具  按钮，显示红眼工具选项栏，如图 10-80 所示。

图 10-80

02 "瞳孔大小"选项可以增大或减小受红眼工具影响的区域。"变暗量"选项可以设置校正的暗度。

03 在照片中红眼的部分拖动鼠标，消除人物的红眼，如图 10-81 所示。

图 10-81

注意：
红眼是相机闪光灯在主体视网膜上反光引起的。在光线暗淡的房间里照相时，由于主体的虹膜张开得很宽，将会更加频繁地看到红眼。为了避免红眼，要使用相机的红眼消除功能。或者使用可安装在相机上、远离相机镜头位置的独立闪光装置。

10.4 用"液化"滤镜扭曲图像

"液化"滤镜的功能十分强大，它可以十分灵活地对图像任意区域进行扭曲、旋转、膨胀等操作，如图 10-82 所示。

图 10-82

10.4.1 "液化"对话框

滤镜对话框如图 10-83 所示。

图 10-83

使用此滤镜前后对比如图 10-84、图 10-85 所示。

图 10-84   图 10-85

10.4.2 使用变形工具

01 打开一张准备好的素材图片，执行"滤镜 > 液化"命令，打开的对话框如图 10-86 所示。

图 10-86

02 单击向前变形工具 ，在右侧属性面板可控制画笔的大小、浓度等。调整合适参数，如图 10-87 所示。

03 把鼠标放到图片上，按住鼠标左键拖动使图像变形，效果图如图 10-88 所示。

图 10-87　　　　图 10-88

10.4.3 设置工具选项

- 重建工具：使用该工具在变形的区域单击鼠标或拖动鼠标进行涂抹，可以使变形区域的图像恢复到原始状态。
- 顺时针旋转扭曲工具：使用该工具在图像中单击鼠标或移动鼠标时，图像会被顺时针旋转扭曲；当按住 Alt 键单击鼠标时，

图像则会被逆时针旋转扭曲。

- 褶皱工具：使用该工具在图像中单击鼠标或移动鼠标时，可以使像素向画笔中间区域的中心移动，使图像产生收缩的效果。
- 膨胀工具：使用该工具在图像中单击鼠标或移动鼠标时，可以使像素向画笔中心区域以外的方向移动，使图像产生膨胀的效果。
- 左推工具：该工具的使用可以使图像产生挤压变形的效果。使用该工具垂直向上拖动鼠标时，像素向左移动；向下拖动鼠标时，像素向右移动。当按住 Alt 键垂直向上拖动鼠标时，像素向右移动；向下拖动鼠标时，像素向左移动。若使用该工具围绕对象顺时针拖动鼠标，可增加其大小；若顺时针拖动鼠标，则减小其大小。
- 镜像工具：使用该工具在图像上拖动可以创建与描边方向垂直区域的影像的镜像，创建类似于水中的倒影效果。
- 湍流工具：使用该工具可以平滑地混杂像素，产生类似火焰、云彩、波浪等效果。
- 冻结蒙版工具：使用该工具可以在预览窗口绘制出冻结区域，在调整时，冻结区域内的图像不会受到变形工具的影响。
- 解冻蒙版工具：使用该工具涂抹冻结区域能够解除该区域的冻结。
- 抓手工具：放大图像的显示比例后，可使用该工具移动图像，以观察图像的不同区域。
- 缩放工具：使用该工具在预览区域中单击可放大图像的显示比例；按位 Alt 键在该区域中单击，则会缩小图像的显示比例。

10.4.4 设置人脸识别选项

"液化"滤镜具备高级人脸识别功能，可自动识别眼睛、鼻子、嘴唇和其他面部特征，让您

轻松对其进行调整。"人脸识别液化"非常适合修饰人像照片、创建漫画以及执行其他操作。您可以使用"人脸识别液化"作为智能滤镜来进行非破坏性编辑。

01 在 Photoshop 中，打开一个具有多个人脸或一个人脸的图像。选择"滤镜 > 液化"命令。弹出"液化"滤镜对话框。

02 在"工具"面板中，选择脸部工具（快捷键：A），系统将自动识别照片中的人脸。

03 脸自动识别将指针悬停在脸部时，Photoshop 会在脸部周围显示直观的屏幕控件。调整控件可对脸部做出调整，如可以放大眼睛或者缩小脸部宽度。如果对更改结果感到满意，请单击"确定"按钮，使用滑动控件调整面部特征。

04 照片中的人脸会被自动识别，且其中一个人脸会被选中。被识别的人脸会列在"属性"面板"人脸识别液化"区域中的"选择脸部"弹出菜单中罗列出来。用户可以通过在画布上单击人脸或从弹出菜单中选择人脸来选择不同的人脸。

> **注意：**
> "人脸识别液化"功能最适合处理面朝相机的面部特征。为获得最佳效果，请在应用设置之前旋转任何倾斜的脸部，因为对面部特征的更改将会对称应用。例如，更改将同时应用于两只眼睛，而不是一只眼睛。"重建"和"恢复全部"选项不适用于通过"人脸识别液化"功能进行的更改。

10.4.5 设置蒙版选项

当图像中包含选区或蒙版时，可以通过蒙版选项对蒙版的保留方式进行设置。

- 替换选区：显示原图像中的选区、蒙版或者透明度。
- 添加到选区：显示原图像中的蒙版，此时可以使用冻结工具添加到选区。
- 从选区中减去：从当前的冻结区域中减去

通道中的像素。

- 与选区交叉：只使用当前处于冻结状态的选定像素。
- 反相选区：使用选定像素使当前的冻结区域反相。
- 无：选中该项后，可解冻所有被冻结的区域。
- 全部蒙版：选中该项后，会使图像全部被冻结。
- 全部相反：选中该项后，可使冻结和解冻的区域对调。

10.4.6 设置视图选项

视图选项是用来设置是否显示图像、网格或背景的，还可以设置网格的大小和颜色、蒙版的颜色、背景模式以及不透明度。

- 显示图像：勾选该项后，可在预览区中显示图像。
- 显示网格：勾选该项后，可在预览区中显示网格，使用网格可帮助您查看和跟踪扭曲。可以设置网格的大小和颜色，也可以存储某个图像中的网格并将其应用于其他图像。
- 显示蒙版：勾选该项后，可以在冻结区域显示覆盖的蒙版颜色。在调整选项中，可以设置蒙版的颜色。
- 显示背景：可以选择只在预览图像中显示现用图层，也可以在预览图像中将其他图层显示为背景。

10.4.7 设置重建选项

用来设置重建的方式，以及撤销所做的调整。

- 模式：在该下拉列表中可以选择重建的模式。列表中包括"刚性""生硬""平滑""松散"以及"恢复"五个选项。

- 重建：单击该按钮，可对图像应用重建效果一次，单击多次即可对图像应用多次重建效果。
- 恢复全部：单击该按钮，可以去除扭曲效果，就算是冻结区域中的扭曲效果同样会被去除。

10.4.8　案例：用"液化"滤镜修出完美脸形

01 执行"文件 > 打开"命令，将准备好的素材打开，如图 10-89 所示。为不破坏原图，将背景图形拖动到"新建图层"按钮上，得到背景副本，我们将在副本上实现具体操作。

图 10-89

02 选择背景副本，执行"滤镜 > 液化"命令，在液化工具选项中分别设置"大小""浓度"和"压力"参数，具体值如图 10-90 所示。

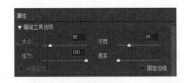

图 10-90

03 选择液化工具箱中的收缩工具，在人物脸部边缘拖动鼠标，来改变人物的脸型，注意两边脸形的平衡，如图 10-91 所示。如果出现误操作，可以单击"恢复（重置）"按钮，恢复到误操作前状态。

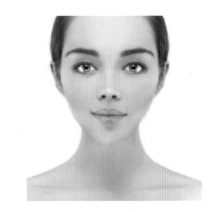

图 10-91

04 设置完成后，单击滤镜工具栏上的"确定"按钮，完成操作。

10.5　用"消失点"滤镜编辑照片

使用"消失点"滤镜能够改变平面的角度，制作出立体效果的图像。也可以增加楼的长度，宽度等。

10.5.1　"消失点"对话框

执行"滤镜 > 消失点"命令，打开"消失点"对话框，如图 10-92 所示。在"消失点"对话框中调整时，按住 Alt 键，可以任意拖动图像到所需的角度，更改图像的透视效果。

图 10-92

10.5.2 案例：增加楼层高度

01 按 Ctrl+O 快捷键，打开素材，如图 10-93 所示。

图 10-93

02 执行"滤镜 > 消失点"命令。在打开的"消失点"对话框中选择缩放工具 🔍，适当缩放图像；然后选择创建平面工具 🔲，创建一个具有透视效果的蓝色网格平面，如图 10-94 所示。

图 10-94

03 选择编辑平面工具 ⬚，适当调整所创平面的大小和形状，如图 10-95 所示。

图 10-95

04 选择选框工具 🔲，创建选区，如图 10-96 所示。

图 10-96

05 按住 Alt 键将选区向上拖动到合适位置，如图 10-97 所示。

图 10-97

06 按 Ctrl+D 快捷键取消选区，此时楼层一侧增加完毕。用同样的方法增加另一侧高度，最后单击"确定"按钮得到如图 10-98 所示效果。

图 10-98

07 利用多边形套索工具和仿制图章工具对新加楼层边缘进行修饰，如图 10-99 所示。至此本例结束，效果对比如图 10-100 所示。

图 10-99

图 10-100

10.6 用 Photomerge 创建全景图

拍摄照片时，有时无法将需要的景物完全纳入镜头中，这时就可以多次拍摄景物的各个部分，然后通过 Photomerge 命令，将照片的各个部分合成一幅完整的照片。

执行"文件 > 自动 >Photomerge"命令，即可打开 Photomerge 对话框，如图 10-101 所示。

图 10-101

10.6.1 案例：将多张照片拼接成全景图

01 首先打开两个要合成的图像，如图 10-102 所示。

图 10-102

02 在菜单栏中执行"文件 > 自动 > Photomerge"命令，弹出 Photomerge 对话框，如图 10-103 所示。

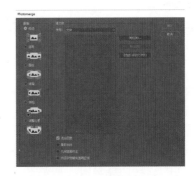

图 10-103

03 在其中单击"添加打开的文件"按钮，即可将打开的文件添加到左边的方框中，再选择调整位置选项，如图 10-104 所示。

图 10-104

04 单击"确定"按钮，即可开始在程序中进行处理。经过一段时间处理后，两张图片已经合并为一张图片了，如图 10-105 所示。

图 10-105

05 在工具箱单击裁剪工具，接着在画面中拖出了一个裁剪框，再在裁剪框中双击确认裁剪，以将不需要的部分剪掉，裁剪后的效果如图 10-106 所示。

图 10-106

10.6.2 自动对齐图层

01 打开 Photoshop CC，执行"文件 > 自动 >Photomerge"命令，单击"浏览"按钮，将要自动对齐的素材选择导入，取消选中"混合图像"，如图 10-107 所示。

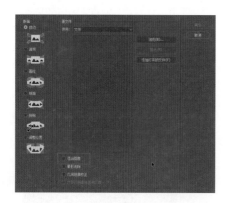

图 10-107

02 单击"确定"按钮，自动生成全景图，图层信息如图 10-108 所示。

图 10-108

10.6.3 自动混合图层

01 打开 Photoshop CC，执行"文件 > 自动 >Photomerge"命令，单击"浏览"按钮，将要自动混合的素材选择导入，如图 10-109 所示。

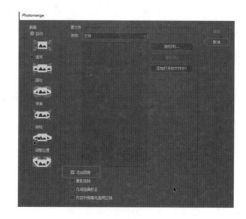

图 10-109

02 单击"确定"按钮，自动生成全景图，图层信息如图 10-110 所示。

图 10-110

 注意：
导入的图层必须是两层以上。

10.7 编辑 HDR 照片

HDR，简单地说就是让你的照片无论高光部分，还是阴影部分，细节都很清晰。制作 HDR 之前，首先需要有三张焦距一样、机位一样，只有曝光不一样的照片。

10.7.1 案例：将多张照片合并为 HDR 图像

01 打开 Photoshop CC，执行"文件 > 自动 > 合并到 HDR"命令，如图 10-111 所示。

02 弹出对话框，单击"浏览"按钮，把需要合并的照片添加进来（三张图像大小必须一样），如图 10-112 所示，单击"确定"按钮，弹出"手动设置曝光值"对话框，调整各项参数如图 10-113 所示。

图 10-111

图 10-112

图 10-113

单击"确定"按钮，弹出对话框，右边可调节各种参数，如图 10-114 所示，调出自己喜欢的颜色。

图 10-114

10.7.2 调整 HDR 图像的色调

选择准备好的素材图片，执行"图像 > 调整 > HDR 色调"命令如图 10-115 所示，在"预设"里边自带了许多种照片风格，如图 10-116 所示。其余参数可根据自己的风格进行调整。

- 边缘光：用来控制调整范围和调整的应用强度。
- 色调和细节：用来调整照片的曝光度，以及阴影、高光中的细节的显示程度。其中，"灰度系数"可使用简单的乘方函数调整图像灰度系数。
- 颜色：用来增加或降低色彩的饱和度。其中，拖动"自然饱和度"滑块增加饱和度时，不会出现溢色。
- 色调曲线和直方图：显示了照片的直方图，

并提供了曲线可用于调整图像的色调。

图 10-115　　　　图 10-116

10.7.3　调整 HDR 图像的曝光

执行"图像 > 调整 > 曝光度"命令,打开"曝光度"对话框,如图 10-117 所示。

图 10-117

- 位移:使阴影和中间调变暗,对高光的影响很轻微。
- 灰度系数:使用简单的乘方函数调整图像灰度系数。负值会被视为它们的相应正值(也就是说,这些值仍然保持为负,但仍然会被调整,就像它们是正值一样)。
- 吸管工具:将调整图像的亮度值(与影响所有颜色通道的"色阶"吸管工具不同)。"设置黑场"吸管工具将设置"位移",同时将单击的像素改变为零。"设置白场"吸管工具将设置"曝光度",同时将单击

的点改变为白色(对于 HDR 图像为 1.0)。"设置灰场"吸管工具将设置"曝光度",同时将单击的值变为中度灰色。

10.7.4　调整 HDR 图像的动态范围视图

HDR 的全称是 High Dynamic Range,即高动态范围图像,和普通的图像相比,高动态范围图像可以提供更多的动态范围和图像细节。调节"HDR 色调"影响图像质量,最佳曝光时间合成的 HDR 图像,能够更好地反映真实环境中的视觉效果。

10.8　镜头缺陷校正滤镜

"镜头校正"是对相机镜头广角端拍摄出四周带有严重的暗角的照片进行修复的滤镜。暗角是镜头的一种光学瑕疵,在镜头校正滤镜的帮助下,进行微妙的影调,使我们能更好地对其加以控制,使照片更有画面空间感。

10.8.1　案例:自动校正镜头缺陷

01 按 Ctrl+O 快捷键,打开素材,如图 10-118 所示。

图 10-118

02 执行"滤镜 > 镜头校正"命令,打开"镜头校正"对话框,如图 10-119 所示。

图 10-119

03 打开"自定"选项卡，在"几何扭曲"选项中设置"移去扭曲"为 -13，如图 10-120 所示。单击"确定"按钮，校正效果如图 10-121 所示。通过比可知应用此滤镜轻松地消除了桶状枕状变形。

图 10-120

图 10-121

10.8.2 案例：手动校正桶形失真和枕形失真

01 在 Photoshop 中，调整图像的枕形失真和桶形失真的方法是变形。打开变形的素材，执行"滤镜 > 镜头校正"命令，弹出对话框，单击移动扭曲工具按钮，如图 10-122 所示。

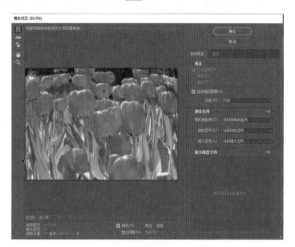

图 10-122

02 把鼠标放到图片白色半圆上，按住鼠标左键从下往上拉。当图片变规则时，单击"确定"按钮完成校正，如图 10-123 所示。

图 10-123

10.8.3 案例：校正出现色差的照片

01 按 Ctrl + O 快捷键，打开素材"美女 3"照片，如图 10-124 所示。由于天气不好，人物肤色不够红润，色彩有些苍白。

图 10-124

02 执行"图像>调整>自然饱和度"命令，打开"自然饱和度"对话框，如图 10-125 所示。对话框中有两个滑块，向左侧拖动可以降低颜色的饱和度，向右侧则增加饱和度。拖动"饱和度"滑块时，可以增加（或减少）所有颜色的饱和度。如图 10-126 所示为增加"饱和度"时的效果，可以看到，色彩过于鲜艳，人物皮肤的颜色显得非常不自然。而拖动"自然饱和度"滑块增加饱和度时，Photoshop 不会生成过于饱和的颜色，并且即使是将"饱和度"调整到最高值，皮肤颜色变得红润以后，仍能保持自然、真实的效果，如图 10-127 所示。

图 10-125

图 10-126　　　　　图 10-127

10.8.4　案例：校正出现晕影的照片

01 在 Photoshop 软件里打开一张素材图片，如图 10-128 所示。

图 10-128

02 执行"滤镜>镜头校正"命令，弹出对话框，调整晕影中的"数量"和"中点"这两个参数，如图 10-129 所示。

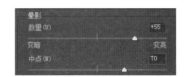

图 10-129

03 单击"确定"按钮，效果如图 10-130 所示。

图 10-130

10.8.5　案例：校正倾斜的照片

01 打开一张倾斜的塔素材照片，执行"滤镜>镜头校正"命令，单击左上角的拉直工具 ，将鼠标移动到塔顶左边，按住鼠标左键，从上往下根据塔身倾斜的角度拉一根平行线，如图 10-131 所示。

图 10-131

02 根据拉线的长度，角度不一样，在做些细微调整，完成后单击"确定"按钮，效果如图 10-132 所示。

图 10-132

10.8.6 案例：用"自适应广角"滤镜校正照片

使用自适应广角时，用户可以根据需要手动调整、纠正广角变形。在广角变形纠正中，可以通过鱼眼、透视、自动三种方式纠正广角镜头畸

变。如图 10-133 为此滤镜对话框。

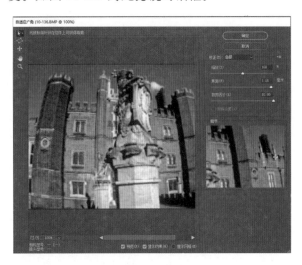

图 10-133

主要工具如下。

- 约束工具 ：单击图像或拖动端点可添加或编辑约束。
- 多边形约束工具 ：单击图像或拖动端点可添加或编辑多边形约束。

参数设置如下。

- 校正：用来选择纠正方式，包括鱼眼、透视、自动和完整球面。单击 按钮可载入其他约束。
- 缩放：用来设定图像的比例。
- 焦距：用来设定焦距的大小。
- 裁剪因子：用来指定裁剪因子，该值越大原图像保留部分越多。

如图 10-134 为原图，图 10-135 为修正后的图像。

图 10-134   图 10-135

10.9 镜头特效制作滤镜

滤镜主要是用来实现图像的各种特殊效果，它在 Photoshop 中具有非常神奇的作用。我们把镜头特效制作为滤镜，更方便了使用。

10.9.1 案例：用"镜头模糊"滤镜制作景深效果

01 打开 Photoshop，按 Ctrl+O 快捷键，打开准备好的素材，如图 10-136 所示。

图 10-136

02 执行"滤镜 > 模糊 > 镜头模糊"命令，弹出对话框，如图 10-137 所示。

图 10-137

03 调整参数，如图 10-138 所示。单击"确定"按钮，完成景深效果，如图 10-139 所示。

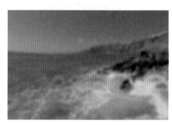

图 10-138　　　　　　图 10-139

- 预览：选择"更快"单选按钮，可以提高预览速度。选择"更加准确"单选按钮，可查看图像的最终版本，但预览需要的生成时间较长。

- 深度映射：在"源"下拉列表中可以选择使用 Alpha 通道和图层蒙版来创建深度映射。如果图像包含 Alpha 通道并选择了该项，Alpha 通道中的黑色区域被视为位于照片的前面，白色区域被视为位于远处的位置。"模糊焦距"选项用来设置位于焦点内的像素的深度。如果勾选"反相"，可以反转蒙版和通道，然后再将其应用。

- 光圈：在"形状"下拉列表中选择所需的光圈形状；"半径"值越大，图像模糊效果越明显；"叶片弯度"是对光圈边缘进行平滑处理；"旋转"用于光圈角度的旋转。

- 镜面高光:"亮度"是对高光亮度的调节; "阈值"是用于选择亮度截止点。
- 杂色:拖动"数量"滑块来增加或减少杂色;选择"平均"或"高斯分布"单选按钮,在图像中添加杂色的分布模式。要想在不影响颜色的情况下添加杂色,勾选"单色"复选框。

图 10-142

10.9.2 案例:用"光圈模糊"滤镜制作柔光照

01 打开 Photoshop,按 Ctrl+O 快捷键,打开准备好的素材,如图 10-140 所示。

图 10-140

02 执行"滤镜 > 模糊画廊 > 光圈模糊"命令,弹出对话框,如图 10-141 所示。

03 根据自己喜欢的效果,调整右侧参数,制作柔光效果。效果如图 10-142 所示。

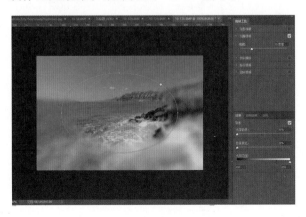

图 10-141

10.9.3 案例:用"场景模糊"滤镜编辑照片

01 打开 Photoshop,按 Ctrl+O 快捷键,打开准备好的素材,如图 10-143 所示。

图 10-143

02 执行"滤镜 > 模糊画廊 > 场景模糊"命令,弹出对话框,如图 10-144 所示。

03 单击"确定"按钮,风景照片变得模糊,如图 10-145 所示。

图 10-144

图 10-145

10.9.4 案例：用"移轴模糊"滤镜模拟移轴摄影

01 打开 Photoshop，按 Ctrl+O 快捷键，打开准备好的素材，如图 10-146 所示。

图 10-146

02 执行"滤镜＞模糊画廊＞移轴模糊"命令，弹出对话框，如图 10-147 所示。

图 10-147

03 调整移轴模糊的角度和范围，单击"确定"按钮，效果如图 10-148 所示。

图 10-148

第11章
照片高级处理工具：
Camera Raw

学习提示

照片处理是一项技术活，特别是对景物照片的处理，最好是用 Photoshop 软件中的 Camera Raw 先进行润色，再进行细微处理。这一章我们就来讲讲相关内容。

本章重点导航

◎ Camera Raw 操作界面概览

◎ 在 Camera Raw 中调整照片

◎ 在 Camera Raw 中修饰照片

◎ Camera Raw 与批处理

11.1 Camera Raw 操作界面概览

我们在使用一般卡片相机或者低端相机拍摄照片后，相机会将照片自动存储为 JPEG 格式，JEPG 是一种经过压缩后的图形文件，是目前非常流行的图形文件格式。而单反数码相机以及一些高端的消费型相机都提供 Raw 格式用于照片拍摄，Raw 格式是未经处理的一种原始数据格式，它会将相机捕捉下的信息完全记录下来。所以通常专业摄影师和对图像要求很高的摄影相关人员都会选择用 Raw 来记录图像数据。数码相机的品牌不同，所生成的 Raw 照片的扩展名也不同，目前常见的扩展名有 *.crw、*.cr2、*.nef、*.arw、*.orf 等。Camera Raw 是作为一个增效工具随 Photoshop 一起提供的，安装完整版的 Photoshop 时会自动安装 Camera Raw。它可以对照片的色调、亮度、暗度、白平衡、饱和度、对比度等进行调整，同时还可以对图像进行锐化处理、减少杂色、纠正镜头问题以及重新修饰，以及进行移动、复制、绘图以及特效处理。

11.1.1 基本选项

在学习如何在 Camera Raw 中编辑和处理照片之前，先让我们一起学习下 Camera Raw 对话框的结构和基本功能。

Camera Raw 对话框，如图 11-1 所示。

图 11-1

- 预览：可在窗口中实时显示对照片所做的调整。
- RGB：将光标放在图像中时，可以显示光标下面像素的红色、绿色和蓝色颜色值，如图 11-2 所示。

图 11-2

- 直方图：是图像中每个明亮度值的像素数量表示形式。如果直方图中的每个明亮度值都不为零，则表示图像利用了完整的色调范围。没有使用完整色调范围的直方图对应于缺少对比度的昏暗图像。左侧出现峰值的直方图表示阴影修剪；右侧出现峰值的直方图表示高光修剪。

- Camera Raw 设置菜单：单击 ▦ 按钮，可以打开 Camera Raw 设置菜单，访问菜单中的命令。

- 缩放级别：可以从列表中选取一个放大设置，或单击 ▣▣ 按钮缩放窗口的视图比例。

- 显示工作流程选项：当打开"工作流程选项"对话框，我们可以为从 Camera Raw 输出的所有文件指定设置，包括颜色彩深度、色彩空间和像素尺寸等。

11.1.2 工具

- 缩放工具 ▣：单击可以放大窗口中的图像的显示比例，按住 Alt 键单击则缩小图像的显示比例。如果要恢复到 100% 显示，可以双击该工具。

- 抓手工具：放大窗口以后，可使用该工具在预览窗口中移动图像。此外，按住空格键可以切换为该工具。
- 白平衡工具：使用该工具在白色或灰色的图像内容上单击，可以校正照片的白平衡。双击该工具，可以将白平衡恢复为照片的原来状态。
- 颜色取样器工具：使用该工具在图像中单击，可以建立颜色取样点，对话框顶部会显示取样像素的颜色值，以便于我们调整时观察颜色的变化情况，如图 11-3 所示。一个图像最多可以放置 9 个取样点。

图 11-3

- 目标调整工具：按住鼠标左键不放，会打开一个下拉菜单，在其中选择一个选项，如图 11-4 所示，包括"参数曲线""色相""饱和度""明亮度"，然后用鼠标在图像中想调整的部位右击，调出快捷菜单并实施多种调整。

图 11-4

- 变换工具：可以对图像进行变换操作。其选项如图 11-5 所示。

图 11-5

- 污点去除：可以使用另一区域中的样本修复图像中选中的区域。
- 红眼去除：单击红眼去除工具之后，用鼠标左键在眼睛周围拉出一个虚线方框，里面的红色就会变成黑色。最后去除设置区下面"显示叠加"的勾选，即可完成对红眼的去除工作。
- 调整画笔 / 渐变滤镜 / 径向滤镜：用于选择区域，然后对该区域的曝光度、亮度、对比度、饱和度、清晰度等项目进行调整。

11.1.3　图像调整选项卡

单击不同的按钮，可以切换到不同的面板，如图 11-6 所示为设置图像的相关按钮。

图 11-6

- 基本：该选项卡用于控制色彩平衡和基本的色调调整，如图 11-7 所示。
- 色调曲线：该选项卡的功能类似于Photoshop 中的"曲线"对话框，用于精确地调整对比度和亮度，如图 11-8 所示。
- 细节：该选项卡可以对图像进行整体

锐化和减少杂色，如图11-9所示。

- HSL/灰度：该选项卡可以使用"色相""饱和度"和"明亮度"调整对图像的颜色进行进一步调整，如图11-10所示。

像中红色、绿色和蓝色范围的色相和饱和度特征。另外，它对于微调相机原始数据自带的默认相机配置文件也很有帮助，如图11-14所示。

图 11-7

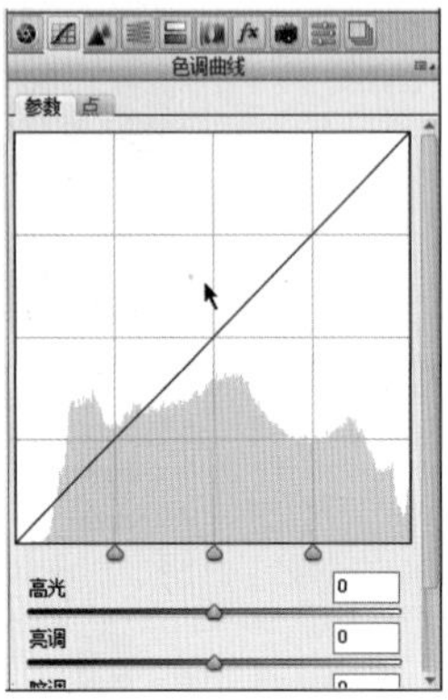

图 11-8

图 11-11

图 11-12

图 11-9

图 11-10

图 11-13

图 11-14

- 分离色调：该选项卡可以为单色图像添加颜色，可以对彩色图像的高光和阴影进行颜色的调整，如图11-11所示。
- 镜头校正：该选项卡可以对镜头的透视、畸变等问题进行校正，同时还用于解决镜头的光学缺陷导致的色差和晕影等问题，如图11-12所示。
- 效果：该选项卡可以为画面添加颗粒和阴影效果，如图11-13所示。
- 相机校准：该选项卡让用户能够调整图

- 预设：可以将一个图像的调整设置存储为预设，在下一次调整图像时直接应用此预设。

11.2 打开和存储 Raw 照片

Camera Raw 不仅可以处理 Raw 文件，同时也可以打开和处理 JPEG 和 TIFF 格式的文件，但是打开方法有所不同。文件处理完成后，我们可以将 Raw 文件另存为 PSD、TIFF、JPEG 或

DNG 格式。

11.2.1　在 Photoshop 中打开 Raw 照片

　　如果需要在 Photoshop 中对 Raw 照片进行编辑，需运行 Photoshop，执行"文件 > 打开"命令，或者通过 Ctrl+O 快捷键来弹出"打开"对话框，如图 11-15 所示。

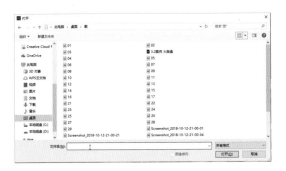

图 11-15

　　在对话框中选中需要打开的 Raw 文件，单击"打开"按钮即可进入 Camera Raw 操作界面，如图 11-16 所示。

图 11-16

11.2.2　在 Photoshop 中打开多张 Raw 照片

　　选择"编辑 > 首选项 >Camera Raw"命令，如图 11-17 所示打开"Camera Raw 首选项"对话框。

　　在最下面有"JPEG 和 TIFF 处理"选项，在 JPEG 中有 3 个选项，分别是禁用 JPEG 支持、

自动打开设置的 JPEG、自动打开所有受支持的 JPEG，如图 11-18 所示。

图 11-17

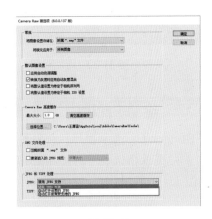

图 11-18

- 选择"自动打开所有受支持的 JPEG"，那么只要是 JPEG、jpg 格式都会用 Camera Raw 插件打开。单击"确定"按钮，打开一张 jpg 格式图片。Photoshop 就用 Camera Raw 打开这个图片了，如图 11-19 所示。

- 选择"禁用 JPEG 支持"，那么 jpg 和 JPEG 格式都不会用 Camera Raw 打开，如

图 11-20 所示。

图 11-19

图 11-20

11.2.3 在 Bridge 中打开 Raw 照片

打开 Bridge CC，选中图片，右击图标图像，在弹出的下拉菜单中选择"在 Camera Raw 中打开"，如图 11-21 所示。

图 11-21

> **注意：**
> 如果未启用 Camera Raw 功能会提示应用错误，要启用 Camera Raw 编辑功能至少需要启动一次复合要求的产品，否则无法使用，如图 11-22 所示。

图 11-22

11.2.4 使用其他格式存储 Raw 照片

在 Camera Raw 中完成对 Raw 照片的编辑后，可以单击对话框底部的按钮，选择一种方式存储照片或者放弃修改结果，如图 11-23 所示。

图 11-23

- 取消：单击该按钮，可放弃所有调整同时关闭 CameraRaw 对话框。
- 完成：单击该按钮，可以将调整应用到 Raw 图像上，并更新其在 Bridge 中的缩览图。
- 打开图像：将对于图像的调整应用到此 Raw 图像上，然后在 Photoshop 中打开图像。
- 存储图像：如果要将 Raw 照片另存为其他格式的文件（PSD、TIFF、JPEG 或 DNG 格式），可单击该按钮，打开"存储选项"对话框，设置文件名称和存储位置，在"格式"列表中选择保存格式，如图 11-24 所示。

图 11-24

11.3 在 Camera Raw 中调整照片

11.3.1 案例：调整白平衡

　　白平衡用于正确平衡拍摄光照情况下的拍摄物的色彩。用户可以在 Camera Raw 对话框的"基本"面板中设置参数，纠正照片的白平衡。白平衡包括色温和色调。如图 11-25 所示为"基本"面板中的"白平衡""色温""色调"选项。

图 11-25

● 白平衡：在我们打开一张 Raw 格式的照片时，"原照设置"为默认选项，即显示的是相机拍摄此照片时原始白平衡设置，我们可以在下拉列表中选择其他的预设

（日光、阴天、阴影、白炽灯等），如图 11-26 所示。

　　原始设置　　　　自动　　　　日光　　　　阴天

　　阴影　　　　白炽灯　　　荧光灯　　　闪光灯

图 11-26

● 色温：用于将白平衡设置成自定的色温。我们可以通过调整"色温"选项来继续校正照片色调。滑动"色温"色块，我们发现这是一个蓝色到黄色的渐变色条。蓝色即为"冷光"，黄色即为"暖光"。向蓝色方向滑动滑块时整体画面的色调开始向蓝色即"冷光"转变，如图 11-27、图 11-28 所示；反之当将滑块向黄色方向滑动时，整体画面的色调开始向黄色即"暖光"转变，如图 11-29、图 11-30 所示。通过改变色温可以自定义白平衡，弥补拍摄时白平衡的不准确。

图 11-27

图 11-28

● 色调：可通过设置白平衡来改变原照片的

色调。即在不同颜色的物体上，笼罩着某一种色彩，使不同颜色的物体都带有同一色彩倾向，色调就是改变这种色彩现象以达到我们想要的效果，效果如图11-31、图11-32、图11-33、图11-34所示。

图 11-29

图 11-30

图 11-31

图 11-32

图 11-33

图 11-34

- 曝光：调整原照片的曝光值，弥补在拍摄时镜头光圈开得太小、快门速度较快导致的画面较暗，或是光圈开得太大、快门速度较慢导致的画面过曝。通过滑动"曝光"滑块可以解决此问题，该值的每个增量等同于光圈大小，如图11-35、图11-36、图11-37、图11-38所示。

图 11-35

图 11-36

图 11-37

图 11-38

- 阴影：从照片阴影中恢复细节，但不会使黑色变亮。用于曝光不足后照片暗部细节的修复，如图 11-39、图 11-40、图 11-41、图 11-42 所示。

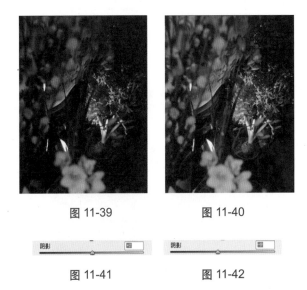

图 11-39　　　　　　图 11-40

图 11-41　　　　　　图 11-42

- 白色：尝试从白色中恢复细节。Camera Raw 可从将一个或两个颜色通道修剪为白色的区域中重建某些细节。用于过曝后照片亮部细节丢失的修复，如图 11-43、图 11-44、图 11-45、图 11-46 所示。

图 11-43　　　　　　图 11-44

图 11-45　　　　　　图 11-46

- 黑色：指定哪些输入色阶将在最终图像中映射为黑色。增加"黑色"可以扩展映射为黑色的区域，使图像的对比度看起来更高。它主要影响阴影区域，对中间调和高光中影响较小，如图 11-47、图 11-48、图 11-49、图 11-50 所示。

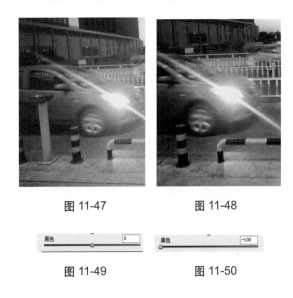

图 11-47　　　　　　图 11-48

图 11-49　　　　　　图 11-50

11.3.2　调整清晰度和饱和度

在 Camera Raw 对话框的"基本"面板中，我们可以通过"清晰度"选项来调整图像的清晰度，通过"自然饱和度"和"饱和度"来调整图像的鲜亮和浓艳程度。清晰度和饱和度选项如图 11-51 所示。

图 11-51

- 清晰度：可以调整图像的清晰度。
- 自然饱和度：与饱和度的区别是它在调

节图像饱和度的时候会保护已经饱和的像素，即在调整时会大幅增加不饱和像素的饱和度，而对已经饱和的像素只做很少、很细微的调整，特别是对皮肤的肤色有很好地保护作用，这样不但能够增加图像某一部分的色彩，而且还能使整幅图像饱和度正常。在照片处理时应用较广泛。

变暗，如图 11-56、图 11-57 所示。

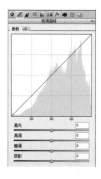 

图 11-53　　　　　图 11-54

- 饱和度：可以均匀地调整所有颜色的饱和度，似于 Photoshop "色相 / 饱和度"命令中的饱和度功能。

11.3.3　使用色调曲线调整对比度

单击 Camera Raw 图形调整选项卡中的"色调曲线"按钮 ，在右侧的操作栏中会显示色调曲线的相关选项，如图 11-52 所示。通过色调曲线可以调整图像的对比度。色调曲线有两种调整方式，默认显示的是参数选项卡，如图 11-53 所示。此时调整曲线，可以拖动"高光""亮调""暗调"或"阴影"滑块来针对这几个色调进行微调。这样参数的调整可以避免手动操作带来的误差，更加精确。

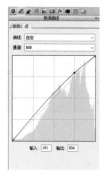 

图 11-55　　　　　图 11-56

图 11-52

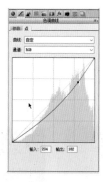

图 11-57

11.3.4　锐化

当我们向右拖动滑块时，曲线上扬，所调整的色调就会变亮，如图 11-54、图 11-55 所示；向左拖动滑块可以使曲线下降，所调整的色调就会

从前拍摄胶片照片时，只要光圈合理、聚焦准确、没有手抖，照片就相当清晰，通常不存在需要锐化的问题。数码相机由于要克服传感器的某些缺陷，减少杂光的干扰和防止摩尔干涉条纹

的出现，不得不在传感器前面加上两三层低通滤光片，照片的清晰度因此下降，只好在成像后通过"锐化"来加以补偿。所以对数码照片进行锐化是必不可少的一个工艺过程。Raw 是未经锐化的原始素材，就需要在电脑上进行锐化处理了。

　　单击 Camera Raw 图形调整选项卡中的"细节"按钮▲，在右侧的操作栏中会显示细节的相关选项，如图 11-58 所示。我们通过拖动"数量""半径""细节"和"蒙版"这四个滑块对图像进行锐化。拖动这四个滑块，可以看到的效果如图 11-59、图 11-60 所示。通过按 P 键可以在原图和锐化后的图像之间进行切换，这样便于观察图像的修改。

图 11-58

图 11-59

图 11-60

　　用户可以在 Camera Raw 对话框的"细节"面板中设置参数对图像进行锐化，锐化选项包括"数量""半径""细节"和"蒙版"，操作面板如图 11-61 所示。

图 11-61

● 数量：控制调整边缘清晰度的程度。增加数量值则增加锐化。数值为 0，则关闭锐化。这种调整类似于"USM 锐化"，它根据指定的阈值查找与周围像素不同的像素，并按照指定的数量增加像素的对比度。

● 半径：调整应用锐化的细节的大小。具有微小细节的照片可能需要较低的设置，具有较粗略细节的照片可以使用较大的半径。使用的半径太大通常会产生不自然的外观效果。

● 细节：调整在图像中锐化多少高频信息和锐化过程强调边缘的程度。较低的设置主要锐化边缘以消除模糊，较高的值有助于使图像中的纹理更显著。

● 蒙版：控制边缘蒙版。设置为 0 时，图像中的所有部分均接受等量的锐化。设置为 100 时，锐化主要限制在饱和度最高的边缘附近的区域。

11.3.5 色相调整

Camera Raw 提供了一种与 Photoshop "色相 / 饱和度"命令非常相似的调整功能，在 Camera Raw 里我们可以很轻松地调整各种颜色的色相、饱和度和明度。选择"HSL/ 灰度"选项卡 ，在右侧操作界面可以看到如图 11-62 所示的选项。

图 11-62

- 色相：可以改变画面的颜色。即可以改变画面中某一种颜色的颜色倾向，如图 11-63、图 11-64 所示。

图 11-63

图 11-64

- 饱和度：可以改变画面中各种颜色的鲜艳

程度，如图 11-65、图 11-66、图 11-67、图 11-68、图 11-69、图 11-70 所示。

图 11-65

图 11-66

图 11-67

图 11-68

图 11-69

图 11-70

- 明亮度：可以改变画面中各种颜色的亮度，
  如图 11-71、图 11-72、图 11-73、图 11-74
  所示。
- 转换为灰度：勾选后将会将照片转换为黑
  白，并显示一个嵌套选项卡"灰度混合"，
  如图 11-75、图 11-76 所示。拖动此选项
  卡中的滑块可以指定每个颜色范围在图像
  灰度中所占的比例，类似于 Photoshop 的
  "黑白"命令。

图 11-71

图 11-72

图 11-73

图 11-74

图 11-75

图 11-76

目前，大多数单反数码相机上配备的超广角镜头可以使用户拍摄更大的视角，但是使用这些镜头拍摄的照片有时会出现色差和晕影等问题。通过"镜头校正"选项卡我们可以矫正这些问题，选项如图 11-77、图 11-78 所示。

图 11-77

图 11-78

- 扭曲度：调节"鼓形"或"枕形"畸变的滑块。
- 去边：包含 3 个选项，可去除镜面高光周围出现的色彩散射现象的颜色。选择"所有边缘"可以校正所有边缘的色彩散射现象，如果导致了边缘附近出现细灰线或者

其他不想要的效果，则可以选择"高光边缘"，仅校正高光边缘。选择"关"可关闭去边效果。
- 垂直和水平：调节这两个方向的梯形形变。
- 旋转和缩放：对整张照片的总体调节。
- 晕影：正值使角落变亮，如图 11-79、图 11-80 所示。负值使角落变暗，如图 11-81、图 11-82 所示。

图 11-79

图 11-80

图 11-81

图 11-82

● 中点：调整晕影的校正范围，向左拖动滑块可以使变亮区域向画面中心扩展；向右拖动滑块则收缩变亮区域。

图 11-84（续）

11.3.6 案例：为黑白照片上色

在 Camera Raw 中，"分离色调"选项卡中的选项可以为黑白照片或灰度图像着色。我们既可以为整个图像添加一种颜色，也可以对高光和阴影应用不同的颜色，从而创建分离色调效果。

01 执行"文件 > 打开为"命令，在对话框中选择一张照片，用 Camera Raw 打开，选择"分离色调"选项卡▆▆，如图 11-83 所示。

图 11-83

图 11-85

02 在"饱和度"参数为 0% 的情况下，调整"色相"参数时，我们是无法看到调整的效果的。这时可以按住 Alt 键拖动"色相"滑块，此时预览中显示的是饱和度为 100% 的彩色图像，如图 11-84 所示。在确定"色相"参数后，释放 Alt 键，再对"饱和度"进行调整，效果如图 11-85 所示。

11.3.7 案例：色差的校正

01 按 Ctrl+Shift+Alt+O 组合键，打开一张照片，选择"镜头校正"选项卡▆▆，将此选项卡的选项调取出来，如图 11-86 所示。

图 11-84

图 11-86

02 通过放大我们可以看到人物的脸部下

巴边缘有很明显的绿边，如图 11-87 所示。所以我们将"修复红/青边"滑块向右拖动，消除绿边。拖动后我们发现绿边减轻很多，如图 11-88 所示。

图 11-87

图 11-88

11.3.8 调整相机的颜色显示

不同型号、不同品牌的数码相机在拍摄之后总会产生色偏，通过 Camera Raw 可以在后期对这些色偏进行校正，在校正后我们还可以将它定义为这款相机的默认设置。这样在以后打开该相机拍摄照片时，就会自动对颜色进行校正、调整和补偿。

下面我们来打开一张问题相机拍摄的典型照片，再打开 Camera Raw 对话框中的"相机校准"选项卡 ，可以显示如图 11-89 所示的选项。如果照片阴影区域出现色偏，可以移动"阴影"选

项中的色调滑块进行校正。如果是各种原色出现问题，则可移动原色滑块。同时我们也可以通过这些滑块来模拟不同类型的胶卷。校正完成后，单击右上角的 按钮，在打开的菜单中选择"存储新的 Camera Raw 默认值"命令将设置保存，如图 11-90 所示。以后打开该相机拍摄照片时，Camera Raw 就会对照片进行自动校正。

图 11-89

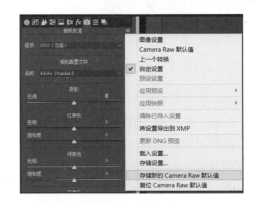

图 11-90

11.4 在 Camera Raw 中修饰照片

11.4.1 案例：使用调整画笔修改局部曝光

调整画笔的使用方法是先在图像上绘制需要

调整的区域，通过蒙版将这些区域覆盖，然后隐藏蒙版，再调整所选区域的色调、色彩饱和度和锐化。

01 按 Ctrl+Shift+Alt+O 组合键，打开一张照片。我们看到这张照片为正侧光，由于阳光很强烈，所以人物面部阴影浓重，五官和皮肤的一些细节无法看清。选择调整画笔工具 ，如图 11-91 所示，面板右侧会显示相关选项，我们先勾选"显示蒙版"选项，如图 11-92 所示。

图 11-91

图 11-92

02 将光标放在画面中，光标会变为如图 11-93 所示的状态，十字线代表了画笔中心，实圆代表了画笔的大小，黑白虚圆代表了羽化范围。在人物面部单击并拖动鼠标绘制调整区域，即浓重的阴影区域，如图 11-94 所示。如果不慎涂抹到了其他区域，可按住 Alt 键在这些区域上绘制，就可以将其清除。我们可以看到，涂抹区域覆盖了一层淡淡的灰白色，在我们单击处显示出一个图钉图标。取消"显示蒙版"选项的勾选或按 Y 键，隐藏蒙版。

图 11-93

图 11-94

03 现在我们可以对人物面部的阴影区域进行调整了。向右拖动"曝光"和"亮度"滑块，可以看到，我们使用调整画笔工具涂抹的区域的图像被调亮了（即蒙版覆盖的区域），其他图像没有受到影响，如图 11-95 所示。

图 11-95

04 调整画笔选项可以对图像的某一区域进行"曝光""亮度""对比度""饱和度""清晰度""锐化程度"进行局部调整,如图 11-96 所示。

图 11-96

- 新建:新建一个调整区。
- 添加:增加调整范围。
- 清除:按 Delete 键可整个删除当前的调整区,按住鼠标左键涂抹则清除当前调整区域的多余部分。
- 自动蒙版:将画笔描边限制到颜色相似的区域。
- 显示蒙版:勾选该项,可以显示或者隐藏蒙版,如图 11-97 所示。

图 11-97

- 清除全部:单击该按钮,可删除所有调整和蒙版。
- 大小:用来指定画笔笔尖的直径(单位:像素)
- 羽化:用来控制画笔描边的硬度。与Photoshop 中的羽化命令相类似,如图 11-98 所示。

图 11-98

| 羽化 | 40 |

图 11-98（续）

- 流动：控制调整的速率，即笔刷涂抹作用的强度。
- 浓度：控制笔刷的透明度程度，即笔刷涂抹所能达到的密度。
- 显示笔尖：显示图钉图标 。
- 曝光：设置整体图像亮度，它对高光部分的影响较大。向右拖动滑块可增加亮度，向左拖动滑块可减少亮度，如图 11-99 所示。

| 曝光 | -0.50 |

图 11-99

| 曝光 | +0.50 |

图 11-99（续）

- 亮度：调整图像亮度值，数值越大色彩明度也就越大，整体图像变亮，反之明度减小，图像亮度偏暗。
- 对比度：调整图像对比度，对比度是图像中最亮的白和最暗的黑之间不同亮度层级的测量，差异范围越大代表对比越大，差异范围越小代表对比越小。当对比度的值越大的时候图像色彩浓郁深沉，反之图像清淡明度高。
- 饱和度：是指色彩的鲜艳程度，也称色彩的纯度。数值越大色彩越纯，反之色彩越不浓。
- 清晰度：指影像上各细部影纹及其边界的清晰程度。它是从相机成像的角度出发的，当清晰度的数值高时，明暗对比和图像的细节越发明显，反之图像会变得模糊，增加白色光晕。
- 锐化程度：增强边缘清晰度以显示细节。快速聚焦模糊边缘，提高图像中某一部位的清晰度或者焦距程度，使图像特定区域的色彩更加鲜明。数值越大图像细节越明显，反之图像模糊。

- 颜色：是将色相、纯度、明度三者的数值进行平均，修改会使图像向两个极端方向处理，数值越大图像色彩越艳丽，反之色彩越暗淡。

11.4.2 调整照片的大小和分辨率

我们在拍摄 Raw 照片时，为了能够获得更多的信息，照片的尺寸和分辨率设置得都比较大。如果要使用 Camera Raw 修改照片尺寸或者分辨率，可单击 Camera Raw 对话框底部的"工作流程"选项按钮，如图 11-100 所示，在弹出的"工作流程选项"对话框中进行设置，如图 11-101 所示。

图 11-100

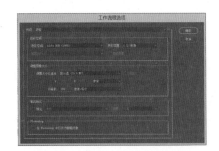

图 11-101

- 色彩空间：指定目标颜色的配置文件。通常设置为用于 Photoshop RGB 工作空间的颜色配置文件。

- 色彩深度：可以选择照片的位深度，包括 8 位 / 通道和 16 位 / 通道，它决定了 Photoshop 在黑白之间可以使用多少级灰度。

- 大小：可设置导入到 Photoshop 时图像的像素尺寸。默认像素尺寸是拍摄图像时所用的像素尺寸。要重定图像像素，可打开"大小"菜单进行设置。

以上选项设置完成以后，单击"确定"按钮关闭对话框，再单击 Camera Raw 中的"打开"按钮，在 Photoshop 中打开修改后的照片就可以了。

11.5 使用 Camera Raw 自动处理照片

11.5.1 案例：将调整应用于多张照片

01 执行"文件 > 在 Bridge 中浏览"命令，导航到保存照片的文件夹。在照片上单击右击，选择 Open in Camera Raw（在 Camera Raw 中打开）命令，如图 11-102 所示。

图 11-102

02 在 Camera Raw 中打开照片以后，我们将它调整为黑白效果，如图 11-103 所示。单击"完成"按钮，关闭照片和 Camera Raw，返回到 Bridge。

03 在 Bridge 中，经 Camera Raw 处理后的照片右上角有一个 图标。按住 Ctrl 键依

次单击需要处理的其他照片，单击右键，选择
Develop Setting>Previous Conversion（开发设置 >
上一次转换）命令，即可将选择的照片都处理为
黑白效果，如图 11-104、图 11-105 所示。

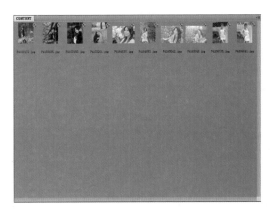

图 11-105

11.5.2　Camera Raw 与批处理

Photoshop 中的动作可以把我们对图像的处
理过程记录下来，之后对其他图像应用相同的处
理时，播放此动作即可自动完成所有操作，从而
使图像处理实现自动化。我们也可以创建一个动
作让 Camera Raw 自动完成照片处理。

> **注意：**
>
> 在记录动作时，可先单击 Camera Raw 对话
> 框的"Camera Raw 设置"按钮 ，选择"图像
> 设置"命令，如图 11-106 所示。这样，就可以使
> 用每个图像专用的设置（来自 Camera Raw 数据库
> 或附属 XMP 文件）来播放动作。

图 11-103

图 11-106

> **注意：**
>
> Photoshop 的"文件 > 自动 > 批处理"命令
> 可以将动作应用于一个文件夹中所有的图像。如
> 图 11-107 所示为"批处理"对话框。

图 11-104

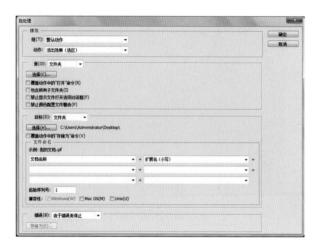

图 11-107

使用"批处理"命令时，需要选择"覆盖动作中的'打开'命令"。这样可以确保动作中的"打开"命令对批处理文件进行操作，否则将处理由动作中的名称指定的文件。

选择"禁止显示文件打开选项对话框"选项，这样可防止处理照片时显示Camera Raw对话框。

如果要使用"批处理"命令中的"存储为"命令，而不是动作中的"存储为"指令保存文件，应选择"覆盖动作中的'存储为'命令"。

在创建快捷批处理时，需要在"创建快捷批处理"对话框的"播放"区域中选择"禁止显示文件打开选项对话框"。这样可防止在处理每个相机原始图像时都显示Camera Raw对话框。

第 12 章
蒙版与通道

学习提示

    图层蒙版是一种仅包括灰度信息的位图图像，通过图像中的颜色信息来控制图像的显示部分，在图像合成中应用最广泛；矢量蒙版是依靠路径图形及矢量图形来控制图像的显示部分；剪贴蒙版是通过一个对象的形状来控制其他图层的显示部分。

本章重点导航

◎ 蒙版概述   ◎ 矢量蒙版

◎ 剪贴蒙版   ◎ 图层蒙版

◎ 编辑通道   ◎ 高级混合选项

◎ 高级蒙版   ◎ 高级通道混合工具

12.1 蒙版概述

蒙版是 Photoshop 的核心功能之一，是用于合成图像的重要功能，它可以隐藏图像内容，但不会改变图像的像素信息，是一种非破坏性编辑。蒙版还可以结合 Photoshop 的图像调整命令和滤镜等功能来改变蒙版中的内容，因此在照片的后期处理、平面设计及创意表达领域经常使用。

12.1.1 蒙版的种类和用途

蒙版主要包括图层蒙版、矢量蒙版、剪贴蒙版以及快速蒙版 4 种。蒙版是一种灰度图像，通过蒙版中的灰度信息对图层的部分数据起遮挡作用。蒙版相当于一种遮挡，即在当前图层上添加一块挡板，从而在不改变图像信息的情况下得到需要的结果，所以蒙版具有保护当前图层的作用。

12.1.2 属性面板

蒙版面板主要作用是对所使用蒙版的浓度（不透明度）、羽化范围以及蒙版边缘等进行一系列操作。当创建蒙版之后双击蒙版缩览图，在属性面板下会出现"蒙版"面板，如图 12-1 所示。

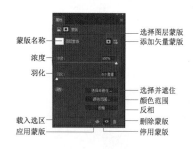

图 12-1

- 蒙版名称：前面矩形框中显示当前蒙版中的图像信息以及当前蒙版的类型。
- 创建蒙版：单击 ■ 按钮可以在当前图层创建图层蒙版，单击 ■ 按钮可以在当前图层创建矢量蒙版。

- 浓度：改变蒙版中图像的不透明度从而改变蒙版的遮挡效果，浓度越大遮蔽效果越明显，反之，则越弱。如图 12-2 所示为 100% 浓度，如图 12-3 所示为 50% 浓度。

图 12-2　　　　　图 12-3

- 羽化：通过改变羽化像素的大小可以使蒙版中的灰度图像更加柔和，便于当前图层与其他图层的融合。如图 12-4 所示为 10px 羽化，如图 12-5 所示为 50px 羽化。

图 12-4　　　　　图 12-5

- 选择并遮住：单击此按钮会弹出一个对话框，如图 12-6 所示，通过改变其中的参数来调整蒙版的边缘。

图 12-6

● 颜色范围：单击此按钮，会弹出"色彩范围"对话框，如图 12-7 所示。通过吸取当前图层的颜色改变蒙版中的图像。

图 12-7

● 反相：翻转蒙版中的遮盖区域。

● 载入选区：单击"从蒙版中载入选区"按钮可以使蒙版中未遮蔽图像部分变成选区。

● 应用蒙版：单击"应用蒙版"按钮可以将蒙版应用到图像中。

● 停用蒙版：单击"停用/启用蒙版"按钮可以切换蒙版的状态，如图 12-8 所示为启用蒙版状态，如图 12-9 所示为停用蒙版状态。

图 12-8   图 12-9

● 删除蒙版：单击"删除蒙版"按钮可以将当前蒙版删除。

注意：

添加图层蒙版后，蒙版缩览图外侧有一个边框，它表示蒙版处于编辑状态，此时我们进行的所有操作将应用于蒙版。如果要编辑图像，则单击图像缩览图，将边框转移到图像上。如图 12-10、图 12-11 所示分别表示蒙版处于编辑状态和图像处于编辑状态。

图 12-10

图 12-11

12.2 矢量蒙版

任意图层或图层组都允许含有图层蒙版或是矢量蒙版，或是两者兼有。矢量蒙版是依靠钢笔、自定形状等矢量工具创建的蒙版，这样通过路径可控制图像的显示区域。矢量蒙版只呈现灰色、白色两种颜色，这是不同于图层蒙版的地方。

由于矢量蒙版与分辨率无关，所以可以创建边缘无锯齿的形状，常用来制作 Logo、按钮或 Web 等边缘清晰的设计元素。

12.2.1 案例：创建矢量蒙版

01 选择图层，执行"图层 > 矢量蒙版 > 显示全部"命令，或按住 Ctrl 键单击"图层"面板下方的"添加蒙版"按钮，可以创建显示全部图像的矢量蒙版。

02 选择图层，执行"图层 > 矢量蒙版 > 隐藏全部"命令，或按住 Alt+Ctrl 组合键单击"图层"面板下方的"添加蒙版"按钮，可以创建隐藏全部图像的矢量蒙版。

03 选择自定形状工具，如图 12-12 所示。

图 12-12

04 在工具选项栏中选择"路径"，在"形状"下拉列表中选择一个形状。执行"图层 > 矢

量蒙版 > 当前路径"命令，或按住 Ctrl 键的同时单击【添加图层蒙版】按钮 ▣，创建基于当前路径的矢量蒙版，路径区域外的图像被遮蔽。

12.2.2 案例：为矢量蒙版添加效果

01 按 Ctrl+O 快捷键，打开"素材 1"文件，如图 12-13、图 12-14 所示。

图 12-13　　　　　图 12-14

02 选择矩形工具 ▣，在工具选项栏设置为"路径"，如图 12-15 所示。

图 12-15

03 在图像中创建如图 12-16 所示的矩形路径。

图 12-16

04 执行"文件 > 置入"命令，将"素材 2"文件置入，如图 12-17、图 12-18 所示。

图 12-17　　　　　图 12-18

05 执行"图层 > 矢量蒙版 > 当前路径"命令，或按住 Ctrl 键的同时单击"添加图层蒙版"按钮 ▣，创建基于当前路径的矢量蒙版，路径区域外的图像被遮蔽，如图 12-19、图 12-20 所示。

图 12-19　　　　　图 12-20

06 单击"素材 2"图层缩览图与矢量蒙版之间的"取消链接"按钮 ⅷ，取消"素材 2"图层与矢量蒙版的链接，如图 12-21、图 12-22 所示。

图 12-21　　　　　图 12-22

07 选择移动工具 ▸⊹，将人物图像移动到如图 12-23 所示的位置。

图 12-23

12.2.3 案例：向矢量蒙版中添加形状

01 按 Ctrl+O 快捷键，打开"素材 1"文件，如图 12-24、图 12-25 所示。

图 12-24　　　　图 12-25

02 选择椭圆工具，在工具选项栏设置为"路径"，如图 12-26 所示。

图 12-26

03 在图像中创建如图 12-27 所示的椭圆路径。

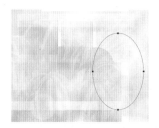

图 12-27

04 执行"文件 > 置入嵌入的智能对象"命令，将"素材 2"文件置入，如图 12-28、图 12-29 所示。

图 12-28　　　　图 12-29

05 执行"图层 > 矢量蒙版 > 当前路径"命令，或按住 Ctrl 键的同时单击"添加图层蒙版"按钮，创建基于当前路径的矢量蒙版，路径区域外的图像被遮蔽，如图 12-30、图 12-31 所示。

图 12-30　　　　图 12-31

06 单击"素材 2"图层缩览图与矢量蒙版之间的"取消链接"按钮，取消"素材 2"图层与矢量蒙版的链接，如图 12-32、图 12-33 所示。

图 12-32　　　　图 12-33

07 选择移动工具，将人物图像移动到如图 12-34 所示的位置。

图 12-34

12.2.4　编辑矢量蒙版中的图形

对创建的矢量蒙版，可以使用路径编辑工具对其进行编辑和修改，从而改变蒙版的遮蔽范围。

如果要编辑矢量蒙版，即改变矢量蒙版的遮蔽范围，可以采取以下三种方式。

- 移动：单击矢量蒙版缩览图，选择路径选择工具，拖动鼠标可以改变位置，蒙版的遮蔽范围也会随之改变。路径移动前如图 12-35、图 12-36 所示；路径移动后如图 12-37、图 12-38 所示。

图 12-35　　　　　图 12-36

图 12-37　　　　　图 12-38

● 删除：选择路径选择工具，单击矢量蒙版中的矢量路径，可以将其选中，按 Delete 键，可以删除选择的矢量图形，蒙版的遮蔽范围也会随之变化。路径移动前如图 12-39、图 12-40 所示；路径移动后如图 12-41、图 12-42 所示。

图 12-39　　　　　图 12-40

● 修改：选择转换点工具，或其他路径编辑工具，可以对矢量蒙版中的路径进行

修改，从而改变矢量蒙版的遮蔽范围。如图 12-43、图 12-44 为修改前后的效果。

图 12-41　　　　　图 12-42

图 12-43　　　　　图 12-44

注意：

在选择多条路径时，可以按住 Shift 键不放，然后用路径选择工具依次单击需要选中的矢量图形。如果多选了不应选择的路径，只需要在按住 Shift 键不动的情况下，再次点击该路径，即可取消对该路径的选择。

12.2.5　变换矢量蒙版

由于矢量蒙版是基于矢量图形创建的，所以在对其进行变换和变形操作时不会产生锯齿。单击矢量蒙版缩览图，选择矢量蒙版，执行“编辑 > 变换”命令，会弹出如图 12-45 所示的菜单，选择相应的命令可以对矢量蒙版进行缩放、旋转、斜切等不同的变换。按 Ctrl+T 快捷键，也可以对矢量蒙版进行自由变换。如图 12-46、图 12-47 所示为不同的变换效果。

图 12-45

图 12-46

图 12-47

12.2.6 案例：将矢量蒙版转换为图层蒙版

如果想要在矢量蒙版上进行绘制或者在矢量蒙版上使用任何位图编辑工具，就必须将矢量蒙版转变为图层蒙版。选择包含矢量蒙版的图层，执行"图层 > 栅格化 > 矢量蒙版"命令，或单击矢量蒙版缩览图，右击，执行"栅格化矢量蒙版"命令，就可以转换矢量蒙版为图层蒙版。

01 选择矢量蒙版所在的图层，如图 12-48、图 12-49 所示。

02 执行"图层 > 栅格化 > 矢量蒙版"命

令，可将矢量蒙版栅格化，转换为图层蒙版，如图 12-50、图 12-51 所示。

图 12-48   图 12-49

图 12-50   图 12-51

03 转换为图层蒙版后，我们就可以利用图层蒙版的编辑方法来编辑图像了。由于之前矢量蒙版的边缘比较清晰，所以我们可以使用画笔工具 在图层蒙版中处理一下边缘，使其更加柔和，如图 12-52 所示。

图 12-52

12.3 剪贴蒙版

剪贴蒙版主要应用于混合文字、形状及图像的蒙版，由两个或两个以上的图层构成，处于下方的图层根据图像中的像素分布可以控制上方与之建立剪贴蒙版的图层的显示区域，上方的图层只能显示下方图层中有像素的区域。剪贴蒙版最大的特点就是可以通过一个图层来控制多个图层的可见内容。

12.3.1　案例：新建剪贴蒙版

01　按 Ctrl+O 快捷键，打开"素材"文件，如图 12-53、图 12-54 所示。

图 12-53　　　　　　　图 12-54

02　拖动"背景"图层缩览图到"图层"面板下方的"创建新图层"按钮，得到"背景副本"图层；选择"背景"图层，单击"图层"面板下方的"创建新图层"按钮，得到"图层1"，如图 12-55 所示。

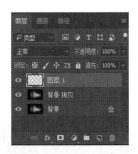

图 12-55

03　单选择横排文字工具，设置字形为黑体，大小为 48 点，抗锯齿方法为浑厚，字体颜色为黑色，如图 12-56 所示。

图 12-56

04　在工作区内单击鼠标左键，输入"Photoshop 2017 从新手到高手"几个字，如

图 12-57、图 12-58 所示。

图 12-57 　　　　　　　图 12-58

05　调整"Photoshop 2017"图层和"背景拷贝"图层顺序，将"背景拷贝"放在最上层。选择"背景拷贝"图层，执行"图层—创建剪贴蒙版"命令，单击"背景"图层前的，隐藏"背景"图层，如图 12-59、图 12-60 所示。

图 12-59　　　　　　　图 12-60

06　单击"背景 副本"图层，选择移动工具，用鼠标左右拖动"背景 副本"图层，可观看不同的效果，如图 12-61、图 12-62 所示。

图 12-61

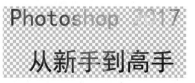

图 12-62

12.3.2　剪贴蒙版的图层结构

在剪贴蒙版中，最下边的图层（箭头指向的

图层）叫基层图层，基层上方的图层叫内容图层，基层图层只有一个，内容图层可以有一个或多个；基层图层名称带有下划线，内容图层的缩览图是缩进的，并有一个剪贴蒙版的标志，如图 12-63 所示。

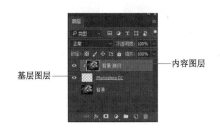

图 12-63

移动基层图层，内容图层的显示区域会随之改变。如图 12-64、图 12-65、图 12-66、图 12-67 所示。

图 12-64   图 12-65

图 12-66   图 12-67

12.3.3 修改剪贴蒙版的不透明度

由于剪贴蒙版中的内容图层使用基层图层的不透明度属性，所以调节基层图层的不透明度，就可以控制整个剪贴蒙版的不透明度。如图 12-68、

图 12-69 所示的基层不透明度为 100%；图 12-70、图 12-71 所示的基层不透明度为 70%。

图 12-68   图 12-69

图 12-70   图 12-71

12.3.4 修改剪贴蒙版的混合模式

由于剪贴蒙版中的内容图层使用基层图层的混合模式属性，所以调节基层图层的混合模式可以控制整个剪贴蒙版的混合模式。分别为基层图层设置"强光"和"明度"的混合模式，得到的效果如图 12-72、图 12-73、图 12-74、图 12-75 所示。

图 12-72   图 12-73

图 12-74 　　　　　图 12-75

图 12-78 　　　　　图 12-79

注意：

调节内容图层的混合模式，仅仅对当前内容图层产生作用。

12.3.5　将图层加入或移出剪贴蒙版组

拖动需要创建剪贴蒙版的图层缩览图到基层图层和内容图层之间，或拖动到内容图层上，右击，执行"创建剪贴蒙版"命令，可以将图层加入到剪贴蒙版中，如图 12-76 所示。

要将剪贴蒙版的内容图层移出剪贴蒙版，或选择要释放的内容图层，右击，执行"释放剪贴蒙版"命令，就可以释放剪贴蒙版，如图 12-77 所示。

图 12-76 　　　　　图 12-77

注意：

由于剪贴蒙版的内容图层是连续的，所以选择内容图层中间部分，右击，执行"释放剪贴蒙版"命令时，会将该图层上方的其他内容图层移出。如图 12-78 所示，释放"图层 4"图层，会将"图层4"图层上方的"图层 5"内容图层一块儿移出，如图 12-79 所示。

12.3.6　案例：神奇放大镜

01 把素材导入进去，复制背景图层，如图 12-80 所示。

图 12-80

02 复制完背景图层，变换下大小，调整为比原图大的效果，如图 12-81 所示。

图 12-81

03 制作放大镜边框，在最上面新建一个图层，用椭圆选择框工具做一个固定大小的圆形选区，选择"编辑＞描边"命令，用自己喜欢的颜色描边，做出放大镜框，如图 12-82 所示。

图 12-82

04 在放大镜框所在图层的下面新建一个图层，利用刚才的那个圆形选框做出镜片，就是把那个圆形选区填充成白色即可，如图 12-83 所示。

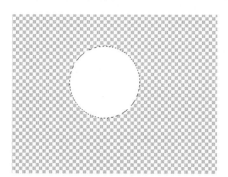

图 12-83

05 用鼠标调整图层次序，把大字的图层放在放大镜片图层的上面、放大镜框图层的下面，然后将大字所在图层和镜片所在图层做成剪贴蒙版，就是把鼠标放在这两个图层中间，按住 Alt 键，然后点击鼠标左键即可，如图 12-84、图 12-85 所示。

图 12-84

图 12-85

06 选择放大镜手柄的图层，然后在放大镜手柄图层移动，就可看到效果，如图 12-86、图 12-87 所示。

图 12-86

图 12-87

12.4 图层蒙版

图层蒙版使用 Photoshop 提供的黑白图像来控制图像的显示与隐藏。这种控制方式都是在图层蒙版中进行的，不会影响要处理图层中的像素。图层蒙版是 8 位灰度图像，白色表示当前图层不透明，灰色表示半透明，黑色表示当前图层透明。它是图像合成中应用最为广泛的蒙版。

12.4.1 图层蒙版的原理

用蒙版控制显示范围，白色 100% 显示，黑色 100% 隐藏，灰色控制透明效果。

12.4.2 案例：新建图层蒙版

01 按 Ctrl+O 快捷键，打开"素材 1"文件，如图 12-88 所示。

图 12-88

02 将背景图层拖动到"图层"面板下方的"新建图层"按钮 ◻ 上，得到"背景 副本"图层，然后再以同样的方法创建出"背景 副本 2"图层，调整图层顺序，如图 12-89 所示。

图 12-89

03 单击"图层 副本 2"缩览图前的 👁 按钮，将其隐藏；选择"图层副本"，执行"滤镜 > 模糊 > 更多模糊 > 径向模糊"命令，设置镜像模糊参数中的"数量"为 50，"模糊方法"为"缩放"，如图 12-90 所示，注意角度应与列车运动方向的角度相吻合。设置完毕，单击"确定"按钮，效果如图 12-91 所示。

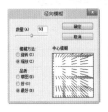 

图 12-90　　　　　　　图 12-91

04 单击"图层副本 2"缩览图前的 👁 按钮，将其显示，按住 Alt 键单击"图层"面板下方的"添加图层蒙版"按钮 ◻，为"背景副本 2"添加黑色蒙版，如图 12-92 所示。

图 12-92

05 设置前景色为白色，单击"画笔"按钮 ✎，设置画笔大小为 100px、硬度为 0%，如图 12-93 所示，单击图层蒙版缩览图，在列车处涂抹，得到如图 12-94 所示的效果。

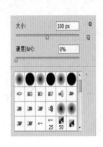 

图 12-93　　　　　　　图 12-94

06 这样我们就利用蒙版及其他的图像处理方法，在不损失原图像信息的前提下，制作出了疾驰的列车效果，如图 12-95 所示。

图 12-95

12.4.3 案例：从选区中生成蒙版

如果当前图层中存在选区，则可以单击"图层"面板下方的"添加图层蒙版"按钮 □，直接将选区转换为图层蒙版。直接单击 □ 按钮，蒙版的选区内被白色填充，选区外被黑色填充；如果按住 Alt 键的同时单击"图层"面板下方的 □ 按钮，会得到相反的效果。

01 执行"文件 > 新建"命令，设置大小为 1500 像素 ×1000 像素，分辨率设为 72 dpi，如图 12-96 所示。

图 12-96

02 将素材舞者的图片使用移动工具拖曳入画布中，如图 12-97 所示，并使用魔棒工具将舞者的背景选中删除，舞者身体部分留用。抠图

时不用太过细致，大致保留人物形体即可，如图 12-98 所示。

图 12-97

图 12-98

03 按 Shift+Ctrl+N 组合键新建图层，再按 Ctrl+Alt+G 组合键创建剪贴蒙版，选择画笔工具，前景色设为黑色，选择透明度为 10% 的柔边圆笔刷，在框选位置微微涂黑，如图 12-99 所示。

图 12-99

04 将前景色换为白色，将舞者右侧部分微微涂白，如图 12-100 所示。

图 12-100

05 执行"图像 > 调整 > 曲线"命令，将人物的明暗对比度拉大，如图 12-101 所示；然后按 Ctrl+Alt+G 组合键创建图层蒙版，如图 12-102 所示。

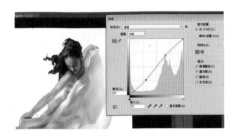

图 12-101

图 12-102

06 执行"图像 > 调整 > 色相 / 饱和度"命令，如图 12-103 所示，降低图像的饱和度。执行"图像 > 调整 > 去色"命令，将图像转变为黑白色，如图 12-104 所示。

图 12-103

图 12-104

07 使用移动工具，将准备好的鸟的素材拖曳到画面中，使用魔棒工具将鸟抠出来留用，适当调整鸟的位置与大小。依照这种做法多制作一些鸟的图案，如图 12-105 所示。

图 12-105

08 在鸟与人之间的交界处，用鸟做分割线，图中涂黑处为交界线位置示意，如图 12-106 所示。

图 12-106

09 新建图层，使用套索工具将鸟形成的交界线以左的位置框选下来，并执行"编辑 > 填充"命令，给选区内填充白色，如图 12-107 所示。将该图层置于所有鸟的图层下方，人物的上方。

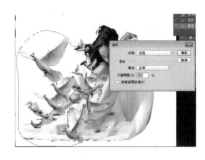

图 12-107

10 新建图层，选择椭圆选框工具，将羽化值设为 60 像素，如图 12-108 所示，在图上画一个选区，执行"编辑 > 填充"命令，在选区中填充白色。最终人物幻化成飞鸟的图片完成，如图 12-109 所示。

图 12-108

图 12-109

12.4.4 案例：从通道中生成蒙版

1. 将 Alpha 通道转换为图层蒙版

本例通过载入 Alpha 通道的选区后再对蒙版进行编辑。

01 素材如图 12-110 所示，用快速选择工具创建选区，如图 12-111 所示。

02 单击"通道"面板中的 按钮，将选区保存为通道，如图 12-112 所示。在"通道"面板中可以看到如图 12-113 所示信息。

03 按住 Ctrl 键，单击 Alpha 缩览图，载入选区，如图 12-114、图 12-115 所示。

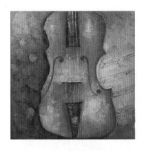

图 12-110   图 12-111

图 12-112   图 12-113

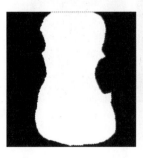 

图 12-114   图 12-115

04 保持选区并回到图层面板，单击 ，为图层添加蒙版，选区消失，如图 12-116、图 12-117 所示。

图 12-116　　　　　图 12-117

2. 将图层蒙版转换成通道

01 素材如图 12-118 所示，其通道面板如图 12-119 所示。

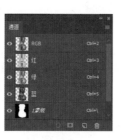

图 12-118　　　　　图 12-119

02 转换到"通道"面板，看到创建了"1蒙版"的临时通道。将通道拖到"创建新通道"按钮上，复制"1蒙版"通道。复制后的通道即是转换后的 Alpha 通道，它在删除或应用图层蒙版后仍然会显示，如图 12-120、图 12-121 所示。

图 12-120　　　　　图 12-121

 注意：
将图层蒙版保存为通道，可以在删除或应用蒙版后起到一个备份的作用，还可以在通道中执行载入选区命令。

12.4.5　复制与转移蒙版

蒙版可以在不同的图层之间复制或移动：如果要复制图层蒙版，只需按住 Alt 键并将图层蒙版拖至另一个图层上；如果要移动蒙版，可直接将蒙版拖至另外一个图层上。

如图 12-122、图 12-123 所示，"图层 1"使用了图层蒙版。

图 12-122　　　　　图 12-123

单击"图层 1"缩览图前的 ⊙ 按钮，将其隐藏；单击"图层 2"缩览图前的 ⊙ 按钮，将其显示。按住 Alt 键的同时，在"图层"面板中拖动"图层 1"图层蒙版的缩览图至"图层 2"上，这样蒙版就复制到了"图层 2"，此时"图层 2"就会替换背景，如图 12-124、图 12-125 所示。

图 12-124　　　　　图 12-125

 注意：
进行复制图层蒙版操作时，必须先按住 Alt 键，然后再拖动。

如果直接拖动"图层 1"蒙版的缩览图到"图层 2"上，就会将"图层 1"的图层蒙版移动到"图层 2"中，如图 12-126 所示。

图 12-126

12.4.6 链接与取消链接蒙版

系统默认图层与蒙版是相互链接的，在两者的缩览图之间会有一个链接标记 ⑧，当对其中一方进行移动、缩放和变形等操作时，另外一方也会发生相应的变化。

单击链接标记时，链接标记会消失，这样就取消了它们的链接状态，从而可以单独对图层或图层蒙版进行移动缩放等操作。

如果要重新在图层和蒙版之间建立链接，可以单击图层和蒙版之间的区域，这样链接标记又会显示出来。

12.5 通道概述

通道是 Photoshop 中非常重要的概念，在 Photoshop 中，图像丰富多彩的颜色是由原色混合而成，而这些原色，可以分别存储在不同的通道中，每个通道对应一种颜色，不同颜色模式的图像，包含的通道数量也不同。通道也可以作为选区的载体，方便我们保存和编辑。一个图像最多可有 56 个通道，所有的新通道都具有与原图像相同的尺寸和像素数目，通道所需的文件大小由通道中的像素信息决定。

12.5.1 "通道"面板

在 Photoshop 中使用"通道面板"可以创建并管理通道，以及监视编辑效果，如图 12-127 所示。

通道作为图像的组成部分，是与图像的格式密不可分的，图像颜色、格式的不同决定了通道的数量和模式。在 Photoshop 中涉及的通道主要有：复合通道、颜色通道、Alpha 通道和专色通道。

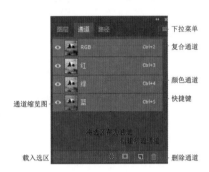

图 12-127

12.5.2 颜色通道

颜色通道主要用来保存和管理图像的颜色信息。在 Photoshop 中对图像的颜色进行编辑时，这些通道把图像分解成一个或多个色彩成分，颜色通道的数量和模式由图像的颜色模式决定，例如 RGB 图像由红、绿、蓝三个颜色通道组成，如图 12-128 所示；CMYK 图像由青色、洋（品）红、黄色和黑色四个颜色通道组成，如图 12-129 所示；Lab 图像包含明度、a、b 三个通道，如图 12-130 所示；位图、灰度、索引颜色的图像只有一个通道，如图 12-131 所示。

图 12-128　　　图 12-129

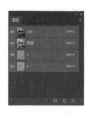
图 12-130

图 12-131

12.5.3 Alpha 通道

Alpha 通道是计算机图形学中的术语，指的是特别的通道。有时它特指透明信息，但通常的意思是"非彩色"通道。这是我们真正需要了解的通道，可以说我们在 Photoshop 中制作出的各种特殊效果都离不开 Alpha 通道，它最基本的用处在于保存选区范围，并不会影响图像的显示和印刷效果。

12.5.4 专色通道

专色通道是一种特殊的颜色通道，它指的是印刷上想要对印刷物加上一种专门颜色（如银色、金色等），它可以使用除了青色、洋红、黄色、黑色以外的颜色来绘制图像。专色在输出时必须占用一个通道，.psd、.tif 等文件格式可保留专色通道。

12.6 编辑通道

在 Photoshop 通道中，通过下拉菜单选项里的"面板选项"可以修改浓缩图的大小，如图 12-132 所示。

图 12-132

12.6.1 通道的基本操作

通过了解我们知道颜色通道和 Alpha 通道是最常使用的通道：颜色通道主要用于通道颜色的调整以及抠取图像，在打开一张图片时会自动生成颜色通道；Alpha 通道能更好地保存及编辑选区。专色通道和颜色通道类似，主要作用于专色印刷。

12.6.2 Alpha 通道与选区的互相转换

1. 将选区保存为 Alpha 通道

通过以下两种方式可以将选区保存成为 Alpha 通道。

- 在选区存在的情况下，如图 12-133 所示，执行"选择 > 存储选区"命令，弹出如图 12-134 所示的对话框。单击"确定"按钮，就会产生一个新通道如图 12-135、图 12-136 所示（新产生的通道默认为 Alpha 通道）。

图 12-133

图 12-134

- 在选区存在的状态下，如图 12-137 所示，单击通道面板中的"将选区存储为通道"
按钮 ■，即可将选区保存为通道，如
图 12-138 所示。

图 12-135　　　　　　图 12-136

图 12-137　　　　　　图 12-138

2. 将 Alpha 通道转换选区

通过以下的 3 种方式可以将 Alpha 通道转换
成为选区。

- 在存在 Alpha 通道的情况下，执行"选择 >
  载入选区"命令，单击"确定"按钮，如
  图 12-139 所示。即可调出 Alpha 所储存
  的选区，如图 12-140 所示。

图 12-139　　　　　　图 12-140

- 按住 Ctrl 键的同时，单击 Alpha1 通道的
  缩览图，如图 12-141 所示，也可调出选区，
  如图 12-142 所示。

图 12-141　　　　　　图 12-142

- 选中 Alpha1 通道，单击"通道"面板中的"将
  通道作为选区载入"按钮 ■，如图 12-143
  所示，生成选区，如图 12-144 所示。

图 12-143　　　　　　图 12-144

12.6.3　案例：在图像中定义专色

01 用 Photoshop 软件打开一张素材图片，
因为跟印刷环境有关，先把图片 CMYK 模式。
所以单击"图像 - 模式 - CMYK 模式"命令，如
图 12-145 所示。

图 12-145

02 在"通道"面板，单击右上角的下拉

菜单按钮，选择"分离通道"命令，将通道分离
生成4张灰度图，分别记录4色的颜色多少，可
以单独保存使用，如图12-146、图12-147所示。

图 12-146

图 12-147

03 选择第一张图片，单击"通道"面板
右上角的下拉菜单，选择"合并通道"命令，弹
出的对话框后单击确认按钮，弹出对话框，单击
"下一步"按钮，将4个弹出框都单击"下一
步"按钮，这个图层顺序就是CMYK的顺序如
图12-148、图12-149、图12-150所示。

图 12-148

图 12-149

图 12-150

04 在"通道"面板中，双击Alpha1通道
图层，弹出对话框窗口，选择"专色"，单击"确
定"按钮。为每个图层都设置专色，也可以丢去
不想要的图层，如图12-151、图12-152所示。

图 12-151

图 12-152

12.6.4　创建专色通道

创建专色通道采用两种方法。

- 单击"通道"面板中的下拉按钮，如图 12-153 所示；打开菜单，选择"新建专色通道"命令，弹出"新建专色通道"对话框，如图 12-154 所示。

图 12-153

图 12-154

- 如图 12-155 所示，按住 Ctrl 键，单击"新建通道"按钮 ，在弹出的"新建专色通道"对话框中单击"确定"按钮，在面板中用文字工具写下"金色"，如图 12-156 所示。

图 12-155　　　　　图 12-156

12.6.5　重命名、复制与删除通道

需要重命名的通道，可以在"通道"面板中双击该通道名称，激活输入框，然后输入新的名称。

在选择图像进行修改时，如果不复制通道则会改变通道的颜色，从而改变图像整体的颜色。当复制通道后，不管对复制后的通道进行怎样的操作，图像的整体颜色都不会发生改变。复制和删除通道有三种方法。

- 选择需要的通道将其拖到"新建通道"按钮 上，便可复制一个通道副本，如图 12-157、图 12-158 所示。删除通道则是将需要删除的通道拖入"删除当前通道"按钮 上（这种方法最常用，最便捷）。

图 12-157　　　　　图 12-158

- 右击需要复制的通道，在弹出的快捷菜单中选择"复制通道"命令，如图 12-159 所示，在弹出的"复制通道"对话框中单击"确定"按钮，完成复制通道，如图 12-160 所示。删除通道与此类似。

图 12-159

图 12-160

● 在"通道"面板中选择需要复制的图层，单击面板右上角下拉按钮 ■，在菜单中选择"复制通道"命令，如图 12-161 所示。删除通道操作类似。

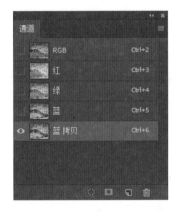

图 12-161

> 📢 注意：
> 复合通道不能被复制，也不能删除。颜色通道可以复制，但如果删除了，图像就会自动转换为多通道模式。

12.6.6 同时显示 Alpha 通道和图像

单击"通道"面板底部的"新建通道"按钮 ■，就会在当前图像中创建一个新的 Alpha 通道。原图如图 12-162 所示，操作后如图 12-163 所示，通道面板如图 12-164 所示，因为没有选中区域所以图像为全黑色。

图 12-162　　　　图 12-163

图 12-164

12.6.7 案例：通过分离通道创建灰度图像

分离通道是将图像文件分离为几个灰度图像并关闭原文件，每个图像代表一个通道。如图 12-165 所示为原文件；"通道"面板如图 12-166 所示。

图 12-165　　　　图 12-166

01 单击面板右侧的 ■ 按钮，在打开的下拉菜单中执行"分离通道"命令，如图 12-167 所示。

图 12-167

02 可见"图层"面板中出现了三个灰度图像，原文件也消失了，如图 12-168、图 12-169、图 12-170 所示。

图 12-168

图 12-169

图 12-170

12.6.8 案例：通过合并通道创建彩色图像

01 合并通道是将多个灰度图像合并成一个彩色的图像。以上节中分离的图像为例，如图 12-171 所示，可以看到有一个灰度图像的"通道"面板中由有一个"灰色"通道组成，如图 12-172 所示。

图 12-171   图 12-172

02 单击"通道"面板右上角的 ▇ 按钮，在打开的下拉菜单中执行"合并通道"命令，如图 12-173 所示，打开"合并通道"对话框。单击"模式"右侧的下拉按钮，如图 12-174 所示，在打开的下拉菜单中选择"RGB 颜色"，设置完成后单击"确定"按钮，如图 12-175 所示。

图 12-173   图 12-174

图 12-175

12.6.9 案例：将通道图像粘贴到图层中

01 打开对应素材图片，如图 12-176 所示。

图 12-176

02 打开"通道"面板，选择蓝色通道如图 12-177 所示。

图 12-177

03 按 Ctrl+A 快捷键全选蓝色通道上的图片，并按 Ctrl+C 快捷键复制，如图 12-178 所示。

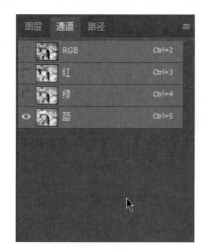

图 12-178

04 返回到彩色图层面板上，新建一个新的图层，如图 12-179 所示。

图 12-179

05 按 Ctrl+V 快捷键，粘贴图像，就可以将通道中的蓝色通道图像粘贴到图层中，如图 12-180 所示。

图 12-180

12.6.10 案例：将图层图像粘贴到通道中

01 首先打开对应素材图片，如图 12-181 所示。

02 彩色图层面板上，操作如图 12-182 所示。

03 按 Ctrl+A 快捷键全选图片，并按 Ctrl+C 快捷键复制。

图 12-181

图 12-182

04 新建一个通道，如图 12-183 所示。

图 12-183

05 按 Ctrl+V 快捷键粘贴图像，就可以将图层中的图像粘贴到通道中，如图 12-184 所示。

图 12-184

12.7 高级混合选项

高级混合选项包括填充不同明度、RGB 通道、挖空。

12.7.1 常规混合与高级混合

单击"图层"面板下面那个有 fx 标志的按钮，如图 12-185 所示或者直接双击"图层"面板中图层的缩略图，弹出"图层样式"对话框，界面中包括常规混合和高级混合两个选项，如图 12-186所示。

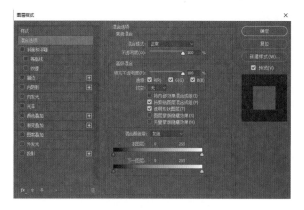

图 12-185

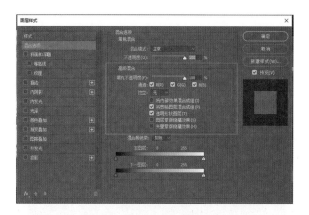

图 12-186

12.7.2 限制混合通道

高级混合通道中的 R、G、B 分别代表 R=RED（红）、G=GREEN（绿）、B=BLUE（蓝）。全部勾选，为正常颜色，缺少勾选任意一个，则失去相对应的颜色；三个全部不勾选，图片颜色为透明。

12.7.3 挖空

挖空的方式有三种：无、深和浅，用来设置当前层在下面的层上打孔并显示下面层内容的方式。如果没有背景层，当前层就会在透明层上打孔。要想看到挖空效果，必须将当前层的填充不透明度的数值设置为 0 或者小于 100%，使其效果显示出来。

如果对不是图层组成员的层设置挖空，这个效果将会一直穿透到背景层，也就是说当前层中的内容所占据的部分将全部或者部分显示（按照填充不透明度的设置不同而不同）背景层的内容。在这种情况下，挖空设置为浅或者深的时候的效果是没有区别的。

当设置的是一个图层层内成员的时候，如果设置的挖空选项为浅，则这个效果只会穿透到图层组的最后一层。如果设置的挖空选项为深的时候，效果则会一直穿透到最下层的背景层。

12.7.4 将内部效果混合成组

双击图层，打开"图层样式"对话框，从混合选项中找到"将内部效果混合成组"，如图 12-187 所示。

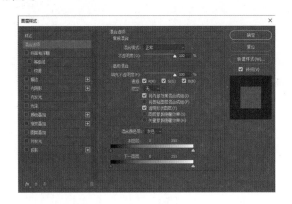

图 12-187

要理解这个命令，就要先明白原图层填充、图层样式以及剪贴图层的堆叠次序。我们可以将它们想象成三个图层，图层填充在最下面，剪贴图层在中间，图层样式在最上方。注意，图层样式虽然作用在原图层上，但在堆叠次序上位于剪贴图层上方，这也是在操作中将一个图层剪贴到下方图层中，剪贴图层中的内容为什么会消失不见，原因是没有选中"将内部效果混合成组"，原图层的图层样式将剪贴图层的内容给挡住了，如图 12-188 所示。

图 12-188

将内部效果混合成组，实际上是将原图层的图层填充，以及图层样式的效果混合成一个组，将它们作为一个整体，它们拥有共同的透明度信息。降低原图层填充不透明度的时候，图层样式的不透明度也会跟着降低。

同时，图层样式的叠加次序就跑到了剪贴图层的下方，这样，剪贴图层的内容就在最上方，不会被图层样式的内部效果（内发光、光泽，还有三种叠加）给遮挡住。

12.7.5 将剪贴图层混合成组

将剪贴组内的 A 图层和 B 图层都合并到最下层中，共用它的填充不透明度和图层样式。勾选则 AB 图层成组，否则这两个图层的这两项属性独立，如图 12-189 所示。

图 12-189

12.7.6 透明形状图层

打开一张图片，或是新建一张空白的图像，都可以新建一个图层。然后在工具箱里选择矩形选框工具，如图 12-190 所示。

在画布中用鼠标拖动画一个矩形选框，如图 12-191 所示。

在矩形框中用鼠标右击，选择"填充"命令。

填充内容选择前景色（案例中前景为红色），颜色可以改。填充下面有透明度，可以根据自己的需要设置透明度的高低，如图 12-192、图 12-193所示。

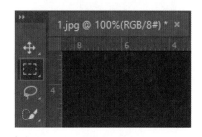

图 12-190

图 12-191

图 12-192

图 12-193

鼠标右键选择"取消选择"或按快捷键

Ctrl+D，完成透明形状图层的设置。

12.7.7 图层蒙版隐藏效果

选择"图层蒙版隐藏效果"可将图层效果限制在图层蒙版所定义的区域。

12.7.8 矢量蒙版隐藏效果

选择"矢量蒙版隐藏效果"可将图层效果限制在矢量蒙版所定义的区域。

12.8 高级蒙版

高级蒙版和图像合成是 Photoshop 的核心所在，同时也是最能体现设计师设计思想的秘密武器。

12.8.1 混合颜色带

混合颜色带是一种特殊的高级蒙版，它可以快速隐藏像素。图层蒙版、剪贴蒙版和矢量蒙版都只能隐藏一个图层中的像素，而混合颜色带不仅可以隐藏一个图层中的像素，还可以使下面图层中的像素穿透上面的图层显示出来。

混合颜色带可以控制调整图层影响的图像内容，可以只影响图像中的暗色调，而亮色调保持不变，或者相反，如图 12-194 所示。

图 12-194

12.8.2 案例：闪电抠图

01 按 Ctrl+O 快捷键，打开素材库中需要用到的图片。我们选择了一张风景图和一个闪电图，如图 12-195、图 12-196 所示。

图 12-195

图 12-196

02 使用移动工具，将闪电拖入另一个文档之中，如图 12-197 所示。

图 12-197

03 拖入之后效果如图 12-198 所示。

图 12-198

04 在图层面板中，选择滤镜"滤色"如图 12-199 所示。

图 12-199

05 这样就可以使闪电周围的蓝色能够较好地融合到背景图像中，更好地突出闪电效果，如图 12-200 所示。

图 12-200

06 最后按Ctrl+J快捷键，复制闪电图层，让闪电光更加强烈，如图 12-201 所示。

图 12-201

07 最终效果如图 12-202 所示。

图 12-202

12.8.3 案例：用设定的通道抠花瓶

01 将素材图片用 Photoshop 打开或新建一个图形，用鼠标拖入图片，如图 12-203 所示。

图 12-203

02 照片为 RGB 模式，在 R、G、B 三通道中找出一个对比度最强的，即反差最大的通道，这样的通道容易实现主体与背景的分离，在本图中选择红色通道，如图 12-204 所示。

03 注意不能直接在红色通道操作，一定要复制红色通道（拖曳红色通道到下方的"复制通道"按钮上），生成新通道"红副本"。如果

直接在通道上操作，颜色会变，如图 12-205 所示。

图 12-204

图 12-205

04 对新通道"红副本"进行色阶调整，选择"图像 > 调整 > 色阶"命令，将黑、白两三角向中间移动，目的是进一步加大黑白色对比，如图 12-206 所示。

05 选择"图像 > 调整 > 反相"命令，再次调用色阶调整，用白色吸管单击叶部的灰色，

令叶部尽可能为白色，如图 12-207 所示。

图 12-206

图 12-207

06 设置前景色为黑色，选择画笔工具，调整合适大小，描黑背景。选择前景为白色，选择画笔工具，调整合适大小，描白花瓶，（注：实际操作时是黑白色）如图 12-208 所示。

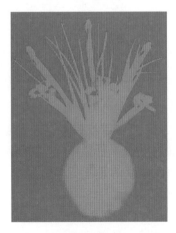

图 12-208

07 按住 Ctrl 键单击"红副本"通道，即可选中白色部分载入选区。单击 RGB 通道（Ctrl+~）回到彩色模式。（注：实际操作时是黑白色）如图 12-209、图 12-210 所示。

08 有些地方没有抠好，用快速选择工具，放大图片增加选区（按 Alt 键 + 滚轮或按快捷键 Ctrl++ 加号），为了使抠下来的图在贴到其他背景上边缘过渡得更自然，一般在拷贝前进行一下"羽化"，羽化半径一般选 0.1~5 像素（根据图片尺寸大小选择合适数值），如图 12-211、图 12-212 所示。

图 12-209

图 12-210

图 12-211

图 12-212

09 打开背景图，粘贴，按 Ctrl+T 快捷键变换大小。完成操作，如图 12-213 所示。

图 12-213

12.9 高级通道混合工具

01 选择"图像 > 通道混合器"命令，如图 12-214 所示。

02 这时候系统就会弹出"通道混合器"对话框，我们就可以进行编辑设置了，如图 12-215 所示。

03 "预设"选项一般都是默认值，列表打开后可看到其他选项，如图 12-216 所示。

图 12-214

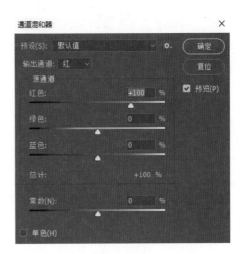

图 12-215

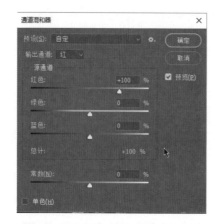

图 12-216

04 在输出通道中，一共有4个颜色选项可以进行调整。青色的通道设置，如图12-217所示。

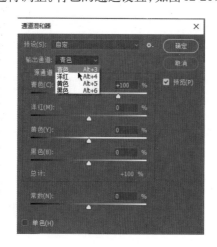

图 12-217

05 在下方有4种色彩数值可以进行调整，开始显示的默认数值如图12-218所示。

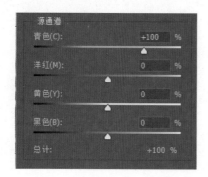

图 12-218

06 调整好后选中"预览"选项，就可以看到设置好后的图片效果了，如图12-219所示。

图 12-219

12.9.1 应用图像命令

应用图像命令是将图像A的图层或通道，与图像B的图层或通道混合，从而形成一种特殊的艺术效果。具体操作为打开A、B两个图像，选择图像B，执行"图像>应用图像"命令，弹出对话框，调整混合模式和不透明度等，将两幅图像融合在一起来完成操作。

12.9.2 计算命令

计算命令可以混合两个来自一个源图像或多个源图像的单个通道，得到的混合结果可以是新的灰度图像或选区、通道。

12.9.3 案例：用通道和钢笔抠冰雕

01 打开Photoshop软件，将素材图片导入，如图12-220所示。

图 12-220

02 将背景图层复制，执行快捷键 Ctrl+J，防止在操作中失误，把原素材损坏。将复制的背景图层利用钢笔工具抠图，抠图冰雕鹅的轮廓，如图 12-221 所示。

图 12-221

03 右击选择"建立选区"，把抠出来的路径转换为选区，并点击图层面板中的添加矢量蒙版，建立蒙版。将背景图层的小眼睛关闭，如图 12-222 所示。

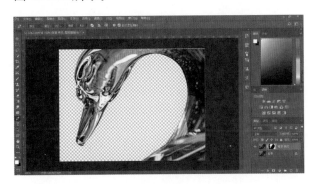

图 12-222

04 点击"通道"面板，转到通道栏，对比红、绿、蓝三个通道的通透度，选择红色通道，并且将其复制，如图 12-223 所示。

05 把复制的红色通道执行"图像 > 调整 > 反相"（快捷键 Ctrl+I）。通道白色为未反向状态，反相后变为黑色。然后单击"将通道作为选区载入"按钮 ▣，如图 12-224 所示。

图 12-223

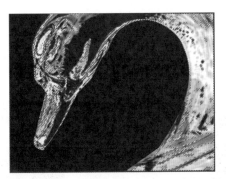

图 12-224

06 在"通道"中将其他通道层的眼睛都点击为闭眼状态，单击 RGB 为睁眼转态，此刻红、绿、蓝的三个通道也会随着一起打开，如图 12-225 所示。

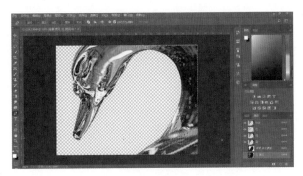

图 12-225

07 单击"图层"选项，选择复制的背景图层，按 Delete 键删除，如图 12-226 所示。

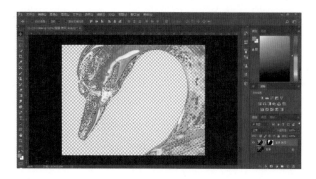

图 12-226

08 按快捷键 Ctrl+D 取消选区，新建图层为剪切图层，然后填充为蓝色，并把混合模式改为"颜色"，在新建图层上右击，选择"创建剪贴蒙版"选项，如图 12-227 所示。

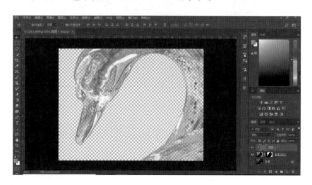

图 12-227

09 为了使抠出来的图片比较应景，所以选择加入了一张背景图片，读者可以选择自己喜欢的图片进行更换，如图 12-228 所示。

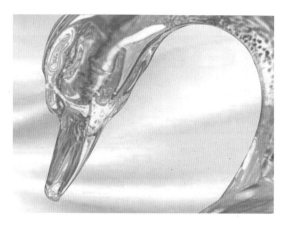

图 12-228

第 **13** 章
矢量工具与路径

学习提示

矢量图形工具是画矢量图的工具，所谓矢量图形：又称向量图形，在数学上的定义是一系列由线段连接的线，特点是放大缩小不会改变图形，包括矩形工具、圆角矩形工具、椭圆工具、规则多边形工具、直形工具、自定形状工具等。

路径是由多个矢量线条构成的图形，是定义和编辑图像区域的最佳方式之一。使用路径可以精确定义一个区域，并且可以将其保存以便重复使用。

本章主要介绍路径的基本元素、创建路径、编辑路径以及对路径进行填充或描边等方面的知识。

本章重点导航

◎ 绘图模式概述

◎ 使用钢笔工具绘图

◎ 编辑路径

◎ 使用形状工具

13.1 绘图模式概述

Photoshop 中的绘图模式是使用各种工具对图片进行绘画，使用户在图片上轻松绘制出各种图案，提高画面美观和用户体验。

13.1.1 选择绘图模式

打 Photoshop CC 中设置为绘图模式可以更好地对图片进行绘制，打开 Photoshop 软件，打开图片 > 菜单栏 > 基本功能如图 13-1 所示，选择绘画如图 13-2 所示，就会出现绘图属性栏如图 13-3 所示。

图 13-1

图 13-2

图 13-3

13.1.2 形状

形状表现的是绘制的矢量图像，它以蒙版的形式出现在"图层"调板中。绘制形状时，系统会自动创建一个形状图层，形状可以参与打印输出和添加图层样式。Photoshop CC 中，形状图层可以通过钢笔工具或形状工具来创建，形状图层在"图层"面板中一般以矢量蒙版的形式进行显示，更改形状的轮廓可以改变页面中显示的图像。

13.1.3 路径

Photoshop CC 中的路径指的是在文档中使用钢笔工具或形状工具创建的贝塞尔曲线轮廓，路径可以是直线、曲线或者是封闭的形状轮廓，多用于自行创建的矢量图像或对图像的某个区域进行精确抠图。路径不能够打印输出，只能存放于"路径"面板中。

13.1.4 填充像素

在 Photoshop CC 中，填充像素可以认为是使用选区工具绘制选区后，再以前景色填充。如果不新建图层，那么使用填充像素填充的区域会直接出现在当前图层中，此时是不能被单独编辑的，填充像素不会自动生成新图层。

13.2 路径与锚点的特征概述

13.2.1 认识路径

路径是 Photoshop 中的重要工具，主要用于绘制矢量图形和选取对象。使用它可以进行精确的定位和调整，适用于选择不规则的、难以使用其他工具进行选择的区域。在辅助抠图时它显示出强大的可编辑性，与通道相比，有更精确、更光滑的特点。

在 Photoshop 中，钢笔工具主要包括钢笔工具、自由钢笔工具、添加锚点工具、删除锚点工具及转换点工具,如图 13-4 所示。

图 13-4

要想更好地掌握路径,需要细致地了解路径的各组成部分,图 13-5 标出了路径各部分的名称。

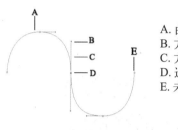

A. 曲线段
B. 方向点
C. 方向线
D. 选中的锚点
E. 未选中的锚点

图 13-5

- 曲线段:曲线段是路径的一部分,路径是由直线段和曲线段组成的。
- 方向点:通过拖动方向点,可改变方向线的角度和长度。
- 方向线:方向线的角度和长度固定了其同侧路径的弧度和长度。
- 锚点:路径由一个或多个直线段(或曲线段)组成,锚点是这些线段的端点。被选中的曲线段的锚点会显示方向线和方向点。

路径包括有起始点和终点的开放式路径,如图 13-6 所示,以及没有起始点和终点的闭合式路径两种,如图 13-7 所示。

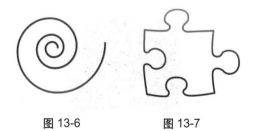

图 13-6   图 13-7

13.2.2 认识锚点

锚点分为两种,一种是平滑点,另外一种是角点。平滑点连接可以形成平滑的曲线,如图 13-8 所示;角点连接可以形成直线,如图 13-9 所示;或者形成转角曲线,如图 13-10 所示。

图 13-8   图 13-9   图 13-10

13.3 使用钢笔工具绘图

13.3.1 案例:绘制直线

新建文档,如图 13-11 所示。

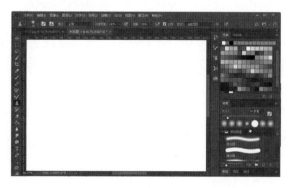

图 13-11

01 选择窗口右侧工具栏中的直线工具

在窗口上方设置相关项:颜色、描边、像素设置参数如图 13-12 所示。

形状 ∨ 填充: ▨ 描边: ▭ 1 像素 ∨ ── ∨

图 13-12

02 在文档窗口画布中单击一次,作为直线的起始点,鼠标移动到目的直线的终点位置再次单击即可画出一条直线，画出的直线如图 13-13 所示。

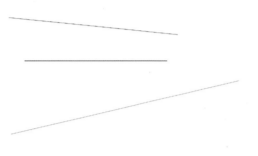

图 13-13

13.3.2 案例：绘制曲线

01 新建文档，执行"文件 > 新建"命令，选择左侧工具栏中钢笔工具 。

02 在文档窗口画布中坐标单击作为曲线的起始点，鼠标移动到曲线的目标弯折区再按住左键拉动，路径会呈现弯曲，当到达所需的弯度时松开鼠标左键完成绘制，如图 13-14 所示。用同样的方法绘制第二个弯折的区域（也就是第三个点），如图 13-15 所示。

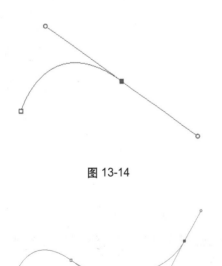

图 13-14

图 13-15

03 画笔预设：首先需要对画笔进行预设，预设的目的是根据画笔的预设信息，进行路径的描边操作。选取左侧工具栏中的毛笔工具 ，设置画笔预设为：硬度 100%、大小 10 像素。

04 设置前景色：选取左侧工具栏中的填充颜色，在拾色器中选取红色，颜色的设定决定了曲线的颜色（与画笔预设的值息息相关，若果画笔预设中设置了颜色抖动选项，画出的曲线也是有颜色抖动效果的）。

05 用画笔描边路径：找到右边的"路径选项"面板，单击下方的"画笔描边路径选项"按钮 ，如图 13-16 所示。这样我们就可以绘制出一条红色的曲线。

图 13-16

13.3.3 案例：创建自定义形状

01 新建文档，执行"文件 > 新建"命令。

02 选择自定义形状：选择左侧工具栏中的自定义形状工具 。在窗口上方的工具选项栏中，选择形状按键，弹出下拉选项面板，如图 13-17 所示。选择灯泡图案，在画布中单击并拖动鼠标即可绘制出灯泡形状的图案。

图 13-17

13.3.4 使用自由钢笔工具

自由钢笔工具可以模拟自然形态的钢笔勾画出一条路径，可用于随意绘图，就像用铅笔在纸上绘图一样。在绘图时，将自动添加锚点，无须确定锚点的位置，完成路径后可进一步对其进行调整，但自由钢笔工具没有像钢笔工具那么精确和光滑。

选择自由钢笔工具，在其选项栏中单击 按钮，其下拉面板如图 13-18 所示。

图 13-18

● 曲线拟合：控制最终路径对鼠标或压感笔移动的灵敏度，该值越高，生成的锚点越少，路径也越简单。如图 13-19 和图 13-20 分别为曲线拟合为 1 像素和 10 像素的路径效果。

图 13-19　　　　　图 13-20

● 宽度：用于设置磁性钢笔工具的检测范围，该值越高，工具的检测范围就越广，如图 13-21 和图 13-22 分别为宽度为 10 像素和 20 像素时的检测范围。

图 13-21　　　　　图 13-22

● 对比：用于设置工具对于图像边缘的敏感度，如果图像的边缘与背景的色调比较接近，可将该值设置得大一些。

● 频率：用于确定锚点的密度，该值越高，锚点的密度越大。如图 13-23 和图 13-24 分别为频率为 10 和 80 的路径效果。

图 13-23　　　　　图 13-24

● 钢笔压力：如果计算机配置有数位板，则可以选择"钢笔压力"选项，通过钢笔压力控制检测宽度，钢笔压力的增加将导致工具的检测宽度减小。

13.3.5 使用磁性钢笔工具

自由钢笔工具选项栏中 工具用来设置钢笔的磁性，如图 13-25 所示。

图 13-25

单击 按钮，钢笔光标将变成 形状，在此状态下可以使用磁性钢笔工具进行绘制。此工具能够自动捕捉边缘对比强烈的图像，并自动跟踪边缘从而形成一条能够创建精确选区的路径线。

使用磁性钢笔工具，在需要选择的对象边缘处单击并沿着图形边缘移动，即可得到所需的钢笔路径，如图 13-26 和图 13-27 所示。在绘制过程中可按 Delete 键删除锚点；双击则闭合路径；按 Esc 键则取消绘制。

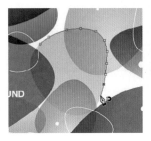 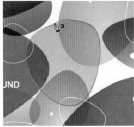

图 13-26   图 13-27

> **注意：**
> **使用磁性钢笔完成路径绘制技巧：**
> ● 按 Enter 键，结束开放路径。
> ● 双击鼠标，可闭合包含磁性段的路径。
> ● 按住 Alt 键并双击鼠标，可闭合包含直线段的路径。

13.3.6 调整路径堆叠顺序

● 排除重叠形状 排除重叠形状：得到新绘制的形状与原有形状重叠之外的形状，效果如图 13-28 所示。

图 13-28

13.4 编辑路径

13.4.1 选择与移动锚点、路径段和路径

选择路径和锚点主要通过路径选择工具 ▶ 和直接选择工具 ▷ 实现。这两个工具在工具箱的同一组中，如图 13-29 所示。

图 13-29

使用路径选择工具可以选中整个路径和所有锚点。首先选择路径选择工具，然后将鼠标指向路径并单击，或在封闭图形内单击，都可将路径和锚点全部选中。此时路径上的锚点将以实心方形显示，效果如图 13-30 所示，如果拖曳鼠标移动路径，整个路径将跟着一起移动。

图 13-30

使用直接选择工具可以实现锚点的选择和移动。直接选择工具不但可以选择整个路径，而且还可以选中部分路径和锚点，比路径选择工具更加灵活。使用直接选择工具单击路径，路径上的锚点将以空心方形显示，如图 13-31 所示。

图 13-31

- 移动单个锚点：选择直接选择工具，单击需要移动的锚点，锚点变成实心方形显示，拖动鼠标即可完成锚点的移动。
- 移动路径段和路径：选择直接选择工具，将鼠标移到路径的外面，按住鼠标左键拉出一个选框，可选中部分路径和锚点，如图 13-32 所示，拖动即可实现路径段的移动。也可以按住 Shift 键逐一单击需要选择的锚点，实现多个锚点的选择和移动。

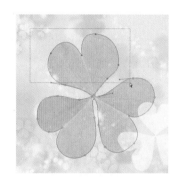

图 13-32

13.4.2　添加锚点与删除锚点

选择"添加锚点工具"，在需要添加锚点处单击，即可在路径中添加锚点，如图 13-33 所示。如在单击的同时拖动鼠标，则可改变方向线的位置和长度，进而改变路径形状，如图 13-34 和图 13-35 所示。

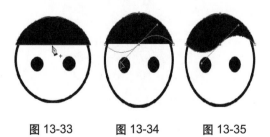

图 13-33　　　　图 13-34　　　　图 13-35

选择删除锚点工具，当鼠标指向需要删除的锚点时，如图 13-36 所示，单击鼠标即可删除该锚点，如图 13-37 所示。

图 13-36　　　　　　图 13-37

使用钢笔工具，勾选其工具选项栏中的"自动添加 / 删除"选项，钢笔沿路径移动光标变成，在需要的位置单击即可为路径添加锚点。当钢笔移动到需要删除的锚点处光标变成时，单击鼠标即可删除该锚点。

13.4.3　转换锚点的类型

使用转换点工具，可以改变锚点的类型。选择该工具，将光标放在锚点上，如果当前锚点为角点，单击并拖动鼠标可将其转换为平滑点，如图 13-38 和图 13-39 所示。如果当前锚点为平滑点，则单击可将其转换为角点，如图 13-40 所示。

图 13-38　　　　图 13-39　　　　图 13-40

13.4.4　路径形状的调整

选择直接选择工具，当选中的锚点为平滑点时，调整锚点一侧方向点，将同时调整该点两侧的曲线路径段，如图 13-41 所示。当锚点为角点时，调整锚点一侧方向点，则只调整与方向线同侧的曲线路径段，如图 13-42 所示。当鼠标指向某一段路径时，拖动鼠标则可直接改变该段路径的形状，如图 13-43 所示。

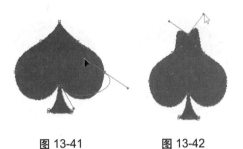

图 13-41　　　　图 13-42

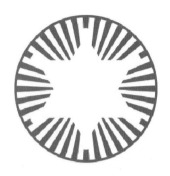

图 13-45

- 与形状区域相交：得到新绘制的形状与原有形状相交叉的形状，效果如图 13-46 所示。

图 13-43

13.4.5　路径的运算方法

使用钢笔工具或形状工具绘制多个路径时，可以选择相应的操作方式进行绘制，"路径操作"用来设置路径之间的加减运算关系。

选择钢笔工具或形状工具，在工具选项栏中选择"形状"模式，打开"路径操作"下拉列表，如图 13-44 所示。

- 新建图层：新建一个形状图层；如选择其他操作方式，则新形状与原形状在同一层运算。

- 减去顶层形状：得到从原有的形状中减去新绘制的形状。减去后的效果如图 13-45 所示。

图 13-46

- 排除重叠形状：得到新绘制的形状与原有形状重叠之外的形状，效果如图 13-47 所示。

图 13-47

图 13-44

- 合并形状 ：新绘制的形状会添加到原有的形状中。

单击工具栏中"自定义形状工具" ，选

择 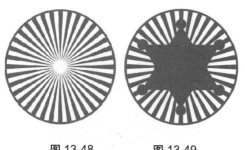 图形，绘制图形如图 13-48 所示，确认在 █合并形状 运算模式下，选择图形 ★ 添加到原有的形状中，结合后的效果如图 13-49 所示。

图 13-48　　　图 13-49

13.4.6　路径的变换操作

使用路径选择工具选择路径，执行"编辑 > 变换路径"命令，或者按 Ctrl+T 快捷键后右击鼠标，则可实现路径的缩放、透视、旋转、翻转等变形操作，如图 13-50 所示。

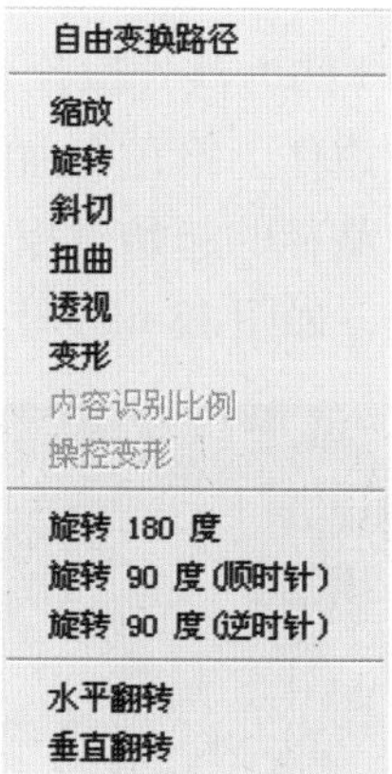

自由变换路径

缩放
旋转
斜切
扭曲
透视
变形

内容识别比例
操控变形

旋转 180 度
旋转 90 度(顺时针)
旋转 90 度(逆时针)

水平翻转
垂直翻转

图 13-50

13.4.7　对齐与分配路径

对齐和分配路径可以帮助我们对齐和分配路径组件。使用路径选择工具选择多个路径，单击工具选项栏中的"路径对齐方式"按钮 █，下拉列表如图 13-51 所示。需要注意的是，对齐路径需要选中至少 2 个路径组件；分配路径需要选中

至少 3 个路径组件。

█ 左边(L)
█ 水平居中(H)
█ 右边(R)

█ 顶边(T)
█ 垂直居中(V)
█ 底边(B)

█ 分配宽度
█ 分配高度

✔　对齐选取
　　对齐到画布

图 13-51

对齐按钮包括左边对齐、水平居中对齐、右边对齐、顶边对齐、垂直居中对齐和底边对齐，对齐结果分别如图 13-52~ 图 13-57 所示。

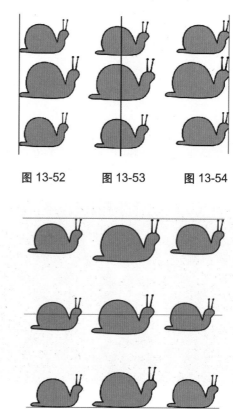

图 13-52　　　图 13-53　　　图 13-54

图 13-55　　　图 13-56　　　图 13-57

分配路径包括分配宽度和分配高度。分配宽度即在水平方向上平均排列对象，效果如

图 13-58 所示。分配高度即在垂直方向上平均排列对象，效果如图 13-59 所示。图 13-60 为分配高度之后，再水平居中对齐的排列结果。

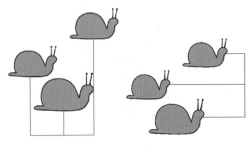

图 13-58   图 13-59

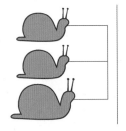

图 13-60

13.4.8 案例：用钢笔工具抠图

打开目标文件，如图 13-61 所示。

图 13-61

将目标文件中的人物下方的涂鸦石头用钢笔工具抠出。

01 选择左侧工具栏中的钢笔工具，单击人物下方的位置作为钢笔路径的起始点。单击人物下方涂鸦石头右侧边沿的中间位置作为钢笔路径的弯曲位置，在单击的同时向下拖动鼠标，使路径的弯曲恰好与涂鸦石头的边缘重合，如图 13-62 所示。

图 13-62

02 用同样的方法选取涂鸦石头最下方与涂鸦石头最左侧边作为路径弯曲的区域，最终与使路径的终点与路径的起始点相重合，使其形成一个圆形的路径，如图 13-63 所示。

图 13-63

03 需要使用直接选取工具使路径与涂鸦石头的边缘更加相符，选择窗口左侧工具栏中的直接选取工具，调整路径去向中的方向点与锚点的位置，使路径与涂鸦石头的边缘相符。

04 用画笔描边路径：找到右边的路径

选项面板下方的画笔描边路径选项■按钮，如图 13-64 所示。这样我们可以将刚才绘制的路径作为选取载入。

图 13-64

抠出其余的部分涂鸦石头，执行选择 > 反选进行反选操作，如图 13-65 所示。键盘单击 Delete，删除反选部分，结果如图 13-66 所示。

图 13-65

图 13-66

13.5 "路径"面板

13.5.1 "路径"面板的介绍

通过"路径"面板可以对路径进行查看、存储、填充、描边以及进行路径与选区互换等操作，可以对路径进行更细致的调整，如图 13-67 所示。下面就对"路径"面板进行详细介绍。

图 13-67

- 路径/工作路径/形状路径：显示了当前文件中包含的路径；临时路径和形状路径。
- 用前景色填充路径：用前景色填充路径区域。
- 用画笔描边路径：用画笔工具对路径进行描边。
- 将路径作为选区载入：将当前选择的路径转换为选区。
- 从选区生成工作路径：从当前的选区中生成工作路径。
- 增加蒙版：为当前图层增加蒙版。
- 创建新路径：可创建新的路径层。
- 删除当前路径：可删除当前选择的路径。

13.5.2 工作路径的介绍

工作路径是出现在"路径"面板中的临时路

径，用于定义形状的轮廓。选择钢笔工具或形状工具，在选项栏中选择"路径"选项，在画面中绘制路径，则创建工作路径，如图 13-67 所示。工作路径在非选择的状态下会被替代，也就是会丢失。当用鼠标左键单击路径的时候会把工作路径调取出来。

13.5.3 新建路径

新建路径的方法基本与新建图层的一致，首先需要找到右侧的路径控制面板（路径的控制面板在右侧面板内与图层面板在同一栏中）。在路径控制面板的下方选项栏中有新建路径 按钮，单击新建路径 按钮进行新建路径。

> 📢 **注意：**
> 如果要保存工作路径，可以将它拖至面板底部的"创建新路径"按钮 ▣ 上，打开"新建路径"对话框，重命名即可。

- 路径：选择钢笔工具或形状工具，在其选项栏中选择"路径"选项，单击"路径"面板中的 ▣ ，在画面中绘制路径，即可创建新路径层，如图 13-68 所示。

图 13-68

> 📢 **注意：**
> 如果在路径层控制面板单击按钮 ▣ 的同时按住 Alt 键，或者单击路径面板右上角的菜单按钮 ▤ ，从弹出的下拉菜单中选择新建路径，则打开"新建路径"对话框，也可以完成创建新路径层，这种方式可以快捷地创建重命名路径。

- 形状路径：选择钢笔或形状工具，在其选项栏中选择"形状"选项，在画面中绘制图形，则创建形状路径，如图 13-69 所示。

图 13-69

13.5.4 选择路径与隐藏路径

在路径面板上选择不同的路径层，即可选择不同的路径，如图 13-70、图 13-71、图 13-72 所示。

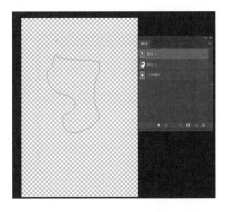

图 13-70

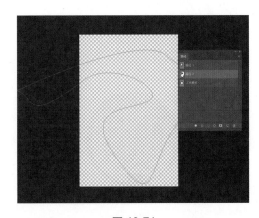

图 13-71

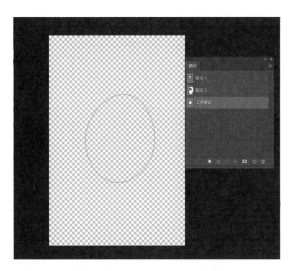

图 13-72

在工作的过程中，有时路径会妨碍我们的工作，这时候就需要对路径进行隐藏操作，执行快捷键 Ctrl+H 可以对路径实现隐藏，如果需要显示路径快捷键 Ctrl+H 也可以显示路径。

13.5.5　复制与删除路径

复制路径有以下几种方法。

- 使用菜单命令复制：使用路径选择工具选中需要复制的路径，执行"编辑＞拷贝"命令或按 Ctrl+C 快捷键，首先将路径复制到剪贴板中。然后执行"编辑＞粘贴"命令或按 Ctrl+V 快捷键，可以将路径粘贴到同一路径层。如果在其他路径图层中执行"粘贴"命令，则将路径被粘贴到所选的路径图层中。

- 使用"路径"面板复制：在"路径"面板中将路径层拖动到 ■ 按钮上即可复制路径，或者单击面板右上角的 ■ 按钮，选择"复制路径"命令，如图 13-73 所示，在打开"复制路径"对话框中输入新路径的名称，即可完成路径复制的同时重命名路径。如果当前是工作路径，将路径拖动

到 ■ 按钮上后，工作路径将变成"路径1"，如图 13-74、图 13-75 所示。

图 13-73

图 13-74　　　　图 13-75

- 通过鼠标直接复制：如果在同一幅图像中使用路径选择工具 ▶ 选择路径，移动的同时按下 Alt 键，即可实现路径的复制。如果在两幅以上的图像中实现路径的复制，可以拖曳鼠标至另一幅图像中，等鼠标变为 ▶ 形状后释放鼠标，即可将路径复制到另一幅图像中。

删除路径的方法为：在"路径"面板中选择所要删除的路径层，单击路径面板右下角的"删除当前路径"按钮 ■ ，在弹出的对话框中单击"是"按钮或者直接将路径图层拖曳到 ■ 按钮上，即可删除该路径层；也可以使用路径选择工具选择路径，按 Delete 键将其删除。

13.5.6 案例：路径与选区相互转换

首先创建一个形状路径，选择左侧工具栏中的钢笔工具，单击文档窗口画布中的任意一点作为起始点。按住并拖动鼠标，重复上述操作三次，最后按 Enter 键使结束点与起始点重合，绘制出与图 13-76 所示类似的路径。

图 13-76

把路径转换成选区，有以下两种方法。

方法一：右击，弹出菜单中点；建立选区如图 13-77 所示。

图 13-77

方法二：按下组合键 CTRL+ 回车，选区效

果如图 13-78 所示。

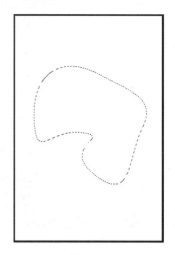

图 13-78

另外也可以将素材中的一些形状、颜色、图案等用选择工具、快速选择工具或魔术棒工具绘制出选区，再将选区转变为路径储存起来备用。操作方法如下。

打开目标文件，利用魔术棒工具抠选出案例中的图像，选择左侧工具栏中的魔术棒工具，单击文档窗口中图片的白色部分，完成对图片中白色区域的选择。然后进行反选，执行"单击＞反选"操作对内容进行反选，如图 13-79 所示。

图 13-79

将选取转换成路径，执行"右击＞建立工作

路径选取"操作，如图 13-80 所示，会弹出建立工作路径对话框，设置容差值为 2.0，如图 13-81 所示。然后，单击对话框中的"确定"按钮。

图 13-80

图 13-81

单击"确定"按钮后，之前的选区变为路径状态了，如图 13-82 所示。

图 13-82

13.6 使用形状工具

Photoshop 中的形状工具包括矩形工具 、圆角矩形工具 、椭圆工具 、多边形工具 、直线工具 和自定形状工具 。右键单击工具箱中的形状工具按钮，弹出如图 13-83 所示形状工具组，使用这些工具可以快速地绘制出矩形、圆角矩形、椭圆形、多边形、直线和各类自定形状图形。

图 13-83

选择一种形状工具，工具选项栏中包含形状、路径和像素三种模式。

● 形状图层 形状 ：在工具选项栏中单击该按钮，使用形状工具进行绘制操作，将创建一个形状图层，工具选项栏如图 13-84 所示。

图 13-84

● 工作路径 路径 ：在工具选项栏中单击该按钮，使用形状工具进行绘制操作，将创建一条路径，工具选项栏如图 13-85 所示。

图 13-85

● 填充像素 像素 ：在工具选项栏中单击该按钮，使用形状工具进行绘制操作，将在当前图层中创建一个填充前景色的图像，工具选项栏如图 13-86 所示。

图 13-86

- 模式不透明度：只有选择填充像素模式时，模式和不透明度选项才被激活，利用这两个工具分别设置图像的混合模式和绘画时的不透明度效果。
- 消除锯齿：只有选择填充像素模式时，消除锯齿选项才被激活，选择该选项可以消除图形的锯齿。

规则形状绘制工具的使用方法非常简单，只需要按住鼠标左键在图像中拖动光标，即可绘制出所选工具定义的规则形状。

13.6.1 矩形工具

矩形工具用来绘制矩形和正方形。选择矩形工具 ，单击工具选项栏中的 按钮，弹出如图 13-87 所示的列表，可以根据需要设置相应的选项，各部分含义如下。

图 13-87

- 不受约束：勾选该选项，可以任意绘制各种形状、路径或图形。
- 方形：勾选该选项，可以绘制不同大小的正方形。
- 固定大小：勾选该选项，可以在 W 和 H 文本框中输入数值，以定义形状、路径或图形的宽度和高度。
- 比例：勾选该选项，可以在 W 和 H 文本框中输入数值，定义形状、路径或图形宽度和高度的比例值。

- 从中心：勾选该选项，可以从中心向外放射性地绘制形状、路径或图形。

13.6.2 圆角矩形工具

圆角矩形工具 创建方法与矩形工具基本相同，只是在选项工具栏中多了"半径"选项，用户可以设置矩形圆角的半径，如图 13-88 所示。如图 13-89、图 13-90 为圆角矩形半径分别为 10 像素和 40 像素时绘制的效果。

图 13-88

图 13-89 　　　　图 13-90

13.6.3 椭圆工具

椭圆工具 用来创建椭圆形和圆形，工具选项栏与矩形工具相同，绘制效果如图 13-91 所示。

图 13-91

注意：

使用形状工具时，按住 Shift 键拖动则可以创建正方形和正圆形；按住 Alt 键拖动会以单击点为中心向外进行绘制；按住 Shift+Alt 组合键拖动会以单击点为中心向外创建正方形和正圆形。

13.6.4　多边形工具

绘制多边形时可以根据需要设置多边形的边数，范围为 3 ～ 100，还可以强制设置多边形的半径大小和星形效果。选择多边形工具，在选项栏中可以设置多边形和星形的边数，如图 13-92 所示。单击按钮，弹出如图 13-93 所示多边形选项面板，各部分含义。

图 13-92　　　　图 13-93

- 半径：定义多边形的半径值，在该文本框输入数值之后，单击并拖动鼠标将创建指定半径值的多边形或星形。如果在画面中单击一下，则弹出"创建多边形"对话框，如图 13-94 所示，可以按需要设置各个参数。

图 13-94

- 平滑拐角：勾选该复选框，可以平滑多边

形的拐角，绘制效果如图 13-95 所示。

图 13-95

- 星形：勾选该复选框，可以绘制星形，且下面两个选项被激活，勾选复选框的星形角圆滑，未勾选的星形角尖锐，绘制效果如图 13-96 所示。
- 缩进边依据：在此输入数值，可以定义星形的缩进量，如图 13-97 所示。该值越高，缩进量越大，如图 13-98，图 13-99 和图 13-100 分别为缩进量为 20%、50% 和 80% 的绘制效果。

图 13-96

图 13-97

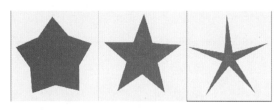

图 13-98　　图 13-99　　图 13-100

- 平滑缩进：可以使星形的边平滑地向中心缩进，按照如图 13-101 所示设置，绘制效果如图 13-102 所示。如再勾选"平滑拐角"选项，如图 13-103 所示，绘制效果如图 13-104 所示。

图 13-101　　　　　图 13-102

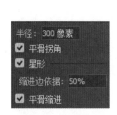

图 13-103　　　　　图 13-104

13.6.5　直线工具

利用直线工具 ![] 不但可以绘制不同粗细的直线，还可以为直线添加不同形状的箭头。工具选项栏中包含了设置直线粗细的选项，下拉面板中包含了设置箭头的选项，如图 13-105 所示。

注意：
按住 Shift 键可创建水平、垂直或以 45° 角为增量的直线。

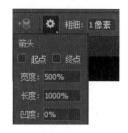

图 13-105

- 起点 / 终点：勾选"起点"复选框，则为直线起点添加箭头，勾选"终点"复选框，则为直线终点添加箭头。两项同时勾选，则直线两端都添加箭头。
- 长度 / 宽度：在两个文本框中输入数值，可指定箭头宽度和长度的比例，用来设置箭头长度 / 宽度与直线宽度的百分比。宽度范围为 10% ～ 1000%；长度范围为 10% ～ 5000%。如图 13-106 ～ 图 13-108 为不同宽度和长度比例所绘制的箭头效果。

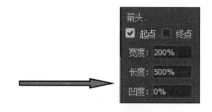

图 13-106

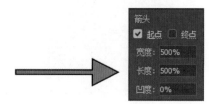

图 13-107

- 凹度：在此文本框输入数值，可以定义箭头的凹陷程度，范围为 -50% ~ 50%。如图 13-109 和图 13-110 分别为凹度 -30% 和凹度 30% 时箭头的绘制效果。

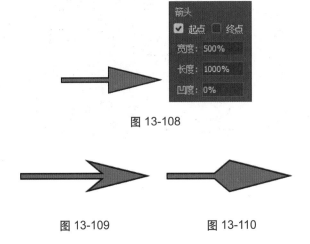

图 13-108

图 13-109　　图 13-110

13.6.6　自定形状工具

Photoshop 的自定义形状是一个多种形状的集合，因此自定义形状是一个泛指。选择自定义形状工具 ![icon] 后，单击 ![icon] 按钮，弹出的下拉面板如图 13-111 所示，其中参数在前面都有介绍，在此不再重述。

图 13-111

![注意图标] **注意：**

　　在绘制矩形、圆形、多边形、直线和自定义形状时，创建形状的过程中按住键盘中的空格键并拖动鼠标，可以移动形状。

　　单击"形状"选项右侧的下三角按钮，弹出如图 13-112 所示的下拉面板，单击即可选中相应的形状。单击下拉面板右上角的按钮 ![icon]，打开面

板菜单，菜单底部是 Photoshop 提供的自定义形状，包括箭头、胶片等，如图 13-112 所示。选择"全部"命令，载入全部形状，此时会弹出一个提示对话框，如图 13-113 所示。单击"确定"按钮，载入的形状会替换面板中原有的形状；单击"追加"按钮，则可在原有形状的基础上添加载入的形状。

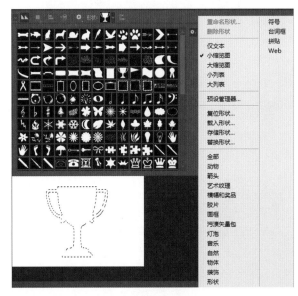

图 13-112

图 13-113

13.6.7　案例：载入形状库

新建文档，执行"文件 > 新建"命令。选择自定义形状，选择左侧工具栏中的自定义形状工具 ![icon]。在窗口上方的工具选项栏中，单击形状选项，弹出下拉选项面板，如图 13-114 所示。选择右侧的小齿轮设置按钮 ![icon]，弹出选项菜单，执行"单击全部 > 追加"命令可以将软件中的自定义形状全部载入，如图 13-115 所示。

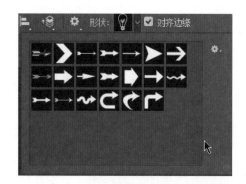

图 13-114

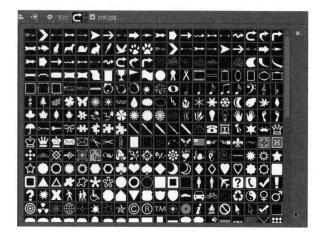

图 13-115

第14章

文　字

学习提示

　　文字的应用很广泛，在各个图层中应用的频率很高，而且字体丰富，操作简单，容易操作。在这一章中，我们就来详细了解文字的创建与编辑方法。

本章重点导航

◎　Photoshop 中文字的解读　　　◎　新建点文字和段落文字

◎　创建变形文字　　　　　　　　◎　新建路径文字

◎　字符格式化　　　　　　　　　◎　字符样式和段落样式

◎　编辑文本

14.1 Photoshop 中文字的解读

Adobe Photoshop 在文字的处理功能上应用广泛，它能丰富图像内容，直观地表达图像意义，还可以制作出各种和图像完美结合的异形文字，使图文效果协调精致，如图 14-1 和图 14-2 所示。

图 14-1

图 14-2

14.1.1 文字的类型

Photoshop CC 为用户提供了 4 种类型的文字工具，包括横排文字工具 T、直排文字工具 IT、直排文字蒙版工具、横排文字蒙版工具。在默认状态下显示为横排文字工具，将光标放置在该工具按钮上，按住鼠标稍等片刻或单击鼠标右键，将显示文字工具组，如图 14-3 所示。

图 14-3

> **注意：**
> 按 T 键可以选择文字工具，按 Shift+T 快捷键可以在这 4 种文字工具之间进行转换。

14.1.2 文字工具选项栏

在文字输入之前，要先设置文字工具选项栏中的有关选项，以便输入符合要求的文字，用鼠标单击文字工具后，工具选项栏中就会出现该工具的有关选项。另外，当文字输入以后，我们还可以通过文字工具选项栏对已有的文字进行诸如大小、字形、颜色等属性的修改。下面就来学习文字工具选项栏的相关选项。选择文字工具，出现如图 14-4 所示的选项栏。

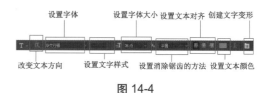

图 14-4

- 改变文本方向：如果当前文字为横排文字，单击该按钮，可将其转换为直排文字。如果是直排文字，则可将其转换为横排文字。
- 设置字体：在该下拉列表中可以选择字体。
- 设置文字样式：用来为字符设置样式，包括 Regular（规则的）、Italic（斜体）、Bold（粗体）和 Bold Italic（斜粗体）等，如图 14-5 所示，图 14-6 所示为各种字体样式效果（该选项只对部分英文字体有效）。

图 14-5

$$CS6\ CS6\ \textbf{CS6}\ \textbf{\textit{CS6}}$$

规则体　　　斜体　　　粗体　　　斜粗体

图 14-6

- 设置字体大小：可以选择文字大小，或者直接输入文字大小进行调整。

- 设置消除锯齿的方法：在对文字进行编辑时，Photoshop 会对其边缘的像素进行自动补差，使其边缘上相邻的像素点之间的过渡变得更柔和，使文字的边缘混合到背景中而看不出锯齿，如图 14-7 所示。

无　　锐利　　犀利　　浑厚　　平滑

图 14-7

- 设置文本对齐：根据输入文字时光标位置来设置文字对齐方式。
- 设置文本颜色：单击颜色块，可以在打开的拾色器中设置文字的颜色。
- 创建变形文字：单击该按钮，可以在打开的"变形文字"对话框中为文本添加变形样式，创建变形文字。

14.2　新建点文本和段落文本

输入点文本时，每行文字都是独立的，行的长度随着输入增加或缩短，但不换行。输入的文字即出现在新的文字图层中。

段落文本和点文本不同之处是当输入的文字长度到达段落定界框的边缘时，文字会自动换行，当段落定界框的大小发生变化时，文字同样会根据定界框的变化而发生变化。

14.2.1　案例：创建点文本

01 选择横排文字工具 或直排文字工具 。

02 用鼠标在图像中单击，得到一个文本插入点，如图 11-8 所示。

03 在光标后面输入所需要的文字，如果需要文字进行折行可按 Enter 键，完成输入后单击"提交所有当前编辑"按钮确认，如图 14-9 和图 14-10 所示。

图 14-8　　　　　　　图 14-9

图 14-10

14.2.2　编辑文字内容

要对输入完成的文字进行修改或编辑，有以下两种方法可以进入文字编辑状态。

- 选择文字工具，在已输入完成的文字上单击，将出现一个闪动的光标，如图 14-11 所示。这时即可对文字进行删除、修改和添加等操作。
- 在"图层"面板中双击文字图层缩略图，相对应的所有文字将被刷黑选中，如图 14-12 所示，我们可以在文字工具选项栏中设置文字的属性，对所选文字进行字体、字号等属性的更改。

图 14-11　　　　　　　图 14-12

14.2.3 案例：新建段落文本

01 选择文字工具后在图像中单击并拖曳光标，拖动过程中将在图像中出现一个虚线框，释放鼠标左键后，在图像中将显示段落定界框，如图 14-13 所示。

图 14-13

02 在工具选项中设置文字选项。然后在段落定界框中输入相应的文字，如图 14-14 所示。在文字工具选项栏上单击"提交所有当前编辑"按钮确认，如图 14-15 所示。

图 14-14

图 14-15

14.2.4 编辑段落文字

通过编辑段落定界框，可以使段落文本发生变化，即当缩小、扩大、旋转、斜切段落定界框时，段落文本都会发生相应变化。

编辑段落定界框方法如下。

打开素材，如图 14-16 所示，用文字工具在页面的文本框中单击以插入光标，此时会自动显示段落定界框。将光标放在定界框的句柄上，待光标变为双箭头 ↘ 时拖动，可以缩放定界框。如图 14-17 所示为改变定界框宽度的效果。

图 14-16   图 14-17

按照同样的方法变换段落定界框的高度和宽度时，定界框中的文字大小不会发生变换。如需改变，可以按住 Ctrl 键拖动定界框的控制句柄，操作方法如下。

- 旋转段落定界框：将光标放在定界框的外面，待光标变为弯曲的双向箭头 ↻ 时，可旋转定界框，如图 14-18 所示。

- 变形段落定界框：要拉斜变形定界框，可以按住 Ctrl 键，待光标变为小箭头 ▶ 时拖动句柄即可使定界框发生变形，如图 14-19 所示。

图 14-18   图 14-19

注意：

　　编辑段落定界框的操作方法与自由转换控制框类似，也可以使用"编辑 > 变换"子菜单命令完成，只是不常使用"扭曲"及"透视"等变换操作。

14.2.5　转换点文本与段落文本

　　我们可以根据需要将点文字转换为段落文本，在定界框中调整字符排列。或者可以将段落文字转换为点文本，使各文本行彼此独立地排列。将段落文本转换为点文本时，每个文本行的末尾（最后一行除外）都会添加一个回车符。应该注意的是：将段落文本转换为点文本时，所有溢出定界框的字符都被删除。要避免丢失文本，请调整定界框，使全部文字在转换前都可见。

　　执行"文字 > 转换为点文本"或"文字 > 转换为段落文本"命令，可以相互转换点文本和段落文本，素材如图 14-20 所示。

图 14-20

　　执行"文字 > 转换为段落文本"命令，如图 14-21 所示，效果如图 14-22 所示。

14.2.6　转换水平文字与垂直文字

　　Photoshop 中可以直接将水平文字转换为垂直文字，系统默认的文字方向是水平，根据需要选择合适的文字方向对于提高工作效率十分重要。

　　执行"文字 > 文本排列方向 > 横排"或者"文字 > 文本排列方向 > 竖排"命令，可以相互转换水

平文字与垂直文字，点文本与段落文本的操作相同。

图 14-21　　　　　　**图 14-22**

　　素材如图 14-23 所示，用文字工具在页面的文本框中单击以插入光标，此时会自动显示点文本定界线。

图 14-23

　　执行"文字 > 文本排列方向 > 竖排"命令，如图 14-24 所示，其效果如图 14-25 所示。

图 14-24　　　　　　**图 14-25**

14.3 创建变形文字

我们经常在一些广告海报和宣传单上看到变形的文字和特殊排列的文字，其实这些效果在Photoshop中很容易实现。下面将具体讲解如何利用文字的扭曲变形功能来美化文字。

14.3.1 创建变形文字

Photoshop具有变形文字的功能，值得一提的是扭曲后的文字仍然可以被编辑。在文字被选中的情况下，只需要单击工具选项栏上的█按钮，即可弹出如图14-26所示的对话框。

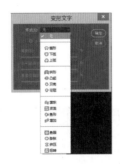

图 14-26

在对话框下拉列表中，可以选择一种变形选项对文字进行变形。图14-27中的弯曲文字均为对水平排列的文字使用此功能得到的效果。

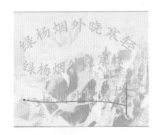

图 14-27

14.3.2 变形选项设置

在"样式"下拉列表可以选择各种Photoshop CC默认的文字变形效果。下边是各种样式的效果。

● 扇形与下弧见图14-28、图14-29。

图 14-28　　　　　图 14-29

● 上弧与拱形见图14-30、图14-31。

图 14-30　　　　　图 14-31

● 凸起与贝壳见图14-32、图14-33。

图 14-32　　　　　图 14-33

● 花冠与旗帜见图14-34、图14-35。

图 14-34　　　　　图 14-35

● 波浪与鱼形见图14-36、图14-37。

 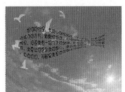

图 14-36　　　　　图 14-37

● 增加与鱼眼见图 14-38、图 14-39。

图 14-38　　　　　图 14-39

● 膨胀与挤压见图 14-40、图 14-41。

图 14-40　　　　　图 14-41

● 扭转见图 14-42。

图 14-42

如图 14-43 所示的对话框选项介绍如下。

图 14-43

● 水平 / 垂直：在此可以选择是使文字在水平方向上扭曲还是在垂直方向上扭曲。
● 弯曲：在此输入数值可以控制文字扭曲的程度，数值越大，扭曲程度也越大。

● 水平扭曲：在此输入数值可以控制文字在水平方向上扭曲的程度，数值越大则文字在水平方向上扭曲的程度越大。
● 垂直扭曲：在此输入的数值可以控制文字在垂直方向上扭曲的程度，数值越大则文字在垂直方向上扭曲的程度越大。

14.3.3　重置变形与取消变形

在应用文字变形样式后，且没有将其转换为形状或者栅格化之前，可以随时修改或者取消其变形样式。在"图层"面板中选择该文本图层，然后单击文字工具选项栏中的"创建变形文本"按钮，打开"变形文字"对话框，在其中调整所需的参数选项或选"无"选项取消样式，如图 14-44 所示，单击"确定"按钮即可完成操作。

图 14-44

14.4　新建路径文字

路径文字是指创建在路径上的文字，它可以使文字沿所在的路径排列出图形效果。路径文字的特点是文字会沿着路径排列，移动路径或改变其形状时，文字的排列方式也会随之变化。

14.4.1　案例：沿路径排列文字

01 按 Ctrl+O 快捷键，打开的图片如图 14-45 所示。打开"路径"面板，用钢笔工具绘制路径，如图 14-46 所示，"路径"面板如图 14-47 所示。

图 14-45

图 14-46

图 14-50

图 14-51

图 14-47

注意：

创建路径文字前，首先应具备用来排列文字的路径，该路径可以是闭合式的，也可以是开放式的。

02 选择横排文字工具，在工具选项栏中设置文字的字体和字号。将光标移至路径上，单击鼠标设置文字插入点，画面中会显示闪烁的文本输入状态，如图 14-48 和图 14-49 所示。

图 14-48

图 14-49

03 输入文字，如图 14-50 所示。按 Ctrl+Enter 组合键结束编辑，即可创建路径文字。在"路径"面板的空白处单击，隐藏路径。如图 14-51 所示为创建的路径文字。

14.4.2 案例：移动与翻转路径文字

1. 移动路径文字

移动路径文字只能在已经设置好的路径上进行移动。

01 在"图层"面板中选择文字图层，如图 14-52 所示。画面中会显示路径，如图 14-53 所示。

图 14-52

图 14-53

02 单击路径选择工具，将光标放于绕排于路径上的文字，如图 14-54 所示。用此光标拖动文字即可，如图 14-55 所示为移动后的效果。

图 14-54

图 14-55

2. 翻转路径文字

翻转路径文字与移动路径方法步骤基本相同，只需要在光标变化为 ⊄ 形时，单击并向路径下部拖动鼠标即可沿路径翻转文字，如图 14-56 所示为翻转后的效果。

图 14-56

14.4.3　案例：编辑文字路径

编辑路径是改变原路径，使文字重新排列。编辑路径后，路径上的文字会跟着一起变化，不需要再次输入文字。

01 在"图层"面板中选择文字图层，如图 14-57 所示。在画面中会显示路径，如图 14-58 所示。

图 14-57　　　　　图 14-58

02 选择直接选择工具，在路径上单击，显示出描点，如图 14-59 所示。移动描点的位置，可以修改路径的形状，文字会沿修改后的路径重新排列，如图 14-60 所示。

图 14-59　　　　　图 14-60

14.5　字符格式化

创建横排和直排文字后，都会在"图层"面板中创建相应的文字图层。文字图层是一种特殊的图层，它具有文字的特性，即可以对其文字大小、字体等随时进行修改。但如果要对文字图层应用描边、色彩调整等命令将无法实现，这时需要先通过栅格化文字操作将文字图层转换为普通图层。如图 14-61、图 14-62 所示为执行栅格化命令前后的对比图。

图 14-61　　　　　图 14-62

执行菜单栏中的"图层>栅格化>文字"命令，即可将文字层转换为普通层，文字就被转换为位图，这时的文字就不能再使用文字工具进行编辑了。在"图层"面板中，在文字图层名称位置单击鼠标右键，在弹出的快捷菜单中可以选择"栅格化文字"命令，也可以将文字层转换为形状层。在使用其他位图命令时，将弹出一个询问栅格化文字层的对话框，单击"确定"按钮，也可以将文字层栅格化。

14.5.1　使用"字符"面板

默认情况下，"字符"面板在 Photoshop 的文档窗口中是不显示的。可执行菜单栏中的"窗口>字符"命令，或者单击文字工具选项栏中的"显示／隐藏字符和段落面板"按钮，打开如图 14-63 所示的"字符"面板。

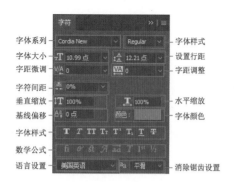

图 14-63

在"字符"面板中可以对文本的格式进行调整，包括字体、样式、大小、行距和颜色等。下面来详细讲解这些格式命令的使用。

- 设置字体：通过"字体系列"下拉列表，可以为文字设置不同的字体，一般比较常用的字体有宋体、仿宋、黑体等。要设置文字的字体，首先选择要修改字体的文字，如图 14-64 所示。然后在"字符"面板中单击"字体系列"右侧的下三角按钮，从弹出的字体下拉列表中选择楷体字体，即可将文字的字体修改。修改字体操作效果如图 14-65 所示。

图 14-64

- 设置字体大小：通过"字符"面板中"字体大小"下拉列表中选择相应的字号，可以设置文字的大小，也可以手动输入字号大小进行设置，文字的大小取值范围为

0.01~1296 点。另外，我们还可以快速查看不同大小的字号对应的文字大小情况，将鼠标移至"字符"面板"字体大小"位置，按住鼠标左键并左右拖动，即可查看字的变化情况。如图 14-66 所示为设置不同大小时文字所显示的效果。

图 14-65

图 14-66

- 设置行距：行距就是相邻两行基线之间的垂直纵向间距。可以在"字符"面板中的"设置行距"文本框中设置行距。选择一段要设置行距的文字，如图 14-67 所示，然后在"字符"面板中的"设置行距"下拉列表中选择一个行距值，也可以在文本框中输入新的行距数值，以修改行距。如图 14-68 所示为将原行距由"自动"修改为 60 点的操作效果。

图 14-67

图 14-68

图 14-70

 注意：

　　如果需要单独调整其中两行文字之间的行距，可以使用文字工具选取排列在上方的一排文字，然后再设置适当的行距值。

- 水平 / 垂直缩放文字：除了可以拖动文字框改变文字大小外，还可以使用"字符"面板中的"水平缩放"和"垂直缩放"来调整文字的缩放效果。可以从下拉列表中选择一个缩放的百分比数值，也可以直接在文本框中输入新的缩放数值。文字不同缩放效果如图 14-69 所示。

图 14-69

- 字距调整：在"字符"面板中，通过"字距调整"按钮可以设置选定字符的间距，它与"字距微调"按钮功能相似，只是这里不是定位光标位置，而是选择文字。具体操作是选择需要修改的文字，在"字距调整"下拉列表中选择数值，或直接在文本框中输入数值，即可修改选定文字的字符间距。不同字符间距效果，如图 14-70 所示。

 注意：

　　如果输入的值大于零，则字符间距增大；如果输入的值小于零，则字符的间距减小。

- 字符间距：将两个字符间的字距微调，用来设置两个字符之间的距离，与"字距调整"的调整相似，但不能直接调整选择的所有文字，只能将光标定位在某两个字符之间，调整这两个字符之间的间距。将光标定位在所要修改的两个字符之间。在"字距微调"下拉列表中选择数值，或直接在文本框中输入数值，效果如图 14-71 所示。

图 14-71

- 基线偏移：通过"字符"面板中的"基线偏移"按钮，可以调整文字的基线偏移量，一般利用该功能来编辑数学公式和分子式等表达式，默认的文字基线位于文字的底部位置。通过调整文字的基线偏移，可以将文字向上或向下调整位置。选择要调整的文字。在"基线偏移"下拉列表中设置选项，或者在文本框中输入新的数值，即可调整文字的基线偏移大小。默认的基线位置为 0，当输入的值大于零时，文字向上移动；当输入的值小于零时，文字向下移动。设置文字基线偏移的操作效果如图 14-72 所示。

图 14-72

- 字体颜色：单击"颜色"右侧的色块，将打开如图 14-73 所示的拾色器，可以通过该对话框来设置所选文字的颜色。

图 14-73

14.5.2 特殊字体样式的设置

该区域提供了多种设置特殊字体的按钮，选择要应用特殊效果的文字后，单击这些按钮即可应用特殊的文字效果，如图 14-74 所示。

图 14-74

特殊字体按钮的使用说明如下。

- 粗体 **T**：单击该按钮，可以将所选文字加粗。
- 仿斜体 **T**：单击该按钮，可以将所选文字倾斜显示。
- 全部大写字母 **TT**：单击该按钮，可以将所选文字的小写字母变成大写字母。
- 小型大写字母 **Tr**：单击该按钮，可以将所选文字的字母变为小型的大写字母。
- 上标 **T¹**：单击该按钮，可以将所选文字设置为上标效果。
- 下标 **T₁**：单击该按钮，可以将所选文字设置为下效果。
- 下划线 **T**：单击该按钮，可以为所选文字添加下划线效果。
- 删除线 **T**：单击该按钮，可以为所选文字添加删除线效果。

不同特殊字体效果如图 14-75 所示。

图 14-75

14.6 段落格式化

栅格化就是把图层变成像素，比如你用文字工具输入一串文字，它是一个文本图层，可以用文字工具修改。当右击选择"栅格化文字"后，文字图层变为一个图片图层，只能用图片工具处理，文字处理工具将对其图层失效。

14.6.1 "段落"面板

前面主要是介绍格式化字符操作，但如果使用较多的文字进行排版、宣传品制作等操作时，"字符"面板中的选项就显得有些无力了。这时就要应用 Photoshop CC 提供的"段落"面板进行操作。执行菜单栏中的"窗口 > 段落"命令，即可打开如图 14-76 所示的"段落"面板。

图 14-76

14.6.2 段落对齐设置

"段落"面板中的对齐按钮主要控制段落中各行文字的对齐情况，主要包括左对齐文本、居中对齐文本、右对齐文本、最后一行左对齐文本、最后一行居中对齐文本、最后一行右对齐和全部对齐7种对齐方式。左对齐如图 14-77 所示、右对齐如图 14-78 所示，居中对齐如图 14-79 所示。

最后一行左、右和居中对齐是将段落文本除最后一行外，其他的文字两端对齐，最后一行按左、右或者居中对齐，如图 14-80 所示为最后一行左对齐、如图 14-81 所示为最后一行右对齐，如图 14-82 所示为最后一行居中对齐。

图 14-77　　　　　　　图 14-78

图 14-79

图 14-80　　　　　　　图 14-81

全部对齐是将所有文字两端对齐，如果最后一行的文字过少而不能达到对齐时，可适当地将文字的间距拉大，以匹配两端对齐，如图 14-83 所示。

图 14-82　　　　　　　图 14-83

注意：
　　这里面讲解的是水平文字的对齐方式，对于垂直文字的对齐，这些对齐按钮命令将有所变化，但是应用方法是相同的。

14.6.3　段落缩进设置

　　首行缩进就是为选择段落的第一段的第一行文字设置缩进，缩进只影响选中的段落，因此可以给不同的段落设置不同的缩进效果。具体操作如下。

　　01 选择要设置首行缩进的段落，如图 14-84所示。

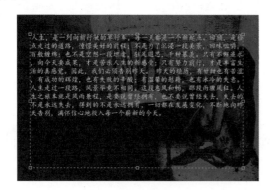

图 14-84

　　02 在首行左缩进　文本框中输入缩进的数值，如图 14-85所示，即可完成首行缩进。操作效果如图 14-86所示。

图 14-85　　　　　　　图 14-86

14.6.4　段落间距设置

　　段前和段后添加空格其实就是段落间距，段落间距用来设置段落与段落之间的距离，包括段前添加空格和段后添加空格。段前添加空格主要是用来设置当前段落与上一段之间的间距；段后添加空格主要是用来设置当前段落与下一段之间的间距。设置方法很简单，只需要选择一个段落，然后在相应的文本框中输入数值即可。原图如图 14-87所示，段前和段后添加空格设置的不同效果如图 14-88和图 14-89所示。

图 14-87　　　　　　　图 14-88

图 14-89

　　其他选项设置包括"避头尾法则设置""间距组合设置"和"连字"。下面来讲解它们的使用方法。

● 避头尾法则设置：用来设置标点符号的设置，设置标点符号是否可以放在行首。

● 间距组合设置：设置段落中文本的间距组合设置。从右侧的下拉列表中可以选择不同的间距组合设置。

● 连字：勾选此复选框，出现单词换行时，将出现连字符以连接单词。

14.6.5　连字设置

打开 Photoshop 软件，新建一个文件，单击文字工具输入文字，选择文字图层鼠标右击选择"栅格化文字"。按 Ctrl+ 文字图层（产生文字选区），单击关闭文字图层小眼睛（只保留选区）。

单击"路径"面板，进入"路径"面板单击下面的"从选区生成工作路径"按钮 ◇，产生灰色文字轮廓，选择钢笔工具可任意拖拉文字轮廓，可将文字笔画交叉或拖动，完成后单击工具栏中"路径选择工具"（黑箭头），选中所有文字轮廓，单击最下面的"将路径作为选区载入"按钮 ▦ （产生选区），返回"图层"面板，新建图层填充颜色，按快捷键 Ctrl+D 取消选区完成。

14.7　字符样式和段落样式

字符样式是通过一个步骤就可以应用于文本的一系列字符格式属性的集合。段落样式包括字符和段落格式属性，可应用于一个段落，也可应用于某范围内的段落。段落样式和字符样式分别位于不同的面板上。段落样式和字符样式有时称为文本样式。

14.8　编辑文本

在 Photoshop 中，除了可以在"字符"和"段落"面板中编辑文本外，还可以通过命令编辑文字，如进行拼写检查、查找和替换文本等。

14.8.1　拼写检查

执行"编辑 > 拼写检查"命令，可以检查当前文本中英文单词的拼写是否有误，如果检查到错误，Photoshop 还会提供修改建议。选择需要检查拼写错误的文本后，执行该命令可以打开"拼写检查"对话框，如图 14-90 和图 14-91 所示。

图 14-90　　　　　　　图 14-91

● 不在字典中：系统会将检查出的拼写错误的单词显示在该列表中。

● 更改为：可输入用来替换错误单词的正确单词。

● 建议：在检查到错误单词后，系统会将修改建议显示在该列表中。

● 检查所有图层：勾选该项，可以检查所有图层上的文本，否则只会检查当前选择的文本。

● 完成：可结束检查并关闭对话框。

● 忽略：忽略当前检查的结果。

● 全部忽略：忽略所有检查的结果。

● 更改：单击该按钮，可使用"建议"列表中提供的单词替换掉查找到的错误单词。

● 更改全部：使用拼写正确的单词替换掉文本中所有的错误的单词。

● 添加：如果被查找到的单词拼写正确，则可以单击该按钮，将该单词添加到 Photoshop 词典中。以后再查找到该单词时，Photoshop 将确认其为正确的拼写形式。

14.8.2　查找和替换文本

"编辑 > 查找和替换文本"命令也是一项基于单词的查找功能，使用它可以查找到当前文本中需要修改的文字、单词、标点或字符，并将其替换为正确的内容。如图 14-92 所示为"查找和替换文本"对话框。

图 14-92

在进行查找时，只需在"查找内容"文本框内输入要替换的内容，然后在"更改为"文本框内输入用来替换的内容，最后单击"查找下一个"按钮，Photoshop 会将搜索的内容高亮显示，单击"更改"按钮即可将其替换。如果单击"更改全部"按钮，则搜索并替换所找到文本的全部匹配项。

 注意：

在 Photoshop 中，不能查找和替换已经栅格化的文字。

14.8.3　案例：更新所有文字图层

01 打开 Photoshop，新建多个文字图层，如图 14-93 所示。

02 同时选中多个需要修改字体的文字图层（注意对比和上一图的区别），如图 14-94 所示。

03 单击"窗口"菜单项，选择"字符"选项，如图 14-95 所示。

04 弹出对话框，在字符选项卡中选择你想要的字体，如图 14-96 所示。

图 14-93

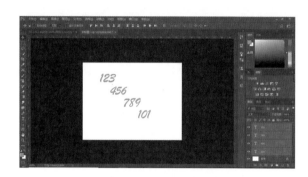

图 14-94

图 14-95

05 更改完成，效果如图 14-97 所示。

图 14-96

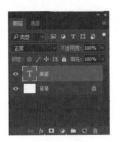

工作路径"命令，也可以创建工作路径。

　　选择一个文字图层，如图 14-98、图 14-99 所示，执行"文字 > 创建工作路径"命令，可以基于文字创建工作路径，原文字属性保持不变，如图 14-100 所示（为了观察路径，隐藏了文字图层）。生成的工作路径可以应用填充和描边，或者通过调整锚点得到变形文字，如图 14-101 所示。

图 14-98　　　　　　图 14-99

图 14-97

14.8.4　替换所有缺欠字体

　　打开一个新的 PSD 文件，如果里边的字体计算机里没有，Photoshop 会提示文本图层包含的字体丢失，这个时候单击确定，会让你选择用其他字体替换。如果计算机里没有这种字体还想用这种字体，去网上下载再存入计算机就可以了，那么打开的就不会有提示了。

14.8.5　基于文字创建工作路径

　　将文字转换为路径，是基于文字创建工作路径，原文字属性保持不变，生成的工作路径可以应用填充和描边，或者通过调整锚点得到变形文字。在"图层"面板中选择要转换为路径的文字图层并右击，在弹出的快捷键菜单中选择"创建

图 14-100

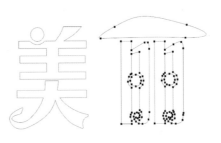

图 14-101

14.8.6　将文字转换为形状

　　在将文字图层转换为形状时，文字图层被替换为具有矢量蒙版的图层，用户可以编辑矢量蒙

版，并对图层应用样式，但无法在图层中将字符作为文本再进行编辑。

选择文字图层，如图 14-102 所示，执行"文字 > 转换为形状"命令，可以将它转换为形状图层，如图 14-103 所示。执行该命令后，不会保留文字图层。

图 14-102   图 14-103

14.8.7　OpenType 字体

OpenType 也叫 Type 2 字体，是由 Microsoft 和 Adobe 公司开发的另外一种字体格式。它也是一种轮廓字体，比 TrueType 更为强大，最明显的一个好处就是可以把 PostScript 字体嵌入到 TrueType 的软件中。并且支持多个平台，支持很大的字符集，还有版权保护，可以说它是 Type 1 和 TrueType 的超集。OpenType 标准还定义了 OpenType 文件名称的后缀名，包含 TureType 字体的 OpenType 文件后缀名为 .ttf，包含 PostScript 字体的文件后缀名为 .OTF。如果是包含一系列 TrueType 字体的字体包文件，那么后缀名为 .TTC。

第15章
滤镜、外挂滤镜与增效工具

学习提示

众多 Photoshop 用户将滤镜比喻为魔术师，经滤镜处理过后的图像会呈现出非凡的艺术效果，如同经过魔术棒的点化。在本章的学习中我们将会详细了解到各种滤镜的特点和使用方法。

本章重点导航

- ◎ 滤镜的介绍及使用方法
- ◎ 滤镜库
- ◎ 像素化滤镜组
- ◎ 艺术效果滤镜

15.1 滤镜的介绍及使用方法

Photoshop 中的滤镜是一种插件模块，可操作图像中的像素。滤镜主要是用来实现图像的各种特殊效果，它在 Photoshop 中具有非常神奇的作用。

15.1.1 什么是滤镜

所有的 Photoshop 滤镜都按分类放置在菜单中，使用时只需要从该菜单中执行该命令即可。滤镜的操作是非常简单的，但是真正用起来却很难恰到好处。滤镜通常需要同通道、图层等联合使用，才能取得最佳艺术效果。如果想在最适当的时候使滤镜到恰到好处，除了平常的美术功底之外，还需要用户对滤镜的熟悉和操控能力，甚至需要具有很丰富的想象力。这样，才能有的放矢地应用滤镜，发挥出艺术才华。

15.1.2 滤镜的种类和主要用途

- 杂色滤镜：有 4 种，分别为蒙尘与划痕、去斑、添加杂色、中间值滤镜，主要用于校正图像处理过程（如扫描）中的瑕疵。
- 扭曲滤镜：扭曲滤镜（Distort）是 Photoshop "滤镜"菜单下的一组滤镜，共 12 种。这一系列滤镜都是用几何学的原理来把一幅影像变形，以创造出三维效果或其他的整体变化。每一个滤镜都能产生一种或数种特殊效果，但都离不开一个特点——对影像中所选择的区域进行变形、扭曲。
- 抽出滤镜：抽出滤镜是 Photoshop 里的一个滤镜，其作用是用来抠图。抽出滤镜的功能强大，使用灵活，是 Photoshop 的御用抠图工具，它简单易用，容易掌握，如果应用得好的话抠出的效果非常得好。抽出即可以抠出繁杂背景中的散乱发丝，也

可以抠出透明物体和婚纱。
- 渲染滤镜：渲染滤镜可以在图像中创建云彩图案、折射图案和模拟的光反射。也可在 3D 空间中操纵对象，并从灰度文件中创建纹理填充以产生类似3D的光照效果。
- 风格化滤镜：Photoshop 中的风格化滤镜是通过置换像素和通过查找并增加图像的对比度，在选区中生成绘画或印象派的效果。它是完全模拟真实艺术手法进行创作的。在使用"查找边缘"和"等高线"等突出显示边缘的滤镜后，可应用"反相"命令用彩色线条勾勒彩色图像的边缘或用白色线条勾勒灰度图像的边缘。
- 液化滤镜：液化滤镜可用于推、拉、旋转、反射、折叠和膨胀图像的任意区域。当使用液化滤镜，您会将图像进行扭曲，而这扭曲可以是细微的或剧烈的，这就使"液化"命令成为修饰图像和创建艺术效果的强大工具。"液化"滤镜过用于 8 位 / 通道或 16 位 / 通道图像。
- 模糊滤镜：在 Photoshop 中模糊滤镜效果共包括 6 种滤镜，模糊滤镜可以使图像中过于清晰或对比度过于强烈的区域，产生模糊效果。它通过平衡图像中已定义的线条和遮蔽区域的清晰边缘旁边的像素，使变化显得柔和。

15.1.3 使用滤镜的规则

Photoshop CC 中的滤镜全部放在"滤镜"菜单中。该菜单由六部分组成，如图 15-1 所示。

第一部分显示的是上次使用的滤镜命令；第二部分为将智能滤镜应用于对象图层的命令；第三部分列出了六个较为特殊的滤镜命令；第四部分是具体的九个滤镜组；第五部分是 Digimarc 命令；最后一部分是"浏览联机滤镜"命令。

图 15-1

"滤镜"菜单中多数滤镜的使用方法基本相同，只需打开所需的图像窗口，然后选择"滤镜"菜单中相应的命令，再对弹出的对话框中设置适当的参数，最后确定即可。

15.1.4　使用滤镜的技巧

Photoshop 中滤镜的种类繁多、功能不一，应用不同的滤镜可以产生不同的图像效果，但滤镜也存在以下几点局限性。

- 滤镜不能应用于位图模式、索引颜色模式以及 16 位 / 通道的图像。
- 某些滤镜只能应用于 RGB 颜色模式，而不能应用于 CMYK 颜色模式，所以用户可以先将其他颜色模式转换为 RGB 颜色模式然后再应用滤镜。
- 滤镜是以像素为单位对图像进行处理的，因此在对不同分辨率的图像应用相同参数的滤镜时，所产生的图像效果也会不同。
- 在对分辨率较高的图像文件应用某些滤镜时，会占用较大的储存空间并导致计算机的运行速度减慢。
- 在对图像的某一部分应用滤镜时，可以先羽化选区的边缘，使其过渡平滑。

用户在学习使用滤镜时，不能只单独地看某一个滤镜的效果，应针对滤镜的功能特征进行分析，以达到真正认识滤镜的目的。

15.2　智能滤镜

15.2.1　智能滤镜与普通滤镜的区别

应用智能滤镜时，要先将图像转化为智能对象，然后为对象应用滤镜效果。

在 Photoshop 中，应用普通滤镜会随即修改图像的像素。智能滤镜则是一种非破坏性的滤镜，它将滤镜效果应用于智能对象上，不会在原图层上修改图像的初始数据。但它与应用普通滤镜的效果完全相同。普通滤镜的处理效果如图 15-2 所示。智能滤镜的处理效果如图 15-3 所示。原图如图 15-4 所示。

图 15-2　　　　　　图 15-3

图 15-4

15.2.2　案例：用智能滤镜制作窗外人照片

01 按 Ctrl+O 快捷键，打开素材，如图 15-5 所示。

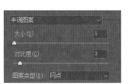

图 15-8　　　　图 15-9

图 15-5

图 15-10

02 执行"滤镜 > 转换为智能滤镜"命令，弹出如图 15-6 所示的对话框，单击"确定"按钮，将背景图层转换为智能对象，如图 15-7 所示。

图 15-6　　　　　图 15-7

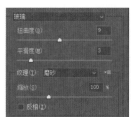

图 15-11　　　　图 15-12

03 执行"滤镜 > 滤镜库 > 素描 > 半调图案"命令，打开滤镜库，将"图案类型"设置为"网点"，其他参数如图 15-8 所示；单击"确定"按钮，对图像应用智能滤镜，如图 15-9 为智能滤镜图层，图 15-10 为效果图。

04 执行"滤镜 > 滤镜库 > 素描 > 扭曲 > 玻璃"命令，打开滤镜库，将"纹理"设置为"磨砂"，其他参数如图 15-11 所示；单击"确定"按钮，对图像应用智能滤镜，如图 15-12 为智能滤镜图层、图 15-13 为效果图。至此本例结束，得到了图中人物如同是透过磨砂玻璃看到的效果。

图 15-13

15.2.3　案例：修改智能滤镜

在使用 Photoshop 的时候，经常会用到滤镜制作一些特殊效果，有时觉得效果不好可能还要返回重做。现在 Photoshop 添加了智能滤镜功能，也就是先把图层转成智能对象，再添加滤镜，就是智能滤镜，可以随时修改滤镜的效果。

01 在这个文档中，除了背景层，还有一个风景图像图层，如图 15-14 所示。

图 15-14

02 如果我们要想使用智能滤镜，就要把这个图层转成智能对象。在图层上右键单击，选择"转为智能对象"命令，如图 15-15 所示。

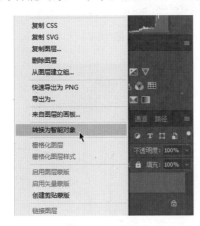

图 15-15

03 也可以选中图层后，选择"滤镜转为智能滤镜"命令，如图 15-16 所示。

04 单击"确定"按钮，如图 15-17 所示。

图 15-16

图 15-17

05 选中当前智能对象图层，选择"滤镜 > 模糊 > 高斯模糊"命令，如图 15-18 所示。

图 15-18

06 调整一下高斯模糊参数，如图 15-19 所示。

07 单击"确定"按钮，图层下面添加了一个智能对象效果，下面有滤镜的名称。可以双击滤镜名称重新编辑滤镜，如图 15-20 所示。

图 15-19

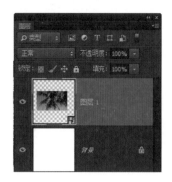

图 15-20

08 重新编辑高斯模糊滤镜参数，如图 15-21 所示。

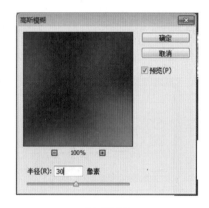

图 15-21

09 滤镜名称后面还有一个滤镜混合选项，双击打开，如图 15-22 所示。

10 可以调整滤镜的模式和效果不透明度，如图 15-23 所示。

图 15-22

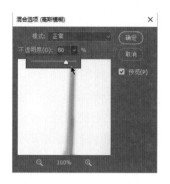

图 15-23

15.2.4 重新排列智能滤镜

当我们在智能滤镜的图层中上下拖动所应用的滤镜时，可以改变滤镜的排列顺序，如图 15-24 所示。Photoshop 会按照由下而上的顺序应用滤镜，因此，图像效果会发生改变，如图 15-25 所示。

图 15-24

图 15-25

图 15-25（续）

15.2.5　显示与隐藏智能滤镜

当我们单击单个智能滤镜旁边的眼睛  图标时，该滤镜效果会被隐藏如图 15-26 所示。而当单击智能滤镜图层旁边的眼睛图标时，此图层内所有的滤镜效果就被隐藏，如图 15-27 所示，也可执行"图层 > 智能滤镜 > 停用智能滤镜"命令。如果要重新显示智能滤镜，可在滤镜的眼睛图标处单击。

图 15-26

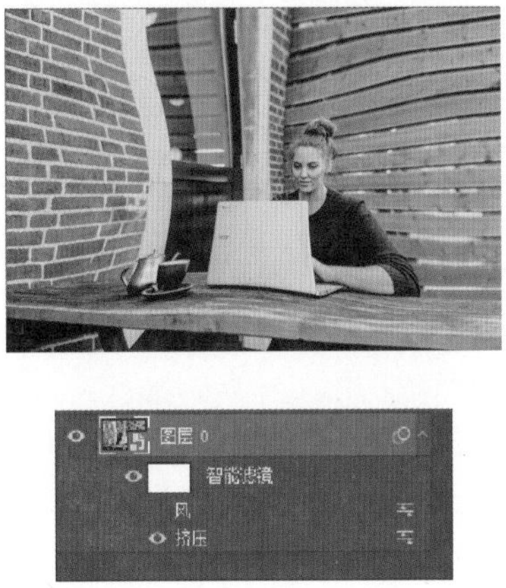

图 15-27

15.2.6　复制智能滤镜

当我们在"图层"面板中按住 Alt 键，将智能滤镜从一个智能对象拖动到另一个智能对象上，或拖动到智能滤镜列表中的新位置，放开鼠标以后，可以复制智能滤镜，如图 15-28 所示。如果要复制所有智能滤镜，可按住 Alt 键并拖动在智能对象图层旁边出现的智能滤镜图标 ，如图 15-29 所示。

图 15-28　　　　　图 15-29

15.2.7　删除智能滤镜

当我们想删除单个智能滤镜时，可以将它拖动到"图层"面板中的"删除"按钮 上，如图 15-30、图 15-31 所示；如果要删除应用于智能对象的所有智能滤镜，可以选择该智能对象图层，然后执行"图层 > 智能滤镜 > 清除智能滤镜"命令，如图 15-32 所示。

图 15-30

图 15-31

图 15-32

15.3 滤镜库

15.3.1 滤镜库介绍

执行"滤镜 > 滤镜库"命令，打开滤镜库，如图 15-33 所示。

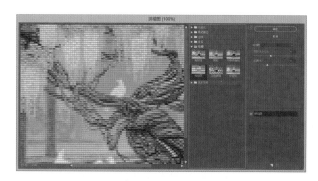

图 15-33

- 预览区：可以预览应用滤镜后的效果。
- 滤镜类别：滤镜库中包含六组滤镜。展开某滤镜后单击其中一种即可使用。
- 当前选择的滤镜缩略图：显示了当前使用的滤镜。
- 显示 / 隐藏滤镜缩略图：单击此按钮可以隐藏滤镜的缩略图，将空间留给预览区，再次单击则显示缩略图。
- 弹出式菜单：单击选项中的按钮，可在打开的下拉菜单中选择需要的滤镜。
- 参数设置区：在此区域中可以设置当前滤镜的参数。
- 新建效果图层：单击此按钮可创建滤镜效果图层。新建的图层会应用上一个图层的滤镜，单击其他滤镜就会修改当前效果。
- 删除效果图层：单击此按钮可删除当前的滤镜效果图层。

15.3.2 效果图层

当目标图像在滤镜库中应用多个滤镜后，会在滤镜形成效果图层列表，位于窗口右下方如图 15-34 所示。

(1) 当前选择的滤镜。

(2) 已应用但未选择的滤镜。

(3) 隐藏的滤镜。

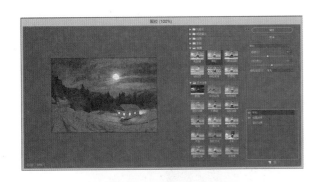

图 15-34

图 15-38 所示。为图片添加暗角效果，如图 15-39 所示。

图 15-36

15.3.3 案例：用滤镜库制作抽丝效果照片

01 按 Ctrl+O 快捷键，打开素材，如图 15-35 所示。

图 15-35

图 15-37

02 将前景色设置为蓝色（R：30、G：150、B：150），背景色设置为白色。执行"滤镜 > 素描 > 半调图案"命令，打开滤镜库，将"图案类型"设置为"直线"，"大小"设置为 10，"对比度"设置为 5，如图 15-36 所示。单击"确定"按钮，关闭滤镜库，效果如图 15-37 所示。

03 执行"滤镜 > 镜头校正"命令，打开"镜头校正"对话框，在"自定"中将调为最低如

图 15-38

图 15-39

04 执行"编辑 > 渐隐镜头"命令，将滤镜混合模式设为"叠加"，参数设置如图 15-40 所示，效果如图 15-41 所示。至此，本例结束。

图 15-40

图 15-41

15.4 风格化滤镜组

风格化滤镜组通过置换图像中的像素和增加图像的对比度使图像产生绘画或印象派的艺术效果。

15.4.1 查找边缘

该滤镜主要用来搜索颜色像素对比度变化剧烈的边界，将高反差区变亮，低反差区变暗，其他区域则介于二者之间，将僵硬的画面变成柔软的线条，形成一个厚实的轮廓。如图 15-42 所示为原图像，图 15-43 所示为滤镜效果，该滤镜无对话框。

图 15-42 　　　　　　 图 15-43

15.4.2 等高线

该滤镜与"查找边缘"滤镜相似，它沿亮区和暗区边界绘出一条较细的线，获得与等高线图中的线条类似的效果。如图 15-44 为滤镜参数，图 15-45 为效果图。

图 15-44 　　　　　　 图 15-45

- 色阶：用于设置边线颜色的等级。
- 边缘：用来设置处理图像边缘的位置，以及边界的产生方法。选择"较低"时，可在基准亮度等级以下的轮廓上生成等高线；选择"较高"，则在基准亮度等级以上的轮廓上生成等高线。

15.4.3 风

选择"风"滤镜,可以在图像上设置出风的效果。如图 15-46 所示为滤镜参数,图 15-47、图 15-48 为原图像和效果图。该滤镜只在水平方向起作用,要产生其他方向的风吹效果,需要先将图像旋转,然后再使用此滤镜。

- 方法:用于调整风的强度,包括"风""大风"和"飓风"。
- 方向:用来设置风吹的方向,即从右向左吹,还是从左向右吹。

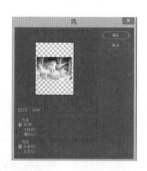

图 15-46

图 15-47　　　　　图 15-48

15.4.4 浮雕效果

该滤镜可以在图像上应用明暗来表现出浮雕效果,使图像中的边线部分显示颜色,表现出立体感。如图 15-49 所示为滤镜参数、图 15-50 所示为效果图。

- 角度:用来设置照射浮雕的光线角度,光线角度会影响浮雕的凸出位置。
- 高度:用来设置浮雕效果凸起的高度,该值越高浮雕效果越明显。
- 数量:设置浮雕效果滤镜的应用程度,设

置的参数越大浮雕效果越明显。

图 15-49　　　　　图 15-50

15.4.5 扩散

该滤镜可以使图像中相邻的像素按规定的方式有机移动,使图像扩散,形成一种类似于透过磨砂玻璃观察对象时的分离模糊效果,如图 15-51 所示为滤镜参数,图 15-52 所示为效果图。

图 15-51　　　　　图 15-52

15.4.6 拼贴

该滤镜可以将图像割成有规则的分块,并使其偏离其原来的位置,从而形成拼图状的瓷砖效果,图 15-53 为滤镜参数,图 15-54 为效果图。

- 拼贴数:设置图像拼贴瓷砖的个数。
- 最大位移:设置拼贴块的间隙。
- 填充空白区域:设置瓷砖之间空间的颜色处理方法。可选择背景色、前景颜色、反向图像、未改变的图像四种方法。

图 15-53　　　　图 15-54

15.4.7　曝光过度

该滤镜可以产生正片和负片混合的效果，类似于摄影中增加光线强度而产生的过度曝光效果，如图 15-55 所示。该滤镜无对话框。

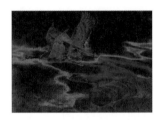

图 15-55

15.4.8　凸出

该滤镜可以给图像加上叠瓦效果，即将图像分成一系列大小相同且有机重叠放置的立方体或锥体，产生特殊的 3D 效果，图 15-56 为滤镜参数，图 15-57 为效果图。

图 15-56　　　　图 15-57

- 类型：用来控制三维效果的形状。选择"块"，可以创建具有一个方形的正面和四个侧面的对象；选择"金字塔"，则创建具有相交于一点的四个三角形侧面的对象。
- 大小：用来设置立方体或金字塔底面的大小。

- 深度：用来控制立体化的高度或从图像凸起的深度，"随机"表示为每个块或金字塔设置一个任意的深度；"基于色阶"则表示使每个对象的深度与其亮度对应，越亮凸出得越多。
- 立方体正面：勾选该选项，图像立体化后超出界面部分保持不变。

15.4.9　照亮边缘

该滤镜可以搜索主要颜色变化区域，加强其过渡像素，并向其添加类似霓虹灯的光亮，从而产生轮廓发光的效果。图 15-58 为滤镜参数，图 15-59 为效果图。

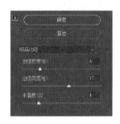　　

图 15-58　　　　图 15-59

- 边缘宽度 / 边缘亮度：用来设置发光边缘的宽度和亮度。
- 平滑度：用来设置发光边缘的平滑程度。

15.4.10　油画

该滤镜可以搜索主要颜色变化区域，向其添加类似油画的光亮。图 15-60 为滤镜参数，图 15-61 为效果图。

图 15-60　　　　图 15-61

15.5 画笔描边滤镜组

15.5.1 成角的线条

该滤镜可以利用一定方向的画笔重新绘制图像，用一个方向的线条绘制亮部区域，再用相反方向的线条绘制暗部区域，最终表现出油墨效果。如图 15-62 所示为原图像，图 15-63、图 15-64 所示为滤镜参数及效果。

图 15-62

图 15-63   图 15-64

- 方向平衡：值设置的大，就会从右上端向左下端应用画笔；值设置的小，则会从左上端向右下端应用画笔。
- 描边长度：用来设置对角线条的长度。
- 锐化程度：用来设置对角线条的锋利程度。

15.5.2 墨水轮廓

该滤镜能够在图像的轮廓上做出钢笔勾画的效果，用纤细的线条在原细节上重绘图像，图 15-65

为滤镜参数，图 15-66 为效果图。

图 15-65   图 15-66

- 描边长度：用来设置画笔长度。
- 深色强度：用来设置线条阴影的强度，参数越大，阴暗部分越大，画笔越深。
- 光照强度：用来设置线条高光的强度，参数越高，高光部分越大。

15.5.3 喷溅

该滤镜能够模拟喷枪，使图像产生颗粒飞溅的沸水效果，图 15-67 为滤镜参数，图 15-68 为效果图。

图 15-67   图 15-78

- 喷色半径：设置喷射浪花的辐射范围，数值越高，颜色越分散，范围越大。
- 平滑度：设置喷射效果的平滑程度。

15.5.4 喷色描边

该滤镜比"喷溅"滤镜产生的效果更均匀一些，可以使用图像的主导色，用成角的、喷溅的颜色线条重新绘画图像，产生斜纹飞溅效果，图 15-69 为滤镜参数，图 15-70 为效果图。

| 图 15-69 | 图 15-70 |

- 描边长度：用来设置笔触的长度。
- 描边方向：用来设置线条方向。
- 喷色半径：用来控制喷洒的范围，数值越大平滑度越高，图像越柔和。

15.5.5 强化的边缘

该滤镜可以强调图像的边线，可在图像的边线绘制形成颜色对比强烈图像。当设置高的边缘亮度值时，强化效果类似白色粉笔，图 15-71 为滤镜参数，图 15-72 为效果图；设置低的边缘亮度值时，强化效果类似黑色油墨，图 15-73 为滤镜参数、图 15-74 为效果图。

| 图 15-71 | 图 15-72 |

| 图 15-73 | 图 15-74 |

- 边缘宽度：用来设置强化图像轮廓的边缘线的宽度。
- 边缘亮度：用来设置强化图像轮廓的边缘

线的亮度。

- 平滑度：用来设置边缘的平滑程度，该值越高，画面效果越柔和。

15.5.6 深色线条

该滤镜用长的白色线条绘制亮区，用短而紧密的深色线条绘制暗部区域，使图像产生一种很强烈的黑色阴影效果。图 15-75 为滤镜参数，图 15-76 为效果图。

| 图 15-75 | 图 15-76 |

- 平衡：用来控制图像的平衡度和图像线条的清晰度。
- 黑色强度：用来设置绘制的黑色调的强度。
- 白色强度：用来设置绘制的白色调的强度。

15.5.7 烟灰墨

该滤镜可以使图像表现出木炭画或墨水被宣纸吸收后洇开的效果，类似于日本画的绘画风格。图 15-77 为滤镜参数，图 15-78 为效果图。

| 图 15-77 | 图 15-78 |

- 描边宽度：用来设置笔触的宽度。
- 描边压力：用来设置笔触的压力。
- 对比度：用来设置图像中颜色对比度。

15.5.8 阴影线

该滤镜可以保留原始图像的细节和特征，同时使用模拟的铅笔阴影线添加纹理，使图像产生用交叉网线描绘或雕刻的效果，并产生一种网状阴影。图 15-79 为滤镜参数，图 15-80 为效果图。

图 15-79　　　　　　图 15-80

- 描边长度：用来设置线条的长度。
- 锐化程度：用来设置线条的清晰程度。
- 强度：用来设置线条的数量和笔触力量。

15.6 模糊滤镜组

15.6.1 表面模糊

该滤镜可以在保留图像边缘的情况下模糊图像。它的特点是在平滑图像的同时能保持不同色彩边缘的清晰度，常用来消除图像中的杂色或颗粒。如图 15-81 为滤镜参数，图 15-82 为效果图。

- 半径：用来指定模糊取样区域的大小。
- 阈值：用来控制相邻像素色调值与中心像素值相差多大时才能成为模糊的一部分，色调之差小于阈值的像素将被排除在模糊之外。

图 15-81　　　　　　图 15-82

15.6.2 动感模糊

该滤镜可以模拟摄像师拍摄运动物体时的间接曝光的功能，从而使图像产生一种动态效果。图 15-83 为滤镜参数、图 15-84 为效果图。

图 15-83　　　　　　图 15-84

- 角度：用来设置模糊方向（−360～＋360）。可输入角度数值，也可以拖动指针调整角度。
- 距离：用来控制图像动感模糊的强度（1～999）。

15.6.3 方框模糊

该滤镜可以使需要模糊的区域呈小方块的形状进行模糊。图 15-85 为滤镜参数，图 15-86 为效果图。

图 15-85　　　　　　图 15-86

- 半径：用于计算给定像素的平均值的区域大小。

15.6.4 高斯模糊

该滤镜可以为图像添加低频细节，使图像产生一种雾化效果。如图 15-87 所示为滤镜参数，如图 15-88 所示为效果图。

图 15-87　　　　图 15-88

- 半径：用来设置模糊的范围，它以像素为
  单位，数值越高，模糊效果越强烈。

15.6.5　模糊与进一步模糊

　　"模糊"和"进一步模糊"滤镜的模糊效果
都较弱，它们可以在图像中有显著颜色变化的地
方消除杂色。"模糊"滤镜通过平衡已定义的线条，
光滑处理对比度过于强烈的区域，使变化显得柔
和"进一步模糊"滤镜所产生的效果要比"模糊"
滤镜强 3～4 倍。这两个滤镜都没有对话框。

15.6.6　径向模糊

　　该滤镜可以模拟摄影时旋转相机或聚焦、变
焦效果，产生一种柔化模糊。如图 15-89 为滤镜
参数，图 15-90 为原图像。

- 模糊方法：选择"旋转"，图像会以中
  心模糊为基准旋转并平滑图像像素，如
  图 15-91 所示；选择"缩放"，图像会以中
  心模糊为基准并产生放射状模糊效果，如
  图 15-92 所示。

图 15-89　　　　图 15-90

图 15-91　　　　图 15-92

- 中心模糊：在该框内单击，可以设置基准
  点，基准点位置不同模糊中心也不相同，
  如图 15-93、图 15-94 所示为不同基准点
  的模糊效果（模糊方法为"缩放"）。

图 15-93

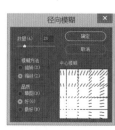

图 15-94

- 数量：用来设置模糊的强度。数量越大模
  糊强度越大。
- 品质：用来设置模糊的平滑程度。选择"草
  图"，处理的速度最快，但会产生颗粒状
  效果；选择"好"和"最好"都可以产生
  较为平滑的效果，但除非在较大选取上，
  否则看不出这两种品质的区别。

15.6.7 镜头模糊

该滤镜是向图像中添加模糊以产生更窄的景深效果，以便使图像中的一些对象在焦点内，而使另一些区域变模糊。"镜头模糊"对话框如图 15-95 所示。

图 15-95

镜头模糊的相关选项的功能介绍如下。

- 预览：选择"更快"单选按钮，可以提高预览速度。选择"更加准确"单选按钮，可查看图像的最终版本。但预览需要的生成时间较长。
- 深度映射：在"源"选项下拉列表中可以选择使用 Alpha 通道和图层蒙版来创建深度映射如果图像包含 Alpha 通道并选择了该项，Alpha 通道中的黑色区域被视为位于照片的前面，白色区域被视为位于远处的位置。"模糊焦距"选项用来设置位于焦点内的像素的深度。如果勾选"反相"，可以反转蒙版和通道，然后再将其应用。

- 光圈：在"形状"下拉列表框中选择所需的光圈形状；"半径"值越大，图像模糊效果越明显；"叶片弯度"是对光圈边缘进行平滑处理；"旋转"用于光圈角度的旋转。
- 镜面高光："亮度"是对高光亮度的调节；"阈值"是用于选择亮度截止点。
- 杂色：拖动"数量"滑块来增加或减少杂色；选择"平均"单选按钮或"高斯分布"，在图像中添加杂色的分布模式。要想在不影响颜色的情况下添加杂色，勾选"单色"复选框。

15.6.8 模糊

该滤镜是向图像中添加模糊以产生轻微的模糊效果，是最基础的一个模糊滤镜。

15.6.9 平均

该滤镜可以找出图像或选区的平均颜色，然后用该颜色填充图像或选区以创建平滑的外观，图 15-96 为原图，图 15-97 为效果图。该滤镜无对话框。

图 15-96　　　　　　　图 15-97

15.6.10 特殊模糊

该滤镜可以将图像进行精确的模糊从而使图像产生一种清晰边界的模糊效果。如图 15-98 为滤镜参数，图 15-99 为原图像。

图 15-98 　　　　图 15-99

- 半径：设置的参数越大，应用模糊的像素就越多。
- 阈值：设置应用在相似颜色上的模糊范围。
- 品质：设置图像的品质，包括"低""中等"和"高"三种。
- 模式：设置效果的应用方法。在"正常"模式下，不会添加特殊效果，如图 15-100 所示；选择"仅限边缘"模式，只将轮廓表现为黑白阴影，如图 15-101 所示；选择"叠加边缘"模式，则以白色描绘出图像轮廓像素亮度值变化强烈的区域，如图 15-102 所示。

图 15-100 　　　　图 15-101

图 15-102

15.6.11　形状模糊

该滤镜可以在其对话框中选择预设的形状，创建特殊的模糊效果。图 15-103 为滤镜参数，图 15-104 为效果图。

图 15-103 　　　　图 15-104

- 半径：用来设置所选形状的大小，该值越高，模糊效果越好。
- 形状列表：用于选择模糊时的形状。单击列表右侧的 按钮，可以在打开的下拉列表中载入其他形状。

15.7　扭曲滤镜组

15.7.1　波浪

该滤镜可以制作出类似于波浪的弯曲图像。如图 15-105 所示为滤镜对话框，如图 15-106 所示为原图像。

图 15-105 　　　　图 15-106

- 生成器数：用来设置产生波的数量。
- 波长：它分为最小波长和最大波长两部分，

其最大值和最小值决定相邻波峰之间的距离，最小波长不能超过最大波长。

- 波幅：它分为最大和最小的波幅，最大值与最小值决定波的高度，其中最小的波幅不能超过最大的波幅。
- 比例：控制水平和垂直方向的波动幅度。
- 类型：它包括"正弦""三角形"和"方形"三种，用来设置波浪的形态，如图 15-107 所示，分别为正弦、三角形、方形。
- 随机化：单击此按钮，可以为波浪指定一种随机效果。
- 折回：将变形后超出图像边缘的部分反卷到图像的对边。
- 重复边缘像素：将图像中因为弯曲变形超出图像的部分分布到图像的边界上。

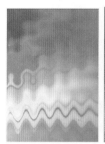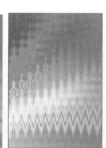

图 15-107

15.7.2 波纹

该滤镜能在图像上创建波状起伏的图案，像水池中的波纹一样。如图 15-108 所示为滤镜参数，图 15-109 为效果图。

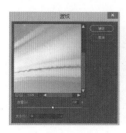

图 15-108　　　　图 15-109

- 数量：控制产生波的数量。
- 大小：设置波纹的大小，提供了"大""中""小"三个选项。

15.7.3 玻璃

该滤镜能在图像上创建波状起伏的图案，像玻璃的反射波纹一样。如图 15-110 所示为滤镜参数，图 15-111 为效果图。

- 扭曲度：控制产生波的数量。
- 平滑：控制产生波的平滑程度。
- 纹理：控制波纹的形状。
- 大小：设置波纹的大小，提供了"大""中""小"三个选项。

图 15-110　　　　图 15-111

15.7.4 海洋波纹

该滤镜能在图像上创建波状起伏的图案，像海洋的波纹一样。如图 15-112 所示为滤镜参数，图 15-113 为效果图。

图 15-112　　　　图 15-113

- 波纹幅度：控制产生海洋波纹的幅度大小。
- 缩放：设置波纹的大小。

15.7.5　极坐标

该滤镜是将图像在平面坐标和极坐标之间进行转换。如图 15-114 所示为滤镜对话框，图 15-115、图 15-115 所示为两种极坐标效果。

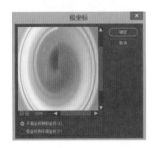

图 15-114

图 15-115　　　　图 15-116

15.7.6　挤压

该滤镜可以使图像的中心产生凸起或凹下的效果。如图 15-117 所示为"挤压"对话框。"数量"用于控制挤压程度，该值为负值时图像向外凸出，如图 15-118 所示；为正值时图像向内凹陷，如图 15-119 所示。

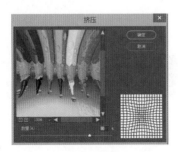

图 15-117

图 15-118　　　　　图 15-119

15.7.7　扩散亮光

该滤镜可以将图像渲染成像是透过一个柔和的扩散滤镜来观看的。此滤镜添加透隐亮光，如图 15-120 所示。

如图 15-121 所示可以调节如下参数。

- 粒度：控制产生颗粒的明度。
- 发光量：控制产生颗粒的大小。
- 清除数量：控制产生颗粒的反向数量，数值越大颗粒越少，数值越小，颗粒越大。

图 15-120

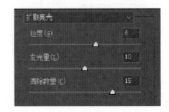

图 15-121

15.7.8 切变

该滤镜能沿一条自定的曲线的曲率扭曲图像。"切变"对话框中提供了曲线的编辑窗口，可以通过单击并拖动鼠标的方法来改变曲线。如果要删除某个控制点，将它拖至对话框外即可。如图 15-122 为滤镜参数，图 15-123 为原图。

图 15-122　　　　　图 15-123

- 折回：将图像左边切变出图像边界的像素填充于图像右边的空白区域，如图 15-124所示。
- 重复边缘像素：在图像边界不完整的空白区域填入扭曲边缘的像素颜色，如图 15-125所示。

图 15-124　　　　　图 15-125

15.7.9 球面化

该滤镜可以通过立体球形的镜头扭曲图像，使图像产生 3D 效果。如图 15-126 为滤镜参数，图 15-127 为原图像。

- 数量：用来控制图像的变形强度，该值为正值时，图像向外凸起，如图 15-128 所示。为负值时向内收缩，如图 15-129 所示。
- 模式：用来设置图形的变形方式，包括"正常""水平优先"和"垂直优先"。

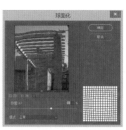 

图 15-126　　　　　图 15-127

图 15-128　　　　　图 15-129

15.7.10 水波

该滤镜可以在图像上设置水面上出现的同心圆的水波形态，产生类似于向水池中投入石子的效果。如图 15-130 所示为"水波"对话框，图 15-131 所示为在图像中创建的选区。

图 15-130　　　　　图 15-131

- 数量：用来设置水波效果的密度，负值产生下凹的波纹，正值产生上凸的波纹。
- 起伏：用来设置水波方向从选区的中心到

其边缘的反转次数，范围为 1 ~ 20。该值越高，起伏越大，效果越明显。

- 样式：用来设置水波的不同形式。选择"围绕中心"，可以围绕图像的中心产生波纹，如图 15-132 所示；选择"从中心向外"，波纹从中心向外扩散，如图 15-133 所示；选择"水池波纹"，可产生同心状波纹，如图 15-134 所示。

图 15-132   图 15-133

图 15-134

15.7.11 旋转扭曲

该滤镜是按照固定的方式旋转像素使图像产生旋转的风轮效果，旋转时会以中心为基准点，而且中心旋转的程度比边缘大。如图 15-135 为滤镜参数，图 15-136 为原图像。

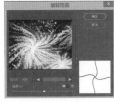

图 15-135   图 15-136

- 角度：用来设置图像扭曲方向，值为正值时沿顺时针方向扭曲，如图 15-137 所示；为负值时沿逆时针方向扭曲，如图 15-138 所示。

图 15-137   图 15-138

15.7.12 置换

该滤镜可用一幅 PSD 格式的图像中的颜色和形状来确定当前图像中图形改变的形式。图 15-139 所示为用于置换的 PSD 图，图 15-140 为原图，图 15-141 所示为"置换"对话框，选择置换图并单击"打开"按钮，即可使用该它扭曲图像，如图 15-142 所示。

图 15-139

图 15-140

图 15-141

图 15-142

图 15-143　　　　图 15-144

图 15-145　　　　图 15-146

15.8 锐化滤镜组

15.8.1 锐化与进一步锐化

这两个滤镜的主要功能都是通过增加像素间的对比度使图像变得清晰，锐化效果不是很明显。不同之处在于"进一步锐化"比"锐化"滤镜的效果强烈些，相当于应用了 2～3 次"锐化"滤镜。

15.8.2 锐化边缘与 USM 锐化

"锐化边缘"滤镜是查找图像中颜色发生显著变化的区域，然后将其锐化。该滤镜只锐化图像的边缘，同时保留总体的平滑度。"USM 锐化"滤镜则提供了选项，如图 15-143 所示，对于专业的色彩校正，可以使用该滤镜调整边缘细节的对比度。如图 15-144 所示为原图像，图 15-145 所示为使用"锐化边缘"滤镜锐化的效果，图 15-146 所示为使用"USM 锐化"滤镜锐化的效果。

- 数量：用来设置锐化效果的强度。该值越高，锐化效果越明显。
- 半径：用来设置锐化的半径。
- 阈值：用来设置相邻像素间的比较值，该值越高，被锐化的像素就越少。

15.8.3 智能锐化

该滤镜可以通过固定的锐化算法对图像进行整体锐化，也可以控制阴影和高光区域的锐化量，更加细致地控制图像锐化效果，如图 15-147 所示为"智能锐化"对话框。

图 15-147

- 数量：用来设置锐化数量，较大的值可增强边缘像素之间的对比度，从而看起来更加锐利。

- 半径：用来设置边缘像素周围受锐化影响的像素数量，该值越高，受影响的边缘就越宽，锐化的效果也就越明显。

- 移去：提供了"高斯模糊""镜头模糊""动感模糊"三种锐化算法。选择"高斯模糊"，可使用"USM 锐化"滤镜的方法进行锐化；选择"镜头模糊"，可检测图像中的边缘和细节，并对细节进行更精细的锐化，减少锐化的光晕；选择"动感模糊"，可通过设置"角度"来减少由于相机或主体移动而导致的模糊效果。

15.9 视频滤镜组

15.9.1 NTSC 颜色

该滤镜将色域限制在电视机重现可接受的范围内，以防止过饱和颜色渗到电视扫描行中。此滤镜对基于视频的因特网系统上的 Web 图像处理很有帮助。此组滤镜不能应用于灰度、CMYK 和 Lab 模式的图像。

15.9.2 逐行

该滤镜通过去掉视频图像中的奇数或偶数交错行，使在视频上捕捉的运动图像变得平滑。可以选择"复制"或"插值"来替换去掉的行。此组滤镜不能应用于 CMYK 模式的图像。如图 15-148 所示为"逐行"对话框。

- 消除：选择"奇数行"，可删除奇数扫描线；选择"偶数行"，可删除偶数扫描线。

- 创建新场方式：用来设置消除后以何种方式来填充空白区域。选择"复制"，可

复制被删除部分周围的像素来填充空白区域；选择"插值"，则利用被删除部分周围的像素，通过插值的方法进行填充。

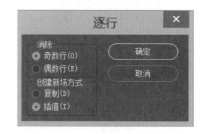

图 15-148

15.10 素描滤镜组

15.10.1 半调图案

"半调图案"滤镜在保持连续的色调范围的同时，模拟半调网屏的效果。可以设置半调大小、对比度以及图案类型，如图 15-149~图 15-151 所示。

图 15-149

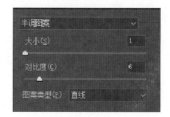

图 15-150

图 15-151

15.10.2 便条纸

"便条纸"滤镜通过组合"浮雕"滤镜和"颗粒"滤镜的效果，模拟手工制纸的纹理。图像黑暗的区域，会被模拟为剪下的部分，也就是说这部分区域是通透的，这使背景色透露出来。可以设置图像平衡、粒度和凸现如图 15-152、图 15-153 所示。

图 15-152

图 15-153

15.10.3 粉笔和炭笔

"粉笔和炭笔"滤镜重新绘制图像的高光和中间调，用粗糙粉笔绘制纯色中间调灰色背景。阴影区域用黑色对角炭笔线条替换。炭笔用前景色绘制，粉笔用背景色绘制。可以设置描边压力以及炭笔和粉笔区域，如图 15-154、图 15-155 所示。

图 15-154

图 15-155

15.10.4 铬黄渐变

"铬黄渐变"滤镜通过将高光用作反射表面中的高点，将阴影用作反射表面中的低点，提供磨光铬黄表面。可以设置铬黄表面细节和平滑度的色阶，如图 15-156、图 15-157 所示。

 注意：

应用"铬黄"渐变滤镜后，使用"色阶"对话框可以增加图像的对比度。

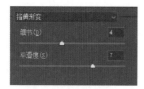

图 15-156

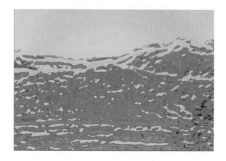

图 15-157

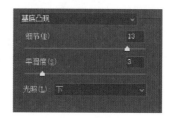

图 15-160

15.10.6 基底凸现

"基底凸现"滤镜将图像转换为好像是在低凸陷中雕刻的一样,光照可突出表面的变化。图像的暗区呈现前景色,而亮区使用背景色。可以设置凸现细节和平滑度,如图 15-160、图 15-161 所示。

图 15-161

15.10.5 绘图笔

"绘图笔"滤镜使用较细的线性油墨描边以捕捉原始图像中的细节,对于扫描的图像效果尤为明显。此滤镜使用前景色作为油墨,并使用背景色作为纸张,以替换原图像中的颜色。可以设置描边长度和方向以及明/暗平衡,如图 15-158、图 15-159 所示。

图 15-158

图 15-159

15.10.7 塑料效果

"塑料效果"滤镜将图层塑造成 3D 塑料的效果,然后使用前景色和背景色对结果进行着色,暗区凸起,亮区凹陷。可以设置图像平衡、平滑度和光照方向,如图 15-162 所示。

图 15-162

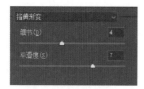

15.10.8 水彩画纸

"水彩画纸"滤镜使用斑斑点点的涂抹，使图像看起来就像在纤维性的湿纸上绘制的一样，使颜色流动并且混合在一起。可以设置纸张的纤维长度、亮度和对比度，如图 15-163、图 15-164 所示。

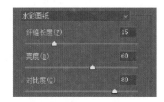

图 15-163

图 15-164

15.10.9 撕边

"撕边"滤镜将图像重建为粗糙的、被撕掉的纸片，然后使用前景色和背景色对图像进行着色。可以设置图像平衡、平滑度和对比度。对于由文本或高对比度对象组成的图像，此滤镜尤其有用，如图 15-165、图 15-166 所示。

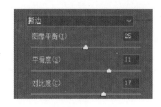

图 15-165

图 15-166

15.10.10 炭笔

"炭笔"滤镜重新绘制图像以创建涂抹效果。主要边缘以粗线条绘制，而中间色调用对角描边进行素描。炭笔是前景色，纸张是背景色。可以设置炭笔粗细、图像细节级别以及亮/暗平衡，如图 15-167、图 15-168 所示。

图 15-167

图 15-168

15.10.11 炭精笔

"炭精笔"滤镜在图像上模拟浓黑和纯白的炭精笔纹理。"炭精笔"滤镜在暗区使用前景色，

在亮区使用背景色。可以设置前景和背景突出的色阶以及纹理选项。纹理选项使图像看起来就像在纹理（如画布和砖）上画的一样，如就像透过玻璃块观看一样，如图 15-169、图 15-170 所示。

图 15-169

图 15-170

 注意：

要获得更逼真的效果，可以在应用此滤镜之前，将前景色改为常用的炭精笔颜色（黑色、深褐色或血红色）。要获得更柔和的效果，可向其添加一些前景色，将背景色更改为白色。

15.10.12　图章

"图章"滤镜简化图像，使其看似用橡皮图章或木制图章制作而成。可以设置平滑度以及明和暗之间的平衡。此滤镜用于黑白图像时效果最佳，如图 15-171、图 15-172 所示。

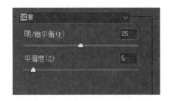

图 15-171

图 15-172

15.10.13　网状

"网状"滤镜模拟胶片乳胶的可控收缩和扭曲来创建图像，使之在阴影区域呈结块状，在高光区域呈轻微颗粒状。可以设置浓度、前景色阶和背景色阶，如图 15-173、图 15-174 所示。

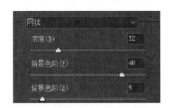

图 15-173

图 15-174

15.10.14 影印

"影印"滤镜模拟影印图像的效果。较大区域的暗度会导致仅在其边缘的周围进行拷贝，并且半调会背离纯黑或纯白。可以设置细节和暗度的色阶，如图 15-175、图 15-176 所示。

图 15-175

图 15-176

15.11 纹理滤镜组

15.11.1 龟裂缝

"龟裂缝"滤镜将图像绘制在一个高凸现的石膏表面上，以循着图像等高线生成精细的网状裂缝。使用此滤镜可以对包含多种颜色值或灰度值的图像创建浮雕效果，可以设置裂缝间距、深度和亮度。

15.11.2 颗粒

"颗粒"滤镜通过模拟不同种类的颗粒向图像中添加纹理。喷洒颗粒和斑点颗粒类型使用背景色。可以设置颗粒密度、对比度以及类型。

15.11.3 马赛克拼贴

"马赛克拼贴"滤镜绘制图像，就像由很多小的拼贴碎片拼成的一样，并且在拼贴之间添加缝隙。可以设置拼贴大小、缝隙宽度以及加亮缝隙。

15.11.4 拼缀图

"拼缀图"滤镜将图像分为很多正方形，在图像的不同区域中用显著的颜色对其进行填充。此滤镜随机减小或增大拼贴的深度，以模拟高光和阴影。可以设置正方形的大小和凸现。

15.11.5 染色玻璃

"染色玻璃"滤镜重新绘制图像，用前景色对单一颜色的邻近单元格进行勾勒。可以设置单元格大小、边框粗细以及光照强度。

15.11.6 纹理化

"纹理化"滤镜允许模拟不同的纹理类型或选择用作纹理的文件。"纹理"选项使图像看起来就像在纹理（如画布和砖）上绘制的一样，或者就像透过玻璃块观看一样。

15.12 像素化滤镜组

15.12.1 彩块化

该滤镜可以在保持原有轮廓的前提下找出主要色块的轮廓，然后将近似颜色兼并为色块。此滤镜可以使扫描的图像看起来像手绘的图像，也可以使现实主义图像产生类似抽象派的绘画效果。此滤镜没有参数设置。

15.12.2 彩色半调

该滤镜可以使图像表现出放大显示彩色印刷品所看到的效果。它先将图像的通道分解为若干个矩形区域，再以和矩形区域亮度成比例的圆形替代这些矩形，圆形的大小与矩形的亮度成正比，高光部分生成的网点较小，阴影部分生成的网点较大。如图 15-177 所示为滤镜参数，图 15-178、图 15-179 所示为原图像及效果图。

图 15-177

图 15-178　　　　　图 15-179

- 最大半径：用来设置半调网屏的最大半径。
- 网角（度）：灰度模式只能使用"通道 1"；RGB 模式可以使用1、2、3 通道，分别对应红色、绿色和蓝色通道；CMYK 模式，可以使用所有通道，分别对应青色、洋红、黄色和黑色通道。

15.12.3　点状化

该滤镜可以将图像中的像素分解为随机分布的网点，模拟点状绘图的效果，使用背景色填充网点之间空白区域。图 15-180 为滤镜参数，图 15-181 为效果图。

图 15-180　　　　　图 15-181

单元格大小：用来设置网点的大小。

15.12.4　晶格化

该滤镜可以用多边形纯色结块重新绘制图像，产生类似结晶的颗粒效果。图 15-182 为滤镜参数，图 15-183 为效果图。

图 15-182　　　　　图 15-183

单元格大小：用来设置多边形色块的大小。

15.12.5　马赛克

该滤镜可以将图像分解成许多规则排列的小方块，创建出马赛克效果。如图 15-184 为滤镜参数，图 15-185 为效果图。

图 15-184　　　　　图 15-185

单元格大小：用来调整马赛克的大小。

15.12.6　碎片

此滤镜会将图像复制并使两张图像相互偏移，得到一张类似于相机不聚焦的重影效果的图像，如图 15-186 所示，此滤镜没有参数设置。

图 15-186

15.12.7　铜版雕刻

该滤镜使用黑白或颜色完全饱和的网点重新绘制图像，使图像产生年代久远的金属板效果，图 15-187 为滤镜参数、图 15-188 为效果图。

图 15-187　　　　　　图 15-188

类型：用来选择网点图案。

15.13　渲染滤镜组

15.13.1　云彩和分层云彩

云彩：云彩是给整副图像或选区内，进行云彩填充渲染，并不能看到原有图像的纹理或色彩，如图 15-189 所示，可以设置前景色与背景色的颜色调节云彩的颜色。

图 15-189

分层育才：该滤镜使用前景色、背景色和原图像的色彩造型，混合出一个带有背景图案的云的造型。第一次使用滤镜时，图像的某些部分被反相为云彩图案，多次应用滤镜之后，就会创建出与大理石纹理相似的凸缘与叶脉图案，如图 15-190 所示。

图 15-190

15.13.2　纤维

该滤镜可以使用前景色和背景色随机创建编织纤维的外观。应用此滤镜时，当前图层上的图像数据会被替换。图 15-191 为滤镜参数，图 15-192 为效果图。

图 15-191　　　　　　图 15-192

- 差异：用来设置颜色的变化方式，该值较低时会产生较长的颜色条纹；该值较高时会产生较短且颜色分布变化更大的纤维。
- 强度：用来控制纤维的外观，该值较低时会产生松散的织物效果，该值较高时会产生短的绳状纤维。
- 随机化：单击该按钮，可随机生成新的纤维外观。

15.13.3 光照效果

该滤镜可以改变 17 种光照样式、3 种光照类型和 4 套光照属性，可以在 RGB 图像上产生无数种光照效果，还可以使用灰度文件的纹理（称为凹凸图）产生类似 3D 效果，并可存储自己的样式以在其他图像中应用。图 15-193、图 115-194 所示为原图像及滤镜效果。

图 15-196   图 15-197

- 亮度：用来控制光晕的强度。
- 镜头类型：用来选择产生光晕的镜头类型。

15.13.5 火焰

火焰滤镜是基于路径的滤镜，所以使用时需要有路径作为依托。决定火焰基本形态的火焰类型，一共有六种，如图 15-198 所示。

火焰滤镜有六种渲染类型分别对应如下。

- 沿路径一个火焰。
- 沿路径多个火焰。
- 一个方向多个火焰。
- 指向多个火焰路径。
- 多角度多火焰。
- 烛光。

图 15-193   图 15-194

15.13.4 镜头光晕

该滤镜可以模拟亮光照射到相机镜头所产生的折射。通过单击图像缩览图的任意位置或拖动十字线可确定光晕中心的位置。如图 15-195 所示为对话框，图 15-196、图 15-197 所示为原图像和效果图。

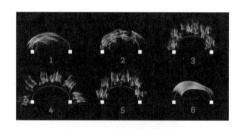

图 15-198

如图 15-199 所示，火焰的基本设置主要有以下几项。

- 长度：设置火焰的长度。
- 宽度：设置火焰的宽度。
- 角度：设置火焰的燃烧方向。
- 时间间隔：如果需要设置该选项，首先需要勾选调节循环时间间隔项才能进行调节，控制的是火焰在渲染时的时间间隔，

图 15-195

通俗来说是调节火焰的疏密。

● 为火焰使用自定颜色：设置该选项，首先需要勾选为火焰使用自定颜色选项，才能够自定义火焰颜色。

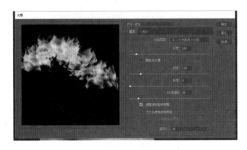

图 15-199

15.14 艺术效果滤镜组

15.14.1 壁画

该滤镜使用短而圆的、粗略涂抹的小块颜料，以一种粗糙的风格绘制图像，如图 15-200、图 15-201 所示。

● 画笔大小：设置壁画画笔的大小。

● 画笔细节：用来控制细节程度。

● 纹理：控制纹理大小。

图 15-200

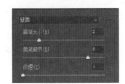

图 15-201

15.14.2 彩色铅笔

该滤镜使用彩色铅笔在纯色背景上绘制图像。保留边缘，外观呈粗糙阴影线；纯色背景色透过比较平滑的区域显示出来，可以调节铅笔宽度、描边压力、纸张亮度等参数来制作出理想的效果图，如图 15-202、图 15-203 所示。

注意：
要制作羊皮纸效果，请在将"彩色铅笔"滤镜应用于选中区域之前更改背景色。

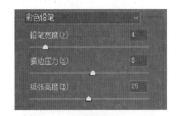

图 15-202

图 15-203

15.14.3 粗糙蜡笔

该滤镜在带纹理的背景上应用粉笔描边。在亮色区域，粉笔看上去很厚，几乎看不见纹理；在深色区域，粉笔似乎被擦去了，使纹理显露出来。可以调节描边长度、描边细节、纹理类型、纹理的缩放度、纹理的凸现、光照方向等参数来制作出理想的效果图，如图 15-204、图 15-205 所示。

图 15-204

图 15-205

15.14.4　底纹效果

　　该滤镜在带纹理的背景上绘制图像,然后将最终图像绘制在该图像上。可以调节画笔大小、纹理覆盖、纹理的相关参数来制作出理想的效果图,如图 15-206、图 15-207 所示。

图 15-206

图 15-207

15.14.5　调色刀

　　该滤镜减少图像中的细节以生成描绘得很淡的画布效果,可以显示出下面的纹理。可以调节描边大小、描边细节、软化度等参数来制作出理想的效果图,如图 15-208、图 15-209 所示。

图 15-208

图 15-209

15.14.6 干画笔

该滤镜使用干画笔技术（介于油彩和水彩之间）绘制图像边缘。此滤镜通过将图像的颜色范围降到普通颜色范围来简化图像。可以调节画笔大小、画笔细节、纹理等参数来制作出理想的效果图，如图 15-210、图 15-211 所示。

图 15-210

图 15-211

15.14.7 海报边缘

该滤镜相关设置的海报化选项，将减少图像中的颜色数量（对其进行色调分离）。同时滤镜会查找图像的细节边缘，在图像的细节边缘上绘制黑色线条。图像中大而宽的区域将会用简单的阴影代替，而细小的深色细节用粗线条遍布图像，类似于油画的感觉。可调节边缘厚度数值（越大线条越粗）、边缘强度数值（越大细节越强）、海报化的参数（数值越大色彩数量越多），如图 15-212、图 15-213 所示。

图 15-212

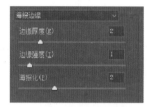

图 15-213

15.14.8 海绵

该滤镜使用颜色对比强烈、纹理较重的区域创建图像，以模拟海绵绘画的效果。可以调节画笔大小、清晰度、平滑度等参数来制作出理想的效果图，如图 15-214、图 15-215 所示。

图 15-214

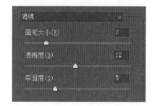

图 15-215

15.14.9　绘画涂抹

　　该滤镜是将图像的细节，用该滤镜中的画笔进行涂抹，进而得到一张近似于画笔绘制的图像。其中画笔类型包括简单、未处理光照、暗光、宽锐化、宽模糊和火花。可调节画笔大小（数值越大细节越模糊）、锐化程度（数值越大清晰）。该滤镜的制作效果如图 15-216、图 15-217 所示。

图 15-216

图 15-217

15.14.10　胶片颗粒

　　该滤镜将平滑图案应用于阴影和中间色调。将一种更平滑、饱和度更高的图案添加到亮区。在消除混合的条纹和将各种来源的图素在视觉上进行统一时，此滤镜非常有用。可以调节颗粒、高光区域、强度等参数来制作出理想的效果图，如图 15-218、图 15-219 所示。

图 15-218

图 15-219

15.14.11　木刻

　　该滤镜使图像看上去好像是由从彩纸上剪下的边缘粗糙的剪纸片组成的。高对比度的图像看起来呈剪影状，而彩色图像看上去是由几层彩纸组成的。可以调节色阶数、边缘简化度、边缘逼真度等参数来制作出理想的效果图，如图 15-220、图 15-221 所示。

图 15-220

图 15-221

15.14.12 霓虹灯光

该滤镜将各种类型的灯光添加到图像中的对象上。此滤镜用于在柔化图像外观时给图像着色。首先要选择一种发光颜色，请单击发光框（如图 15-222 所示），并从拾色器中选择一种颜色（如图 15-223 所示）。可以调节发光大小、发光强度、发光颜色等参数来制作出理想的效果图，图 15-224 所示。

图 15-222

图 15-223

图 15-224

15.14.13 水彩

该滤镜以水彩的风格绘制图像，使用蘸了水和颜料的中号画笔绘制以简化细节。当边缘有显著的色调变化时，此滤镜会使颜色更饱满。可以调节画笔细节、阴影强度、纹理等参数来制作出理想的效果图，如图 15-225、图 15-226 所示。

图 15-225

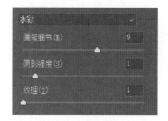

图 15-226

15.14.14 塑料包装

该滤镜给图像涂上一层光亮的塑料，以强调表面细节。可以调节高光强度、细节、平滑度等参数来制作出理想的效果图，如图15-227、图15-228所示。

图 15-227

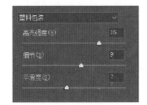

图 15-228

15.14.15 涂抹棒

该滤镜使用短的对角描边涂抹暗区以柔化图像，亮区变得更亮，以致失去细节。可以调节描边长度、高光区域、强度等参数来制作出理想的效果图，如图15-229、图15-230所示。

图 15-229

图 15-230

15.15 杂色滤镜组

15.15.1 减少杂色

该滤镜在基于影响整个图像或各个通道的用户设置保留边缘，同时减少杂色。图像杂色会以两种形式出现：灰度杂色及颜色杂色。如图15-231所示为"减少杂色"对话框，图15-232、图15-233所示为原图像及减少杂色后的效果。

- 强度：控制应用于所有图像通道的明亮度杂色减少量。
- 保留细节：用来设置图像边缘和图像细节（如头发或纹理对象）的保留程度。如果值为150，则会保留大多数图像细节，但会将明亮度杂色减到最少。

图 15-231

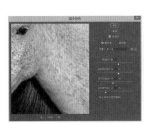

图 15-232　　　　　　图 15-233

- 减少杂色：移去随机的颜色像素。值越大，减少的颜色杂色越多。
- 锐化细节：对图像进行锐化。
- 移去 JPEG 不自然感：移去由于使用低 JPEG 品质设置存储图像而导致的斑驳的图像伪像和晕。如果明亮度杂色在一个或两个颜色通道中较明显，可单击"高级"按钮，然后从"通道"菜单中选取颜色通道，再使用"强度"和"保留细节"控件来减少该通道中的杂色。

15.15.2　蒙尘与划痕

该滤镜通过更改不同的像素减少可视色。如图 15-234 为滤镜参数，图 15-235 为效果图。

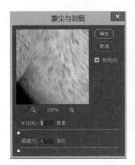

图 15-234　　　　　　图 15-235

- 半径：用来设置捕捉相异像素的范围。
- 阈值：用来控制像素的差异达到多少时会被消除。

15.15.3　去斑

该滤镜可以检测图层的边缘（发生显著颜色变化的区域）并模糊除那些边缘外的所有选区。该模糊操作会移去杂色，同时保留细节。该滤镜没有设置选项。效果如图 15-236 所示。

图 15-236

15.15.4　添加杂色

该滤镜将随机像素应用于图像，从而模拟在高速胶片上拍摄图片的效果。还可用于减少羽化选区或渐变填充中的条纹，为过多修饰的区域提供更真实的外观，或创建纹理图层。图 15-237 为滤镜参数，图 15-238 为效果图。

图 15-237　　　　　　图 15-238

- 数量：用来设置添加杂色的百分比。
- 平均分布：随机地在图像中加入杂点，生成的效果比较柔和。

● 高斯分布：沿一条钟形曲线分布的方式来添加杂点，杂点效果较为强烈。

● 单色：勾选该项，杂点只影响原有像素的亮度，像素的颜色不会改变。

15.15.5　中间值

该滤镜通过混合选区内像素的亮度减少图层中的杂色。此滤镜搜索亮度相近的像素，从而扔掉与相邻像素差异较大的像素，并用搜索到的像素的中间亮度值替换中心像素。该滤镜对于消除或减少图像上动感的外观或可能出现在扫描图像中不理想的图案非常有用。图 15-239 为滤镜参数，图 15-240 为效果图。

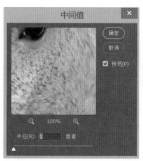 

图 15-239　　　　图 15-240

15.16 其他滤镜组

该滤镜组中的滤镜允许用户创建自己的滤镜、使用滤镜修改蒙版、在图像中使选区发生位移和快速调整颜色。

15.16.1　高反差保留

该滤镜可以在有强烈颜色转变发生的地方按指定的半径保留边缘细节，并且不显示图像的其余部分。如图 15-241 所示为"高反差保留"对话框，图 15-242、图 15-243 所示为原图像及执行

滤镜后的效果。

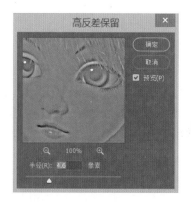

图 15-241

图 15-242

图 15-243

● 半径：用来调整原图像保留的程度，该值越高，保留的原图像越多。如果该值为 0，则整个图像会变为灰色。

15.16.2　位移

该滤镜可以将选区移动指定的水平量或垂直量。而选区的原位置变成空白区域，还可以用不同的方式来填充。如图 15-244 所示为"位移"对话框。图 15-245 为选用"重复边缘像素"的效果。

图 15-244

图 15-245

- 水平：用来设置水平偏移的距离。正值向右偏移，负值向左偏移。
- 垂直：用来设置垂直偏移的距离。正值向下偏移，负值向上偏移。
- 未定义区域：选择偏移图像后产生的空缺部分的填充方式。选择"设置为背景"，以背景色填充空缺部分；选择"重复边缘像素"，在图像边界不完整的空缺部分填入扭曲边缘的像素颜色；选择"折回"，则在空缺部分填入溢出图像之外的图像内容。

15.16.3　自定

该滤镜允许设计自己的滤镜效果。使用"自定"滤镜，根据预定义的数学运算（称为卷积），可以更改图像中每个像素的亮度值。根据周围的像素值为每个像素重新指定一个值，用户可以存储创建的自定滤镜，并将它们用于其他 Photoshop 图像。使用"存储"和"载入"按钮可存储和重新使用自定滤镜。如图 15-246 所示为"自定"对话框。

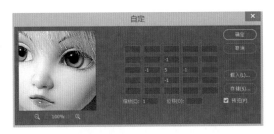

图 15-246

15.16.4　最大值与最小值

"最大值"滤镜和"最小值"滤镜可以查看选区中的各个像素。在指定半径内，"最大值"和"最小值"滤镜用周围像素的最高或最低亮度值替换当前像素的亮度值。"最大值"可以展开白色区域和阻塞黑色区域，如图 15-247、图 15-248 所示。"最小值"可以展开黑色区域和收缩白色区域，如图 15-249、图 15-250 所示。

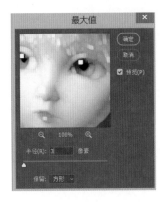

图 15-247

图 15-248

图 15-249

图 15-250

第 16 章
Web 图形

学习提示

Photoshop 具有对 Web 图形、动画和进行视频编辑、制作的功能，通过本章的学习，读者可掌握用 Photoshop 对图像进行处理的技巧和方法。

本章重点导航

◎ 使用 Web 图形

◎ 创建与修改切片

◎ 优化图像

◎ Web 图形优化选项

◎ Web 图形的输出设置

16.1 使用 Web 图形

如果一张图片的像素或者占用内存太大，我们就需要对图片进行切割或者存储为 web 所用格式，这样用户访问网页才能快速地打开图片。

16.1.1 Web 安全色

颜色是网页设计的重要信息，但在计算机屏幕上看到的颜色却不一定都能够在其他系统上的 Web 浏览器中以同样的效果显示。为了使 Web 图形的颜色能在所有显示器上显示相同的效果，在制作网页时就需要使用 Web 安全颜色。

可以在"拾色器"对话框或"颜色"面板中调整颜色。

01 在 Adobe 拾色器中识别 Web 安全颜色：打开"拾色器"对话框，如图 16-1 所示，选择"拾色器"对话框中左下角的"只有 Web 颜色"，如图 16-2 所示。选中此项后，所拾取的任何颜色都是 Web 安全颜色。

如果选择非 Web 颜色，则拾色器中的颜色矩形旁边会显示一个警告立方体。单击警告立方体，选择最接近的 Web 颜色（如果未出现警告立方体，则所选颜色是 Web 安全颜色）。

图 16-1

02 使用"颜色"面板选择 Web 安全颜色：执行"窗口 > 颜色"命令，打开"颜色"面板。在"颜色"面板菜单中勾选"建立 Web 安全曲线"命令，如图 16-3 所示。选中该选项后，在"颜色"

面板中选取的任何颜色都是 Web 安全颜色；或从"颜色"面板菜单中选取"Web 颜色滑块"命令，如图 16-4 所示，默认情况下，在拖移"Web 颜色滑块"时，Web 颜色滑块紧贴着 Web 安全颜色。如果选取非 Web 颜色，面板左侧会出现一个警告立方体，单击警告立方体选择最接近的 Web 安全颜色。

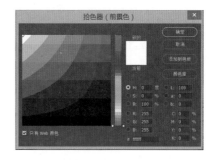

图 16-2

图 16-3

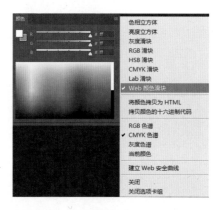

图 16-4

16.1.2 案例：创建翻转

<u>01</u> 打开图片，如图 16-5 所示。

<u>02</u> 复制一个图层，如图 16-6 所示。

 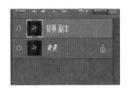

图 16-5　　　　　　图 16-6

<u>03</u> 执行"编辑＞变换＞水平（垂直）变换"命令，如图 16-7 所示，效果如图 16-8、图 16-9 所示。

图 16-7

图 16-8

图 16-9

16.2 创建与修改切片

在制作网页时，通常要对页面进行分割，及制作切片。通过优化切片可以对分割的图像进行不同程度的压缩，以便减少图像的下载时间。另外，还可以为切片制作动画，链接到 URL 地址，或者使用切片制作翻转按钮。

16.2.1 切片的类型介绍

切片的分类是依据其内容类型（表格、影像、没有影像）以及建立方式（使用者、图层式、自动）而定的。使用切片工具建立的切片称为"用户切"；从图层建立的切片称为"基于图层切片"。当您建立新的用户切片或基于图层切片时，会产生额外的自动切片，以便容纳影像中的其余区域。用户切片和基于图层切片用实线定义，自动切片则由虚线定义，如图 16-10、图 16-11 所示。

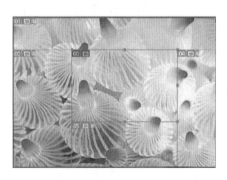

图 16-10

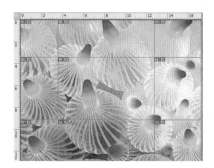

图 16-11

16.2.2 案例：使用切片工具创建切片

打开一个文件，选择切片工具 ，如图 16-12 所示，工具选项栏如图 16-13 所示。

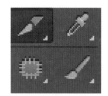

图 16-12

图 16-13

在切片工具选项栏的"样式"下拉菜单中可以选择切片的创建方法，包括"正常""固定长宽比"和"固定大小"。

- 正常：再拖曳时决定切片的长宽比例。
- 固定长宽比：设定高度与宽度比例。在外观比例上，输入整数或小数数值。例如，如要建立宽度为高度两倍的切片，在宽度中输入 2，高度中输入 1。
- 固定大小：指定切片的高度和宽度。输入整数的像素值，然后在画布中单击，即可创建指定大小的切片。

在要建立切片的区域上方按住鼠标左键并拖出一个矩形框，放开鼠标即可创建一个用户切片，该切片以外的部分会生成自动切片，如图 16-14

所示。按住 Shift 键并拖移可以建立正方形切片，如图 16-15 所示；按住 Alt 键并拖移，可以从中心开始绘制，如图 16-16 所示。

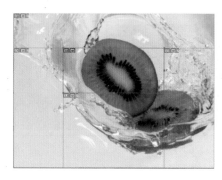

图 16-14

图 16-15 　　　　　图 16-16

16.2.3 案例：基于参考线创建切片

在图片中显示参考线，选择切片工具，在工具选项栏中单击"基于参考线的切片"按钮，此时会将现有的切片全部删除。

01 打开上例文件，按 Ctrl+R 快捷键显示标尺，如图 16-17 所示。

图 16-17

02 分别从水平标尺和竖直标尺上拖出参考线，定义切片范围，如图 16-18 所示。

图 16-18

03 选择切片工具 ✂，单击工具栏选项中的"基于参考线的切片"按钮，如图 16-19 所示，即可基于参考线的划分创建切片，如图 16-20 所示。

图 16-19

图 16-20

16.2.4 案例：基于图层创建切片

图层式切片会包含图层中所有的像素资料。如果移动图层或编辑图层内容，切片区域就会自动调整以包含新的像素。

01 打开一个文件，如图 16-21 所示。复制图像中的一部分到新图层，"图层"面板如图 16-22 所示。

02 在"图层"面板中选择"图层 1"执行"图层 > 新建基于图层的切片"命令，即可基于图层创建切片，切片会包含该图层中的所有图像，如图 16-23 所示。

图 16-21   图 16-22

图 16-23

注意：

移动切片内容时，切片区域会随之自动调整，编辑图层内容如缩放时，切片也会随之自动调整。

16.2.5 案例：选择、移动与调整切片

01 在选择切片时，选择工具箱中的切片选择工具 ✂，单击要选择的切片即可将其选中，此时切片的边框变成黄色，如图 16-24 所示。按住 Shift 键可以选择多个切片，如图 16-25 所示。

图 16-24   图 16-25

02 选择切片后，若要移动切片的位置，拖动选择的切片即可将其进行移动，拖动时切片

的边框会变成虚线，如图16-26所示。按住Shift键，则限制沿水平、垂直或45°对角线移动。

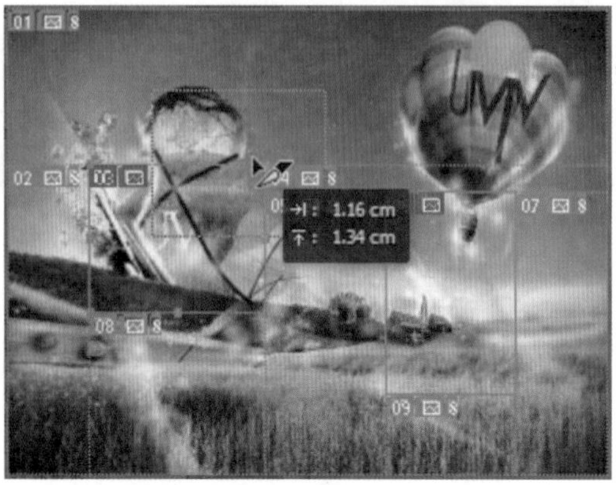

图 16-26

03 若要重新调整切片尺寸，选择切片后，将光标移动到切片定界框上的控制点上，鼠标指针变成↔或↕时，拖动即可改变切片大小。将鼠标定位在任意一角，鼠标指针变成⤡，拖动可等比例扩大或缩小切片。

16.2.6 划分切片

划分切片时，先用切片选择工具选择切片，如图16-27所示。单击工具栏选项中的“划分”按钮，打开“划分切片”对话框，如图16-28所示，在对话框中可以沿水平、垂直或同时沿这两个方向重新划分切片。

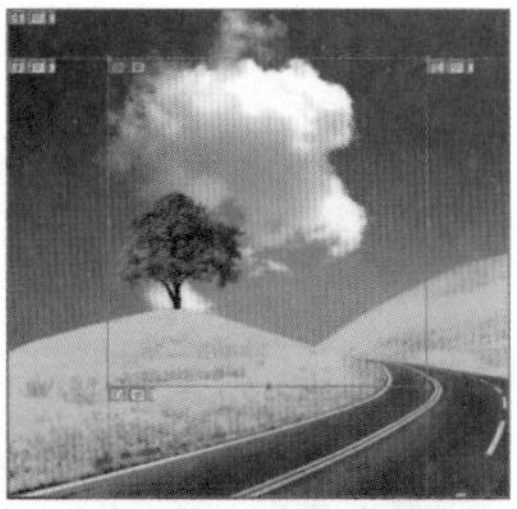

图 16-27

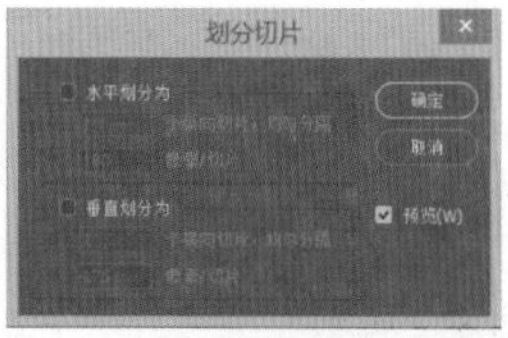

图 16-28

- 水平划分为：勾选该选项，可横向划分切片。有两种划分方式，选择“各纵向切片，均匀分隔”，输入划分数值，可将切片划分，如图16-29所示为输入数值为2的划分结果；选择“像素/切片”，输入一个数值，则基于指定数目的像素划分切片，如果无法按该像素数目平均划分切片，则会将剩余部分划分为另一个切片。例如，如果将100像素宽的切片划分为3个30像素宽的切片，则剩余的10像素宽的区域将变成一个新的切片。如图16-30所示即为选择“像素/切片”后输入数值为100像素的划分结果。

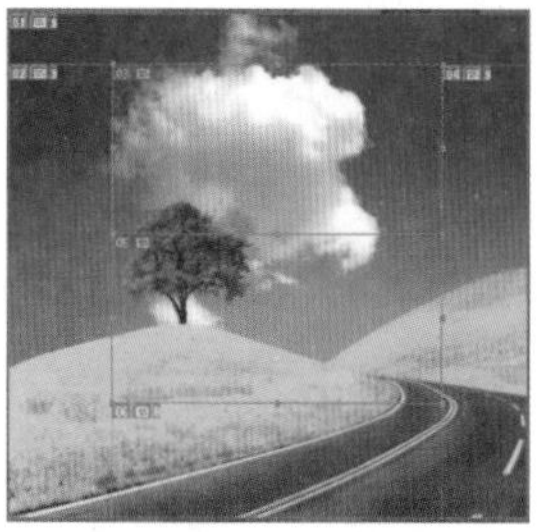

图 16-29

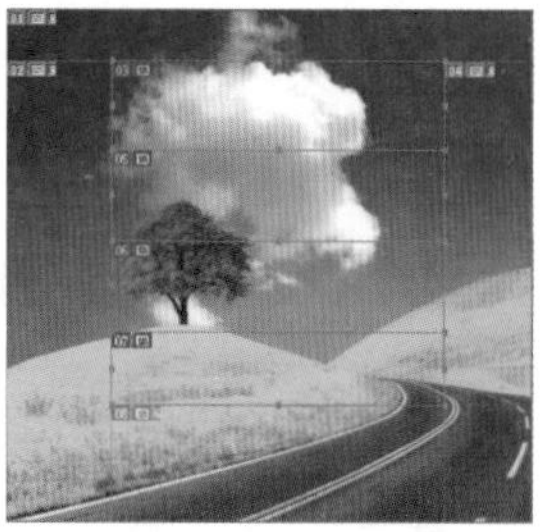

图 16-30

- 垂直划分为：勾选此选项后，可纵向划分切片。同样，此选项也有两种划分方式，与水平划分基本相同。如图16-31所示为选择“各横向切片，均匀分割”选项后，设置数值为2的划分结果，图16-32所示为选择“像素/切片”选项后，设置数值为100像素的划分结果。

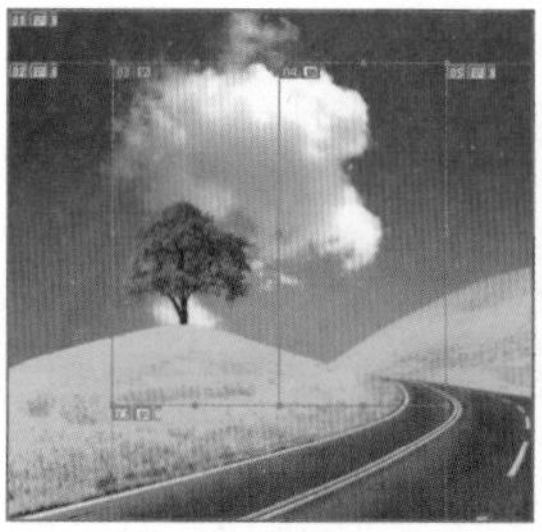

图 16-31

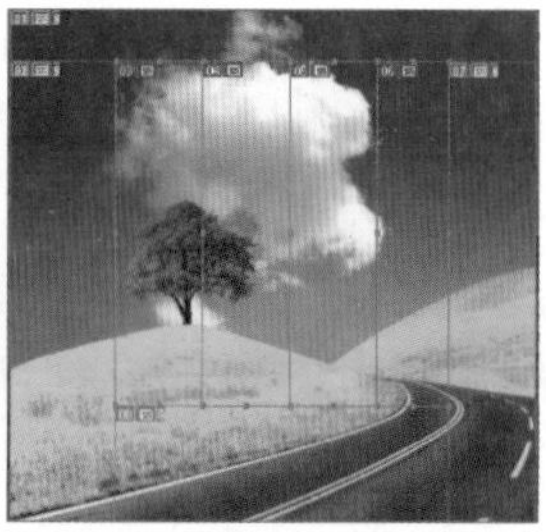

图 16-32

- 预览：在画面中预览划分结果，如图16-33所示。

图 16-33

16.2.7　组合切片与删除切片

打开一个文件，用切片工具 ![] 在图像上创建两个或多个切片，用切片选择工具 ![] 选择两个或多个切片，如图 16-34 所示，单击鼠标右键，在弹出的快捷菜单中选择"组合切片"命令选项，如图 16-35 所示，即可将所选切片组合为一个切片，如图 16-36 所示为组合后的效果。

图 16-34　　　　　图 16-35

图 16-36

选择一个或多个切片，如图 16-37 所示，按

Delete 键可将所选切片删除，如图 16-38 所示。如果要删除所有用户切片和基于图层切片，可执行"视图>清除切片"命令。自动切片无法被删除，如果删除图像中所有用户切片和基于图层切片，就会生成含整个图像的自动切片。

图 16-37

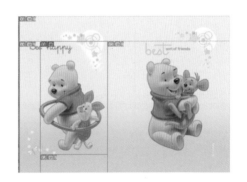

图 16-38

16.2.8　转换为用户切片

用户切片是划好的区域切片，自动生成的切片是自动切片，图片保存时，自动切片的部分就没有了，剩下的切片就是用户切片（一般应用于网站切页用到的导航条、图标、Banner 等。选择自动切片，右击，选择"提升到用户切片"命令，可能进行转换。

16.2.9　设置切片选项

对切片进行编辑后，可在"切片选项"对话框中对切片进行设置。

379

选择一个切片，双击此切片即可打开"切片选项"对话框；或选择切片，单击工具选项栏中的按钮，打开"切片选项"对话框，如图 16-39 所示。

图 16-39

- 切片类型：在此选择切片的类型，当转存为 HTML 文档时，可以指定切片资料如何在网页浏览器中显示。"图像"为默认类型，切片中包含图像资料与信息；选择"无图像"，可在切片中输入 HTML 文字，但不能导出图像，不能在浏览器中预览；选择"表"，切片导出时将作为嵌套表写入到 HTML 文本文件中。
- 名称：用来输入切片的名称。
- URL：为切片指定 URL，会使得整个切片区域成为完整网页的链接，即输入切片链接的 Web 地址，在浏览器中单击切片图像时可链接到此选项设置的网址和目标框架。这个选项只能用于"图像"切片。
- 目标：输入目标框架的名称。
- 信息文本：用于设置哪些信息出现在浏览器中。此选项只能用于图像切片，并且只在导出的 HTML 文件中出现。
- Alt 标记：指定选取切片的 Alt 标记。在非图像式的浏览器中，Alt 文字会取代切片图像；在某些浏览器中，当下载图像时，它也会取代图像并显示成工具提示。
- 尺寸：X 和 Y 选项用于设置切片的位置，W 和 H 选项用于设置切片的大小。
- 切片背景类型：在"图像"切片中，选择一种背景色来填充透明区域；对于"无图像"切片，选择一种背景色来填充整个区域。

16.3 优化图像

优化图像就是去掉不必要的颜色、像素等，将文件的由大变小。优化完的图像是在尽可能短的传输时间里，发布尽可能高质量的图像。因此在设计和处理网页图像是要求将图像优化，从而使网页的下载速度达到最快。

16.4 Web 图形优化选项

在"存储为 Web 和设备所用格式"对话框中选择需要优化的切片以后，可在右侧的文件格式下拉列表中选择一种文件格式，并设置优化选项，对所选切片进行优化。

16.4.1 优化为 GIF 和 PNG-8 格式

GIF 是用于压缩具有单调颜色和清晰细节的图像（如艺术线条、徽标或带文字插图）的标准格式。与 GIF 格式一样，PNG-8 格式可有效地压缩纯色区域，同时保留清晰的细节。PNG-8 和 GIF 文件支持 8 位颜色，因此可以显示多达 256 种颜色。确定使用哪种颜色的过程称为建立索引，因此 GIF 和 PNG-8 格式图像有时也称为索引颜色图像。为了将图像转换为索引颜色，构建颜色查找表来保存图像中的颜色，并为这些颜色建立索引。如果原始图像中的某种颜色未出现在颜色查找表中，应用程序将在该表中选取最接近的颜色，或使用可用颜色的组合模拟该颜色。

在"存储为 Web 所用格式"对话框中的预设选择 GIF 或 PNG-8，可以显示它们的优化选项，如图 16-40 和图 16-41 所示。

　　图 16-40　　　　图 16-41

图 16-43

- 损耗（仅限于 GIF 格式）：通过有选择地扔掉数据来缩减文件大小。较高的"损耗"设置会导致更多数据被扔掉。通常可以应用图 16-40 的"损耗"值，如图 16-42 所示，数值较高时，文件虽然会更小，但图像的品质就会变差，如图 16-43 所示。

- 减低颜色深度算法/颜色：指定用于生成颜色查找表的方法，以及想要在颜色查找表中使用的颜色数量。如图 16-44、图 16-45 所示为不同颜色数量的图像效果。可以选择以下降低颜色深度的方法之一。

　◆ 可感知：通常为人眼比较灵敏的颜色赋予优先权来创建自定颜色表。

图 16-44

图 16-42

图 16-45

◆ 可选择：该选项是默认选项。创建一个颜色表，此表与"可感知"颜色表类似，但对大范围的颜色区域和保留 Web 颜色有利。此颜色表通常会生成具有最大颜色完整性的图像。

◆ 随样性：通过从图像的主要色谱中提取色样来创建自定颜色表。例如，只包含绿色和蓝色的图像产生主要由绿色和蓝色构成的颜色表。大多数图像的颜色集中在色谱的特定区域。

◆ 受限（Web）：使用 Windows 和 Mac OS 8 位（256 色）调板通用的标准 216 色颜色表。该选项确保当使用 8 位颜色显示图像时，不会对颜色应用浏览器仿色。（该调板也称为 Web 安全调板）。使用 Web 调板可能会创建较大的文件，因此，只有当避免浏览器仿色是优先考虑的因素时，才建议使用该选项。

◆ 自定：使用用户创建或修改的调色板。如果打开现有的 GIF 或 PNG-8 文件，它将具有自定调色板。

◆ 黑色、灰度、Mac OS、Windows：使用一组调色板。

● 指定仿色算法与仿色：确定应用程序仿色的方法和数量。"仿色"是指模拟计算机的颜色显示系统中未提供的颜色的方法。较高的仿色百分比使图像中出现更多的颜色和更多的细节，但同时也会增大文件大小。为了获得最佳压缩比，请使用可提供所需颜色细节的最低百分比的仿色。若图像所包含的颜色主要是纯色，则在不应用仿色时通常也能正常显示。包含连续色调（尤其是颜色渐变）的图像，可能需要仿

色以防止出现颜色条带现象。如图 16-46 所示是设置"颜色"为 50，"仿色"为 0% 的 GIF 图像。图 16-47 所示是设置"仿色"为 100% 的效果。

图 16-46

图 16-47

◆ 扩散：应用与"图案"仿色相比通常不太明显的随机图案。仿色效果在相邻像素间扩散。

◆ 图案：使用类似半调的方形图案模拟颜色表中没有的任何颜色。

◆ 杂色：应用与"扩散"仿色方法相似的随机图案，但不在相邻像素间扩散图案。使用"杂色"仿色方法时不会出现接缝。

● 透明度 / 杂边：确定如何优化图像中的透明像素。

◆ 要使完全透明的像素透明并将部分
透明的像素与一种颜色相混合，请选
择"透明度"，然后选择一种杂边颜色。

◆ 要使用一种颜色填充完全透明的像
素并将部分透明的像素与同一种颜
色相混合，请选择一种杂边颜色，然
后取消选择"透明度"。

◆ 要选择杂边颜色，请单击"杂边"色
板，然后在拾色器中选择一种颜色。
或者，也可以从"杂边"菜单中选择
一个选项："吸管"（使用吸管样本
框中的颜色）、"前景色""背景色""白
色""黑色"或"其他"（使用拾色
器）。如图 16-48 所示为背景为透明
的图像。图 16-49 所示为选中"透明
度"并带有杂边颜色为红色的图像。
图 16-50 所示为选中"透明度"并且
不带杂边颜色的图像。图 16-51 所示
为取消选择"透明度"并带有杂边颜
色为红色的图像。

● 交错：当完整图像文件正在下载时，在浏
览器中显示图像的低分辨率版本。交错可
使下载时间感觉更短，并使浏览者确信正
在进行下载。但是交错也会增加文件大小。

图 16-49

图 16-50

图 16-48

图 16-51

● Web 靠色：指定将颜色转换为最接近的
Web 调板等效颜色的容差级别（并防止颜

色在浏览器中进行仿色）。值越大，转换
的颜色越多。

16.4.2 优化为 JPEG 格式

JPEG 是用于压缩连续色调图像（如照片）
的标准格式。将图像优化为 JPEG 格式的过程
依赖于有损压缩，它有选择地扔掉数据。如
图 16-52 所示为 JPEG 选项。

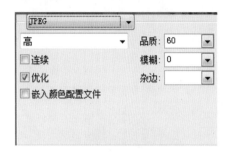

图 16-52

- 压缩品质/品质：用来确定压缩程度。"品
  质"设置越高，压缩算法保留的细节越多。
  但是，使用高"品质"设置比使用低"品质"
  设置生成的文件大，如图 16-53、图 16-54
  所示。查看几种品质设置下的优化图像，
  确定品质和文件大小之间的最佳平衡点。

图 16-53

- 连续：在 Web 浏览器中以渐进方式显示
  图像。图像将显示为一系列叠加图形，从
  而使浏览者能够在图像完全下载前查看它
  的低分辨率版本。"连续"选项要求使用
  优化的 JPEG 格式。

图 16-54

- 优化：创建文件大小稍小的增强 JPEG。
  要最大限度地压缩文件，建议使用优化的
  JPEG 格式。
- 嵌入颜色配置文件：在优化文件中保存颜
  色配置文件。某些浏览器使用颜色配置文
  件进行颜色校正。
- 模糊：指定应用于图像的模糊量。"模糊"
  选项应用与"高斯模糊"滤镜有相同的效
  果，并允许进一步压缩文件以获得更小的
  文件大小。建议使用 0.1 ~ 0.5 的设置。
- 杂边：为在原始图像中透明的像素指定一
  个填充颜色。单击"杂边"色板以在拾色
  器中选择一种颜色，或者从"杂边"菜单
  中选择一个选项："吸管"（使用吸管样
  本框中的颜色）、"前景色""背景色""白
  色""黑色"或"其他"（使用拾色器）。

16.4.3　优化为 PNG-24 格式

PNG-24 适合于压缩连续色调图像；但它所生成的文件比 JPEG 格式生成的文件要大得多。使用 PNG-24 的优点在于可在图像中保留多达 256 个透明度级别。如图 16-55 所示是 PNG-24 优化选项。

图 16-55

- 透明度 / 杂边：确定如何优化图像中的透明像素。请参阅优化 GIF 和 PNG 图像中的说明。

- 交错：当完整图像文件正在下载时，在浏览器中显示图像的低分辨率版本。交错可使下载时间感觉更短，并使浏览者确信正在进行下载。但是，交错也会增加文件大小。

16.4.4　优化为 WBMP 格式

WBMP 格式是用于优化移动设备（如移动电话）图像的标准格式。其优化选项如图 16-56 所示。WBMP 支持 1 位颜色，意即 WBMP 图像只包含黑色和白色像素。如图 16-57 所示为原图像。图 16-58 所示为优化后的图像。

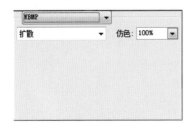

图 16-56

图 16-57

图 16-58

16.5　Web 图形的输出设置

优化 Web 图像后，执行"文件 > 存储为 Web 所用格式"命令，打开"存储为 Web 所用格式"对话框，在"优化"菜单中选择"编辑输出设置"命令，打开"输出设置"对话框，如图 16-59 所示。在"输出设置"对话框中可以控制如何设置 HTML 文件的格式，如何命名文件和切片，以及在存储优化图像时如何处理背景图像。

图 16-59

HTML 输出选项如下。

- 输出 XHTML：创建满足 XHTML 导出标准的 Web 页。如果选取"输出 XHTML"，则会禁用可能与此标准冲突的其他输出选项。选择该选项将会自动设置"标签大小写"和"属性大小写"选项。
- 标签大小写：指定标签的大小写。
- 属性大小写：指定属性的大小写。
- 缩进：指定代码行的缩进方法，即使用创作应用程序的制表位设置、使用指定的间距量或不使用缩进。
- 行结尾：为行结尾兼容性指定平台。

- 编码：为 Web 页指定默认字符编码。
  - 包含注释：在 HTML 代码中添加说明性注释。
  - 总是添加 Alt 属性：将 Alt 属性添加到 IMG 元素中，以遵从官方的 Web 可访问性标准。
  - 总是为属性加上引号：在所有标记属性两侧加上引号。若要与某些早期浏览器兼容和严格遵从 HTML，必须在属性两侧加上引号。但是，并不建议总是为属性加上引号。如果取消选择该选项，当需要与大多数浏览器兼容时，应使用引号。
  - 结束所有标记：为文件中的所有 HTML 元素添加结束标记，以遵从 XHTML。
- Include Zero Margins on Body Tag（在正文标记中包含零边距）：去除浏览器窗口中的默认内部边距。将值为零的边距宽度、边距高度、左边距和顶边距添加到正文标记中。

第 17 章
视频与动画

学习提示

在 Photoshop 中，用户可以通过多种方式打开或者创建视频图层。如果用户电脑中安装有 QuickTime 7.1 版或更高的版本，则可以打开多种 Quick Time 视频格式的文件，包括格式 MPEG-1、MPEG-4、MOV、AVI 等。

本章重点导航

◎ 视频功能介绍
◎ 新建视频图像
◎ 编辑视频
◎ 存储和导出视频

17.1 视频功能介绍

在 Adobe Photoshop 中，可以通过修改图像图层来产生运动和变化，从而创建基于帧的动画。也可以使用一个或多个预设像素长宽比创建视频中使用的图像。完成编辑后，可以将您所做的工作存储为动画 GIF 文件或 PSD 文件，这些文件可以在很多视频程序（如 Adobe Premiere Pro 或 Adobe After Effects）中进行编辑。

17.2 新建视频图像

在 Photoshop CC 中有以下两种创建视频图层的方法。

- 创建视频图像：执行"文件>新建"命令，打开"新建文档"对话框，在"预设"下拉列表中选择"胶片和视频"，然后在"大小"下拉列表中选择一个适用于显示图像的视频系统大小，再单击"高级"按钮以指定颜色配置文件和特定的像素长宽比，如图 17-1 所示，单击"确定"即可创建一个空白的视频文件，如图 17-2 所示。

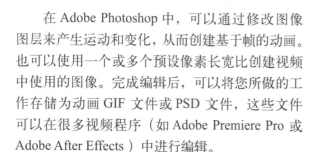

图 17-1

- 新建视频图层：打开文件，执行"图层>视频图层>新建空白视频图层"命令，即可创建一个空白的视频图层，如图 17-3

所示。默认情况下，在打开非方形像素文档时，"像素长宽比校正"处于启用状态。此设置会对图像进行缩放。要查看图像在计算机显示器上的显示，执行"视图>像素长宽比校正"命令。

图 17-2

图 17-3

打开或导入视频文件的方法如下。

- 打开视频文件：执行"文件>打开"命令，选择一个视频文件，然后单击"打开"按钮将其打开。
- 导入视频文件：执行"图层>视频图层>从文件新建视频图层"命令，可将视频导入到打开的文档中。
- 重新载入素材：如果在不同的应用程序中修改视频图层的源文件，则当打开包含引用更改的源文件的视频图层的文档时，Photoshop CC 通常会重新载入并更新素材。如果已打开文档并且已修改源文件，则执行"图层 > 视频图层 > 重新载入帧"命令可以在"动画"面板中重新载入和更新当前帧。

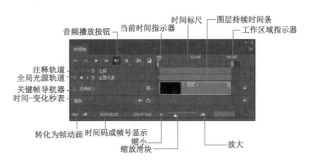

图 17-5

17.3 编辑视频

17.3.1 "时间轴"面板

在 Photoshop CC 中可以利用"时间轴"面板制作复杂的动画。

执行"窗口 > 时间轴"命令，如图 17-4 所示，打开"时间轴"面板，如图 17-5 所示。"时间轴"面板显示了文档图层的帧持续时间和动画属性。使用面板底部的工具可浏览各个帧，放大或缩小时间显示，切换洋葱皮模式，删除关键帧和预览视频。可以使用时间轴上自身的控件调整图层的帧持续时间，设置图层属性的关键帧并将视频某一部分指定为工作区域。

图 17-4

- 注释轨道：从面板菜单中执行"注释 > 编辑时间轴注释"命令，可以在当前时间处插入注释，如图 17-6 所示。注释在注释轨道中显示为 图标，并当指针移动到图标上方时作为工具提示出现。

图 17-6

- 全局光源轨道：显示要在其中设置和更改图层效果，如投影、内阴影以及斜面和浮雕的主光照角度的关键帧。

- 关键帧导航器 ◀ ◆ ▶：轨道标签左侧的箭头按钮用于将当前时间指示器从当前位置移动到上一个或下一个关键帧。单击中间的按钮，可添加或删除当前时间的关键帧。

- 时间 > 变化秒表 🕘：启用或停用图层属性的关键帧设置。选择此选项，可插入关键帧并启用图层属性的关键帧设置。取消选择可移去所有关键帧并停用图层属性的关键帧设置。

- 音频播放按钮：启动或关闭音频播放。

- 转换为帧动画 ▣▣▣：单击该按钮，可将"动画"模式面板切换为"帧"模式动画面板。

- 工作区域指示器 ▮：拖动位于顶部轨道任一端的蓝色标签，可标记要预览或导出的动画或视频的特定部分。

- 图层持续时间条：指定图层在视频或动画中的时间位置。要将图层移动到其他时间位置，可拖动该条；要调整图层的持续时间，可拖动该条的任一端。

- 时间标尺：根据文档的持续时间和帧速率，水平测量持续时间或帧计数。从面板菜单中选择"文档设置"选项可更改持续时间或帧速率。刻度线和数字沿标尺出现，并且其间距会随时间轴的缩放设置的变化而变化。

- 当前时间指示器 ：拖动当前时间指示器可导航帧或更改当前时间或帧。

- 时间码或帧号显示：显示当前帧的时间码或帧号。

17.3.2　解释视频素材

如果我们使用了包含 Alpha 通道的视频，就需要指定 Photoshop CC 如何解释 Alpha 通道，以便获得所需结果。

在"图层"面板中选择要解释的视频图层。执行"图层 > 视频图层 > 解释素材"命令，打开"解释素材"对话框，如图 17-7 所示，在对话框中可以指定 Photoshop CC 如何解释已经打开或导入视频的 Alpha 通道和帧速率。

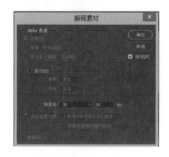

图 17-7

- Alpha 通道：指定解释视频图层中的 Alpha 通道方式。素材必须包含 Alpha 通

道，此选项才可用。如果以选择"预先正片叠加 > 杂边"选项，则可指定对通道进行预先正片叠底所使用的杂边颜色。

- 帧速率：指定每秒要播放的频率帧数。

- 颜色配置文件：在此列表中选择一个配置文件，对视频图层中的帧或图像进行色彩管理。

17.3.3　替换视频图层中的素材

当移动或重命名源文件时，Photoshop 也会试图保持视频图层和源文件之间的链接。如果链接由于某种原因断开，"图层"面板中的图层上会出现警告图标 。在重新链接时，应在"图层"面板中选择要重新链接到源文件或替换内容的视频图层，执行"图层 > 视频图层 > 替换素材"命令，打开"替换素材"对话框，选择视频或图像序列文件，然后单击"打开"按钮，重新建立链接，如图 17-8 所示。

图 17-8

17.3.4　在视频图层中恢复帧

如果要放弃对帧视频图层和空白视频图层所做的编辑，可在"动画"面板中选择视频图层，将当前时间指示器移到特定的视频帧上，再执行

"图层 > 视频图层 > 恢复帧"命令。如果要恢复视频图层或空白视频图层中的所有帧,则执行"图层 > 视频图层 > 恢复所有帧"命令。

17.4 存储和导出视频

当我们完成作品时,需要再根据需求导出视频。

执行"文件 > 导出 > 渲染视频"命令,如图 17-9 所示。会弹出"渲染视频"对话框,如图 17-10 所示。

图 17-9

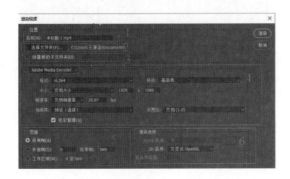

图 17-10

"渲染视频"对话框的主要功能介绍如下。

- 名称:为"渲染视频"命名。
- 选择文件夹:导出文件的位置。
- 创建新的子文件夹:如果要创建一个文件夹用来存放导出的文件。
- 渲染方式及格式:从"渲染视频"对话框"位置"部分下的菜单中选择"Adobe Media Encoder"或者"Photoshop 图像序列"作为渲染方式。还可以设置文件的格式。如果选取"Adobe Media Encoder"的方式渲染,则可以选择 DPX、H.264 或 QuickTime 格式。用户可以预设渲染画质的品质,还可以设置渲染文档的大小、帧率、场顺序、长宽比等。
- 范围:对渲染的内容进行范围约束。
- 所有帧:渲染 Photoshop 文档中的所有帧。开始帧和结束帧:指定要渲染的帧序列。
- 帧内和帧外(Photoshop Extended)工作区域:渲染"时间轴"面板中的工作区域栏选定的帧。
- 渲染选项:对特殊渲染的设置项 Alpha 通道;指定 Alpha 通道的渲染方式。(此选项仅适用于支持 Alpha 通道的格式,如 PSD 或 TIFF。)选择"无"忽略 Alpha 通道、选择"直接 - 无杂边"包含通道,或选择某个"预先正片叠加"选项以混合杂边颜色与颜色通道。3D 品质:控制项目中包含 3D 对象时渲染表面的方式。交互式渲染适合于视频游戏和类似用途。"光线跟踪草图"的画面品质较低,但视频渲染速度快。"光线跟踪最终效果"的画面品质较高,但渲染视频所需的时间较长。帧速率:确定要为每秒视频或动画创建的帧数。"文档帧速率"选项反映 Photoshop 中的速率。如果是导出到其他视频标准(如

NTSC 或 PAL），请从弹出式菜单中选取适当的帧速率。

17.5 动画

17.5.1 帧模式时间轴面板

在 Photoshop 中，主要通过"动画（时间轴）"面板和"动画（帧）"面板制作动画效果。下面介绍"动画（帧）"面板。

执行"窗口 > 时间轴"命令，打开"时间轴"面板，如图 17-11 所示，单击黑色的小三角，在下拉菜单中选择"创建帧动画"，如图 17-12 所示。"时间轴"面板中显示每个帧的缩览图，使用面板底部的工具可以浏览各个帧，设置循环选项，添加和删除帧以及预览动画。

图 17-11

图 17-12

- 当前帧：当前所选择的帧。
- 帧延迟时间：设置帧在回放过程中的持续时间。
- 循环选项：设置动画在作为动画 GIF 文件导出时的播放次数。
- 选择第一帧 ：单击该按钮，可自动选择序列中的第一个帧作为当前帧。
- 选择上一帧 ：单击该按钮，可选择当前帧的前一帧。

- 播放动画 ：单击该按钮，可在窗口中播放动画，再次单击则停止播放。
- 选择下一帧 ：单击该按钮，可选择当前帧的下一帧。
- 过渡动画帧 ：如果要在两个现有帧之间添加一系列帧，并让新帧之间的图层属性均匀变化，可单击该按钮，弹出"过渡"对话框，进行相应的设置，如图 17-13 所示，图 17-14、图 17-15 所示为设置"要添加的帧数"为 2 时添加帧前后的面板状态。

图 17-13

图 17-14

图 17-15

- 复制所选帧 ：单击该按钮，可在面板中添加帧。
- 删除所选帧 ：选择要删除的帧，然后单击该按钮，即可删除所选择的帧。
- 转换为时间轴动画 ：单击该按钮，可

将当前的"帧"模式面板转换为"时间轴"模式。

17.5.2　案例：制作蝴蝶飞舞动画

了解"帧"模式面板之后，本节将通过演示"蝶恋花"GIF 动画制作过程帮助读者更好地掌握在 Photoshop 中制作动画的方法。

01 打开文件 1，如图 17-16 所示，"图层"面板如图 17-17 所示。

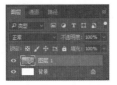

图 17-16　　　　　图 17-17

02 打开文件 2，将文件 2 拖至文件 1 中，作为图层 2，如图 17-18、图 17-19 所示。

图 17-18　　　　　图 17-19

03 因为文件 2 的背景为白色，直接使用"正片叠底"将其变为透明，如图 17-20、图 17-21 所示。

图 17-20　　　　　图 17-21

04 按 Ctrl+T 快捷键，将图层 2 中的蝴蝶选中，适当调整图像大小，并移动图形至合适位置，如图 17-22 所示，然后按 Enter 键确认。

图 17-22

05 打开"动画"面板，在"帧延迟时间"下拉菜单中选择 0.2 秒，将循环次数设置为"永远"。单击"复制所选帧"按钮，添加一个动画帧，如图 17-23 所示。将图层 1 拖至"创建新图层"按钮 上复制，然后隐藏该图层，如图 17-24 所示。

图 17-23

图 17-24

06 按 Ctrl+T 快捷键，将图层 2 副本中的图像选中，如图 17-25 所示，按住 Shift+Alt 键拖动中间的控制点，将蝴蝶向中间压扁，如图 17-26 所示。按 Enter 键确认。

图 17-25

图 17-26

图 17-29

07 单击"播放动画"按钮，播放动画，动画中蝴蝶会不停地扇动翅膀，如图 17-27、图 17-28、图 17-29 所示。再次单击该按钮可停止播放。

08 执行"文件 > 存储为 Web 所用格式"命令，弹出"存储为 Web 所用格式"对话框，选择 GIF 文件格式，并进行适当的优化，单击"确定"按钮，即可保存为 GIF 格式动画。

图 17-27

图 17-28

第18章
3D 与技术成像

学习提示

我们可以对 3D 模型进行滑动、移动、旋转、缩放等编辑以及动画、渲染处理。此外，还可以创建立方体、球面、圆柱、3D 明信片、3D 网格等。

本章重点导航

- ◎ 3D 功能概述
- ◎ 使用 3D 面板
- ◎ 编辑 3D 模型的纹理
- ◎ 在 3D 模型上绘画
- ◎ 存储和导出 3D 文件

18.1 3D 功能概述

以前我们做三维效果图时，需要在 Photoshop 中处理贴图图片，然后再进入三维软件进行贴图。而现在我们可以直接在 Photoshop 中直接对模型进行纹理贴图，如图 18-1 所示为三维模型，图 18-2 所示为直接在 Photoshop 直接进行贴图的效果。

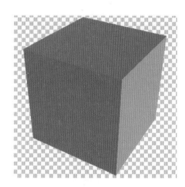

图 18-1

图 18-2

18.1.1 3D 操作界面

在 Photoshop 中可以做一些简单的 3D 图，不用去启动 3D 作图软件，操作很方便。执行"窗口 <3D"命令，在图层选项卡中出现 3D 选项卡，如图 18-3 所示。

选择"3D 模型"单选项，单击"创建"按钮，即可完成创建。

图 18-3

18.1.2 3D 文件的组件

Photoshop 可以打开和处理由 Adobe Acrobat 3D Version 8、3D Studio Max、Alias、Maya 以及 Google Earth 等程序创建的 3D 文件。

18.2 使用 3D 工具

使用工具箱中的 3D 模型控制工具可以对 3D 模型进行控制，Photoshop 在工具箱中提供了 5 个模型编辑工具，如图 18-4 所示，从左到右依次为旋转 3D 对象、滚动 3D 对象、拖动 3D 对象、滑动 3D 对象、缩放 3D 对象。

图 18-4

注意：
按住 Shift 键进行拖动，可以将旋转、拖动、滑动、滚动、缩放限制到单一方向。

18.2.1 旋转 3D 对象

单击 3D 对象旋转工具，将光标移动到图像中，按住鼠标左键任意拖动鼠标，3D 对象便可以在三维空间内沿 X 轴或 Y 轴或 Z 轴进行旋转，如图 18-5、图 18-6 所示为旋转前后的对比效果。

图 18-5　　　　　图 18-6

18.2.2　滚动 3D 对象

单击 3D 滚动工具，此时滚动约束在三个轴之间，即 XY 轴、YZ 轴、XZ 轴，启用的轴之间出现黄色块，在两轴之间单击并拖动鼠标即可调整。也可以直接在图像中单击并拖动鼠标，对对象进行滚动变换，如图 18-7、图 18-8 所示。

图 18-7　　　　　图 18-8

18.2.3　拖动 3D 对象

单击 3D 拖动工具并拖动鼠标，此时 3D 对象将在三维空间内任意平移运动。如图 18-9、图 18-10 所示为移动前和移动后的对比效果。

图 18-9　　　　　图 18-10

18.2.4　滑动 3D 对象

单击 3D 对象滑动工具，单击并左右拖动

鼠标，调整 3D 对象的左右位置，向上拖动鼠标时，图像效果表现为向后退变小。向下拖动鼠标时，图像效果表现变大，如图 18-11、图 18-12 所示。

图 18-11　　　　　图 18-12

18.2.5　缩放 3D 对象

单击 3D 对象缩放工具，单击并拖动鼠标对 3D 对象进行等比例缩放操作，此时水平拖动不会改变对象大小。如图 18-13、图 18-14 所示为原图和缩小后的对比。

图 18-13　　　　　图 18-14

18.2.6　调整 3D 相机

3D 相机工具也包括 3D 旋转相机工具、3D 滚动相机工具、3D 平移相机工具、3D 移动相机工具、3D 缩放相机工具五个工具，这组工具跟对象旋转工具类似，也是用来任意旋转 3D 模型的角度，方便查看各个立体面的材质纹理及光感等，可以更好、更详细地了解当前立体图形的构造。

18.2.7　通过 3D 轴调整 3D 项目

3D 轴是 Photoshop 提供的对模型进行控制的新功能。使用 3D 轴，可以在三维空间内对模型进行旋转、移动、滑动、缩放、滚动操作。执行"视图 > 显示 >3D 轴"命令，可以显示或隐藏 3D 轴。

- 如果要沿 X、Y、Z 轴移动模型，可将光标放在任意轴末端，被选中的轴末端将变成黄色，然后进行相应的操作，如图 18-15 所示。
- 如果要旋转模型，可单击轴端弧状线段，此时会出现旋转平面的黄色圆环，如图 18-16 所示。

图 18-15   图 18-16

- 如果要调整模型的大小，可向上或向下拖动 3D 轴的中心立方体，如图 18-17 所示。
- 如果要沿轴压扁或拉长模型，可以将某个彩色的变形立方体朝中心立方体拖动，或向远离中心立方体方向拖动，如图 18-18 所示。

图 18-17   图 18-18

18.2.8　使用预设的视图观察 3D 模型

执行"窗口 <3D"命令，在 3D 选项卡中选择"场景"，在属性面板中点击"预设"下拉列表，列表中为用户提供了多种预设效果，用于对渲染效果进行控制，用户可进行自定义渲染设置，如图 18-19 所示。

图 18-19

18.2.9　案例：使用 3D 材质吸管工具

01 在工具箱选择 3D 材质吸管工具，如图 18-20 所示。

图 18-20

02 在需要吸取的 3D 材质上点击鼠标左键，上方工具选项栏显示该材质类型，如图 18-21 所示。

图 18-21

18.2.10　案例：使用 3D 材质拖放工具

01 打开 Photoshop 软件，在工具箱中找到"3D 材质拖放工具",如图 18-22 所示。

图 18-22

02 在工具选项栏中,选择一个要填充的材质,如图 18-23 所示。

图 18-23

03 选择一面,单击鼠标左键,即可改变内部面材的材质,如图 18-24 所示。

图 18-24

18.3 使用 3D 面板

3D 面板是每一个 3D 模型的控制中心,其作用类似于图层面板,与图层面板的不同之处在于,图层面板显示当前图像中所有图层,而 3D 面板仅显示当前选择的 3D 图层中的模型信息。

执行"窗口 >3D"命令或在图层面板中双击 3D 图层的缩略图,都可以打开如图 18-25 所示的 3D 面板。

图 18-25

18.3.1 3D 场景的设置

在视图窗口空白处中单击鼠标右键,在弹出的菜单中选择"3D 场景"命令,可设置以下属性。

- "预设"下拉列表:用于对渲染效果进行控制,可进行自定义渲染设置。其中为用户提供了多种预设效果。
- "横截面"复选框:勾选"横截面"复选框后,可创建以所选角度与模型相交的平面横截面。这样,可以切入模型内部,查看里面的内容,如图 18-26 所示。

图 18-26

- "表面样式"下拉列表:对 3D 对象的表面显示进行控制,其中为用户提供了多种预设效果。
- "线条"复选框:勾选该复选框后,对象就会以线条的方式显示,如图 18-27、图 18-28 所示为前后对比效果。

图 18-27 　　　　　　图 18-28

- "点"复选框:勾选该复选框后,对象就会以点的方式显示,如图 18-29、图 18-30 所示。

图 18-29

图 18-30

- "删除隐藏背面"复选框：选中该复选框，将移去双面组件的边缘。
- "删除隐藏线条"复选框：选中该复选框，将移去与前景线条重叠的线条。

18.3.2　3D 网格的设置

选中一个 3D 图层，然后单击鼠标右键，在弹出的菜单中选择"3D 网格"命令，可设置以下属性，如图 18-31 所示。

- "捕捉阴影"复选框：勾选该复选框后，可在光线跟踪渲染模式下控制选定的网格是否在其表面显示来自其他各网格的阴影。
- "投影"复选框：勾选该复选框后，可控制选定网格是否在其他网格表面产生投影。
- "不可见"复选框：勾选该复选框后可隐藏网格，但会显示其表面的的所有阴影。

图 18-31

18.3.3　3D 材质的设置

选中一个 3D 图层，然后单击鼠标右键，在弹出的菜单中选择"3D 材质"命令，面板显示如图 18-32 所示。

- "漫射"色块：用于设置材质的颜色，单击色块可选择赋予 3D 对象材质的颜色，单击其后面的按钮，在弹出的菜单中选择

"替换纹理"选项，使用 2D 图像覆盖 3D 对象表面，赋予其材质，如图 18-33、图 18-34、图 18-35 所示。

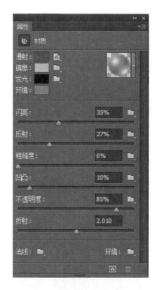
图 18-32

图 18-33

图 18-34

图 18-35

效果如图 18-40 所示。当环境色为蓝色时，效果如图 18-41 所示。

图 18-38

- "镜像"色块：可以为镜面属性设置显示的颜色，例如高光光泽度和反光度，如图 18-36、图 18-37 所示。

图 18-36

图 18-39

图 18-37

图 18-40

- "发光"色块：定义不依赖光照即可显示的颜色，可创建从内部照亮 3D 对象的效果。发光颜色为黑色时的效果如图 18-38 所示，发光颜色为红色时的效果图 18-39 所示。

- "环境"色块：单击色块即可设置环境颜色，此时设置的颜色是用于存储 3D 对象周围的环境图像的。当环境色为黑色时，

图 18-41

- "反射"数值框：可增加3D场景、环境和材料表面对其他物体的反射。单击反射后边的按钮，载入纹理，选择如图18-42所示的图片，效果如图18-43所示。

图 18-42

图 18-43

- "粗糙度"数值框：定义来自光源的光线经过反射，折回到人眼睛的数量。如图18-44、图18-45所示，粗糙度分别为0和100。

图 18-44

图 18-45

- "凹凸"数值框：通过灰度图像在材料表面创建凹凸效果，但是不修改网格。灰度图像中亮的部分表现出突出的效果，暗的部分表现出平坦的效果。单击"凹凸"按钮右侧的按钮，载入纹理，选择如图18-46所示的图片，效果如图18-47所示。

图 18-46

图 18-47

- "不透明度"数值框：增强或减弱材料的不透明度，如图18-48所示。

图 18-48

- "折射"数值框：用于设置折射率。当表面样式设置为"光线跟踪"时，"折射"数值框中的默认值为1。

18.3.4　3D 光源的设置

在 3D 图层中选中灯光，然后单击鼠标右键，即可弹出如图 18-49 所示的面板。

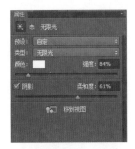

图 18-49

18.3.5　点光的调整

用于显示 3D 模型中的点光。点光相当于一个灯泡，向四周发射光源，如图 18-50 所示。

图 18-50

18.3.6　聚光灯的调整

用于显示 3D 模型中的聚光灯信息。聚光灯可照射出可调整的锥形光线，如图 18-51 所示。

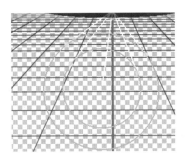

图 18-51

18.3.7　无限光的调整

用于显示 3D 模型中的无限光信息。无限光是从一个方向平面照射的，如图 18-52 所示。

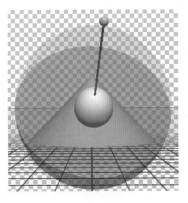

图 18-52

18.4　从 2D 图像创建 3D 对象

在 Photoshop 中可以通过创建 3D 凸纹、3D 明信片、3D 形状以及 3D 网格等方式创建 3D 对象。创建 3D 对象后，可以在 3D 空间内对它进行编辑。

18.4.1　案例：从文字中创建 3D 对象

01 执行"文件 > 新建"命令，填充背景颜色，输入文字，如图 18-53 所示。

图 18-53

02 单击如图 18-54 所示 3D 按钮。

图 18-54

03 文字变成 3D 效果，如图 18-55 所示。

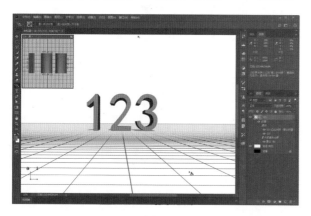

图 18-55

18.4.2 案例：从选区中创建 3D 对象

01 新建文件，填充背景颜色，输入文字，如图 18-56 所示。

02 创建一个选区，如图 18-57 所示。

03 将源对象设置成当前选区，单击创建，如图 18-58 所示。

04 最终效果如图 18-59 所示。

图 18-56

图 18-57

图 18-58

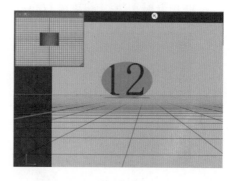

图 18-59

18.4.3 案例：从路径中创建 3D 对象

01 执行"文件 > 新建"命令，填充背景颜色，创建一个路径，如图 18-60 所示。

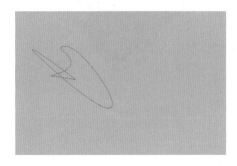

图 18-60

02 将源对象设置成当前路径，单击创建，如图 18-61 所示。

图 18-61

03 最终效果如图 18-62 所示。

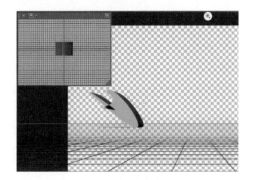

图 18-62

18.4.4 案例：拆分 3D 对象

01 创建一个 3D 图形，选择"3D > 拆分

突出"命令，如图 18-63 所示。

图 18-63

02 最终效果如图 18-64 所示。

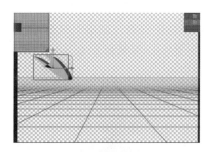

图 18-64

18.4.5 案例：从图层新建网格

01 在 Photoshop 中打开一张图片，如图 18-65 所示。

图 18-65

02 执行"3D > 从图层新建网格 > 从深度
映射创建 > 平面"命令，Photoshop 将根据 2D 素
材图像生成 3D 模型对象，如图 18-66 所示。

图 18-66

03 执行"3D > 从图层新建网格 > 从深度
映射创建 > 圆柱体"命令，得到如图 18-67 所示的
效果；执行"3D> 从图层新建网格 > 从深度映射
创建 > 球体"命令，得到如图 18-68 所示的效果；
执行"3D > 从图层新建网格 > 从深度映射创建 >
双面平面"命令，得到如图 18-69 所示的效果。

图 18-67

图 18-68

图 18-69

"从图层新建网格"子菜单如图 18-70 所示，
命令含义如下。

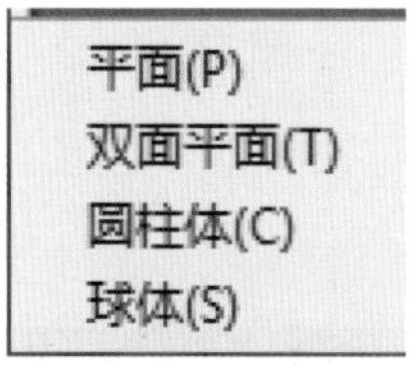

平面(P)
双面平面(T)
圆柱体(C)
球体(S)

图 18-70

- 平面：将深度映射数据应用于平面表面，
  生成 3D 对象。
- 双面平面：创建两个沿中心轴对称的平面，
  并将深度映射数据应用于这两个平面。
- 圆柱体：从垂直中心向外应用深度映射数
  据，生成 3D 对象。
- 球体：从中心向外呈放射状地应用深度映
  射，生成 3D 对象。

由于 Photoshop 根据平面图像生成 3D 对象
时是参考平面图像的亮度信息，因此，平面图像
的亮部与暗部差别越大，生成的物体立体感越强。

18.4.6 新建 3D 体积

执行"文件 > 打开"命令，可以打开一个
DICOM 文件，Photoshop 会读取文件中所有的帧，
并将它们转换为图层。选择要转换为 3D 体积的
图层以后，执行"3D > 从图层新建体积"命令，
就可以创建 DICOM 帧的 3D 体积。我们可以使
用 Photoshop 的 3D 位置工具从任意角度查看 3D

体积，或更改渲染设置以更直观地查看数据。

18.4.7 新建深度映射 3D 网格

执行"3D > 从图层新建网格 > 从深度映射创建"命令也可以生成 3D 物体。其原理是将一个平面图像的灰度信息映射成为 3D 物体的深度映射信息，从而通过置换生成深浅不一的 3D 立体表面。

18.5 编辑 3D 模型的纹理

用户可以使用任何 Photoshop 绘画工具直接在 3D 模型上绘画，使用选择工具将特定的模型区域设为目标，或识别并高亮显示可绘画的区域。在 Photoshop 中打开 3D 文件时，纹理作为 2D 文件与 3D 模型一起导入，它们的条目显示在"图层"面板中，嵌套于 3D 图层下方，并按照散射、凹凸、光泽度等类型编组。我们可以使用绘画工具和调整工具来编辑纹理，也可以创建新的纹理。

18.5.1 案例：为瓷盘贴青花图案

打开 Photoshop，新建文件，选择矩形工具，画出矩形，如图 18-71 所示。

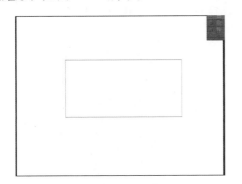

图 18-71

选择钢笔工具，在矩形框和参考线交叉处，添加锚点。利用自由变换路径，调整好青花瓷的外部轮廓，如图 18-72 所示。

图 18-72

路径调整好以后，设置画笔工具，大小 5 像素，硬度 100，颜色任意。

新建图层，用画笔工具描边路径，然后删除路径，如图 18-73 所示。

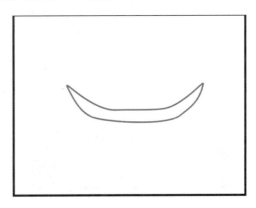

图 18-73

选择矩形选框工具，延中心线做选区，删除右半边，如图 18-74 所示。

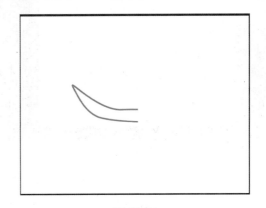

图 18-74

然后在图层中右击选择"从所选图层新建3D凸出",如图18-75、图18-76所示。

选择3D图层面板,鼠标双击3D图层打开3D属性面板,如图18-77所示。从形状预设中选择第二行第一个效果,如图18-78所示。

弹出对话框,选择青花瓷图片"材质"下,右击漫反射按钮,选择替换材质,如图18-81所示。将花纹附上,最终效果如图18-82所示,用户可根据自己需要更改其他参数。

图 18-77

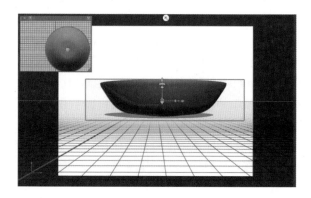

图 18-78

图 18-75

 注意:

路径的美感影响最终的效果。

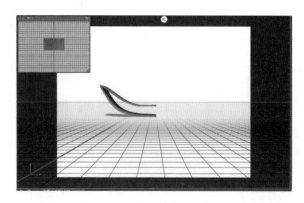

图 18-76

选择一张花纹图片,如图18-79所示,双击图层1凸出材质,如图18-80所示,在属性面板

图 18-79

图 18-80

图 18-81

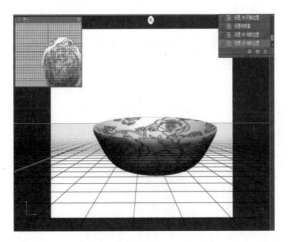

图 18-82

案，如图 18-85 所示。

图 18-83

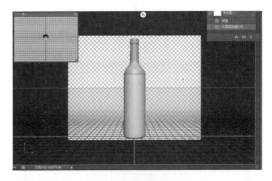

图 18-84

图 18-85

18.5.2 案例：调整酒瓶的商标位置

打开 Photoshop 软件，执行"窗口 > 3D"命令，在 3D 面板中选择"酒瓶"模型，如图 18-83 所示。单击"创建"按钮，效果如图 18-84 所示。

选择标签材质，附上提前找好的标签或者图

选择编辑 UV 属性，如图 18-86 所示，调整标签位置形状，如图 18-87 所示，最终效果如图 18-88 所示。

图 18-86

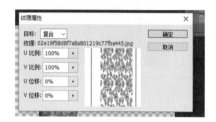

图 18-87

图 18-88

18.5.3 重新参数化纹理映射

有时会打开一些纹理未正确映射到底层模型网格的 3D 模型。效果较差的纹理映射会在模型表面外观中产生明显的扭曲，如多余的接缝、纹理图案中的拉伸或挤压区域。当直接在模型上绘画时，效果较差的纹理映射还会造成不可预料的结果。

要检查纹理参数化情况，需要打开编辑的纹理，然后应用 UV 叠加以查看纹理是如何与模型表面对齐的。

使用"重新参数化"命令可将纹理重新映射到模型，以校正扭曲并创建更有效的表面覆盖。

打开带有映射效果较差的漫射纹理的 3D 文件，并选择包含模型的 3D 图层。

选取"3D > 重新参数化"命令。photoshop 会通知正在将纹理重新应用于模型，单击"确定"按钮。

选取重新参数化选项：

- "低扭曲度"使纹理图案保持不变，但会在模型表面产生较多接缝。
- "较少接缝"会使模型上出现的接缝数量最小化。这会产生更多的纹理拉伸或挤压，具体情况取决于模型。

使用"低扭曲度"重新参数化的纹理和使用"较少接缝"重新参数化的纹理。

如果选取的重新参数化选项没有创建最佳表面覆盖，请选取"编辑 > 还原"命令，然后尝试其他选项。还可以使用"重新参数化"命令改进从 2D 图层创建 3D 模型时产生的默认纹理映射。

18.5.4 新建绘图叠加

3D 模型上多种材质所使用的漫射纹理文件可应用于模型上不同表面的多个内容区域编组，这个过程叫作 UV 映射，它将 2D 纹理映射中的坐标与 3D 模型上的特定坐标相匹配。UV 映射使 2D 纹理可正确地绘制在 3D 模型上。

对于在 Photoshop 外创建的 3D 内容，UV 映射发生在创建内容的程序中。然而，Photoshop 可以将 UV 叠加创建为参考线，帮助您直观地了解 2D 纹理映射如何与 3D 模型表面匹配。在编辑纹理时，这些叠加可作为参考线。

双击"图层"面板中的纹理可以打开纹理进行编辑。

18.5.5 新建并使用重复的纹理拼贴

要设置重复纹理的网格，使用创建模型的 3D 应用程序，具体操作如下。

01 打开 2D 文件，选择文件中的一个或多个图层，然后选取"窗口 > 3D > 新建拼贴绘画"命令。

02 将 2D 文件转换为 3D 面板，其中包含原始内容的九个完全相同的拼贴，图像尺寸保持不变。

03 使用绘画工具、滤镜或其他技术来编辑纹理拼贴（对一个拼贴所做的更改会自动出现在其他拼贴中）。

将单个拼贴存储为 2D 图像的操作方法是，在 3D 面板的"材质"部分，从"漫射"菜单中选取"打开纹理"选项。然后选取"文件 > 存储为"命令，并指定名称、位置和格式。

> **注意：**
>
> 除非打算单独使用原始的 9 拼贴绘画，否则请关闭它，不进行存储。
>
> 要以重复的纹理载入拼贴，请打开 3D 模型文件，在 3D 面板的材质部分，从"漫射"菜单中选取"载入纹理"菜单栏，然后选择在上述操作中存储的文件。

18.6 在 3D 模型上绘画

对于内部包含隐藏区域，或者结构复杂的模型，可以使用任意选择工具在 3D 模型上创建选区，限定要绘画的区域，如图 18-89 所示。然后执行以下三种命令的任何一种，都可以显示或隐藏模型区域，如图 18-90 所示。

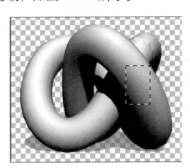

图 18-89

图 18-90

- 范围选择：可在模型上自由选择任意范围。
- 反转可见化：使当前可见表面不可见，不可见表面可见。
- 显示所有表面：使所有隐藏的表面再次可见。

18.6.1 案例：在 3D 汽车模型上涂鸦

01 创建一个汽车模型，之后选择各种范围，分别放上图案或材质等，如图 18-91 所示。

图 18-91

02 最终效果如图 18-92 所示。

图 18-92

18.6.2 绘画衰减角度的设置

要设置绘图衰减角度，可选取"3D 绘画 > I3D 绘画衰减"命令，然后设置最小和最大角度。

- 最小衰减角度：设置绘画随着接近最大衰减角度而渐隐的范围。例如，最小衰减角度是 45 度，如果最大衰减角度是 55 度，那么在 45～55 度的衰减角度之间，绘画不透明度将会从 100 减少到 0。

- 最大绘画衰减角度：在 0～90 度之间，0 度时，绘画仅应用于正对前方的表面，没有减弱角度。在 45 度角设置时，绘画区域限制在未弯曲到大于 45 度的球面区域。90 度时，绘画可沿弯曲的表面延伸至其可见边缘。

18.6.3　选择可绘画区域

使用选择工具（如"套索"工具或"选框"工具），在模型区域圈出绘画区，选区外不可绘画，画笔只可以在选区里操作绘画。

18.6.4　隐藏表面

使用 3D 菜单中的命令可以显示或隐藏模型区域。

- 隐藏最近的表面：只隐藏 2D 选区内的模型多边形的第一个图层。要快速去掉模型表面，可以在保持选区处于激活状态时重复使用此命令。隐藏表面时，如有必要，可旋转模型以调整表面的位置，使之与当前视角正交。

- 仅隐藏封闭的多边形：选定该选项后，"隐藏最近的表面"命令只会影响完全包含在选区内的多边形。取消选择后，将隐藏选区所接触到的所有多边形。

- 反转可见表面：使当前可见表面不可见，不可见表面可见。

- 显示所有表面：使所有隐藏的表面再次可见。

- 如果绘画工具不能使用，可以检查一下"图层"面板中 3D 图层的纹理映射是否处于隐藏状态，纹理处于显示状态时才能绘画。

18.7　渲染 3D 模型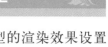

Photoshop 提供了多种模型的渲染效果设置选项，以帮助用户渲染出不同效果的三维模型，下面讲解如何设置并更改这些设置。

18.7.1　使用预设的渲染选项

Photoshop 提供了 20 种标准渲染预设，要使用这些预设，只需在 3D 视图中选择场景，在 3D 属性面板中的"预设"下拉列表中选择不同的预设值即可。如图 18-93 所示，为不同的预设值所得到的不同渲染效果。

Sketch Scattered

Sketch Grass

Sketch Thick Pencil

Sketch Thin Pencil

默认

绘图蒙版

图 18-93

顶点　　　　　　　　深度映射

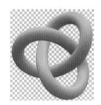

着色线框　　　　　　正常

图 18-93（续）

双面　　　　　　　　实色线框

18.7.2　横截面的设置

每个横截面可以对应不同的渲染模式，横截面的每个面可以使用不同的渲染设置，可以合并成同一 3D 模型的不同视图，例如带"实色线框"渲染模式。

透明外框　　　　　　外框

18.7.3　表面的设置

3D 的表面设置就是对于 3D 模型外层的设置，包括一些网格、材质和光源等。通过在属性面板的设置，改变渲染后表面出现的不同效果，如图 18-94 所示。

透明外框轮廓　　　　线框

线条插图　　　　　　隐藏线框

着色插图　　　　　　着色顶点

图 18-93(续)

图 18-94

18.7.4 线条的设置

线条设置是在 3D 模型里出现的一些线条，如外框、平坦等，在"属性"面板中勾选线条可以设置，如图 18-95 所示。

图 18-95

18.7.5 顶点的设置

在 3D 模型中可以出现一些点，可控制点的大小，在属性面板中点的设置如图 18-96 所示。

图 18-96

18.8 存储和导出 3D 文件

在 Photoshop 中编辑 3D 对象时，可以栅格化 3D 图层将其转换为智能对象，或者与 2D 图层合并，也可以将 3D 图层导出。

18.8.1 存储 3D 文件

编辑 3D 文件后，如果要保留文件中的 3D 内容，包括位置、光源、渲染模式和横截面，执行"文件 > 存储"命令，选择 PSD、PDF 或 TIFF 作为保存格式，如图 18-97 所示。

图 18-97

18.8.2 导出 3D 图层

在"图层"面板中选择要导出的 3D 图层，执行"3D > 导出 3D 图层"命令，打开"存储为"对话框，可以选择将文件导出为 Collada (DAE)、Wavefront/OBJ、U3D 和 Google Earth 4 (KMZ) 格式，如图 18-98 所示。

图 18-98

18.8.3 合并 3D 图层

执行"3D > 合并 3D 图层"命令，如图 18-99 所示，可以合并一个场景中的多个 3D 模型。合并后，可以单独处理每一个模型，或者同时在所有模型上使用位置工具和相机工具。

图 18-99

18.8.4 合并 3D 图层和 2D 图层

打开一个 2D 文档，执行"3D > 从 3D 文件新建图层"命令，如图 18-100 所示。在打开的对话框中选择一个 3D 文件，并将其打开，即可将 3D 文件与 2D 文件合并。

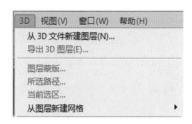

图 18-100

18.8.5 栅格化 3D 图层

在"图层"面板中选择 3D 图层，执行"3D > 栅格化"命令，如图 18-101 所示，可以将 3D 图层转换为普通的 2D 图层。

图 18-101

18.8.6 将 3D 图层转换为智能对象

在"图层"面板中选择 3D 图层，在面板菜单中选择"转换为智能对象"命令，如图 18-102 所示，可以将 3D 图层转换为智能对象。转换后，可保留 3D 图层中的 3D 信息，我们可以对它应用智能滤镜，或者双击智能对象图层，重新编辑原始的 3D 场景。

图 18-102

18.8.7 联机浏览 3D 内容

首先要确定局域网内的计算机可以互相访问，设置一台计算机为服务器，将联机渲染文件的贴图路径。光子保存路径全部指认到该服务器；

选择要渲染的机器，打开 VR 联机渲染，选择注册渲染成功后，机器为联机渲染的待机状态，记下这台机器的 IP 地址，如果需要多台计算机参与渲染，重复以上动作，记下所有机器的 IP 地址；

在其中一台机器打开你渲染的文件，选择 VR 渲染器，在 system 选项种选择 distributed rending，勾选，setting，在弹出的对话框中，选择 Add server，把联机渲染的 IP 地址，点击确认开始渲染；

如果出现的后期光子图有灰色色块，这就是联网的计算机不能准确的识别主机的贴图文件或者广域网文件，这时候需要在联机的计算机上面建立相同的路径，复制相同的文件亦可解决，当然还有一个办法，就是把 max 文件打成压缩包的形式，把联机的机器设置成主机，把建模所用电脑作为辅机（由于这台上面肯定有用的贴图和广域网文件，而且路径也对），就不会出现灰色块的问题，也省去了建文件路径复制文件的麻烦。

18.9 测量

标尺的作用就是可以让参考线定位准确，也可以用来度量图片的大小、确定图像或元素的位置。

18.9.1 测量比例的设置

设置测量比例是在图像中设置一个与比例单位（如英寸、毫米或微米）数相等的指定像素数。

18.9.2 新建比例标记

执行"视图>标尺"命令，或按Ctrl+R快捷键，标尺会出现在窗口顶部和左侧。如果此时移动光标，标尺内的标记会显示光标的精确位置。如果要隐藏标尺，可执行"视图>标尺"命令，或按Ctrl+R快捷键。

18.9.3 编辑比例标记

编辑比例标记是在创建比例之后，可以用选定的比例单位测量并接收计算和记录结果。

18.9.4 数据点的选择

默认情况下，标尺的原点位于窗口的左上角（0,0）标记处，修改原点的位置，可以从图像上的特定点开始进行测量，操作如下。

将光标放在原点上，单击并向右下方拖动，画面中会显示出十字线，如图18-103所示，将它拖放到需要的位置，该处便成为原点的新位置。

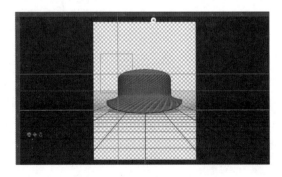

图 18-103

18.9.5 案例：使用标尺测量距离和角度

01 打开Photoshop，打开要测量的图片，如图18-104所示。

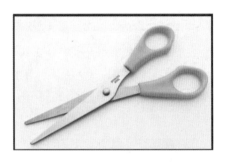

图 18-104

02 选择吸管工具，然后切换到标尺工具中，或者直接按Shift+I快捷键切换到标尺工具，如图18-105所示。

图 18-105

03 选择标尺工具，单击剪刀刃的一端，拖动鼠标剪刀的那个夹角松开，此时，观察顶部工具菜单栏中，就可以看到这条线的信息，w就是水平宽度，h是垂直高度，line1后面的数字就是这条线的长度，有的显示的是像素，有的显示的厘米，如图18-106所示。

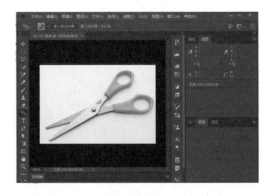

图 18-106

04 单击顶部工具选项栏的"清除"按钮，就可以清除这根标尺的信息，如图18-107所示。

图 18-107

使用标尺工具，单击剪刀的一端，然后拖动鼠标在剪刀夹角单击，此时按 Alt 键，然后再单击剪刀的另一端，就可以在顶部菜单栏查看剪刀的夹脚了，如图 18-108 所示。

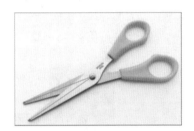

图 18-108

18.10 图像堆栈

图像堆栈是将一组参考帧相似但品质或内容不同的图像组合在一起。将多个图像组合到堆栈中之后，您就可以对它们进行处理，生成一个复合视图，消除不需要的内容或杂色。

18.10.1 案例：创建图像堆栈

01 图像堆栈必须要包含两个以上的图层，所以我们要多创建几个图层，也可以将图层拖到面板下方的"新建图层"按钮上进行复制图层，如图 18-109 所示。

02 按 Shift 键，使用鼠标左键选中图层面板的所有图层，如图 18-110 所示。

图 18-109　　　　图 18-110

03 选择菜单栏上的"编辑 > 自动对齐图层"命令，然后将对其"投影"选择为"自动"，如图 18-111、图 18-112 所示。

图 18-111

图 18-111

04 选中所有图层，单击右键，在快捷菜单中选择"转换为智能对象"命令，图 18-113 所示。

05 选择"图层 > 智能对象 > 堆栈模式"命令，然后从子菜单中选择相应选项即可，如图 18-114 所示。

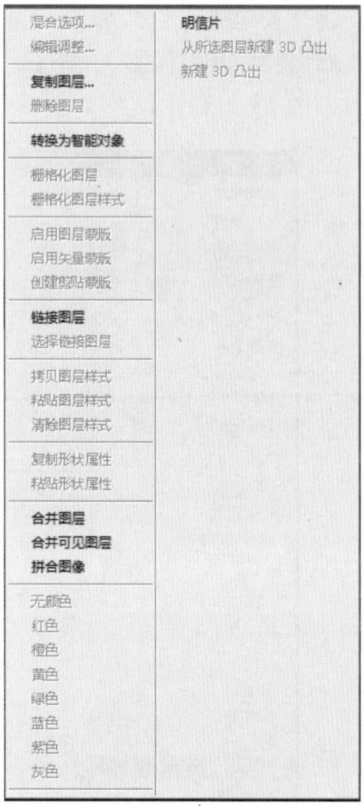

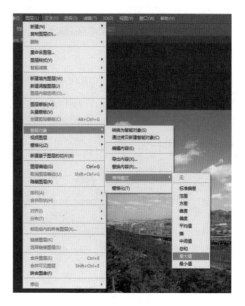

图 18-113

如果你想减少图片中的杂色信息，请选择平均值增效工具。

如果你想从图片中移除某对象元素，请选择中间值工具。

图 18-114

18.10.2 编辑图像堆栈

由于图像堆栈是智能对象，因此可以随时编辑构成堆栈图层的原始图像。

执行"图层 > 智能对象 > 编辑内容"命令，或双击相应的图层缩览图。存储经过编辑的智能对象之后，将自动使用应用于堆栈的上一个渲染选项来渲染堆栈。

第19章
动作与任务自动化

学习提示

　　"动作"类似于 Word 软件中的宏功能，它可以将 Photoshop 中的某几个操作像录制宏一样记录下来，将多步操作制成为一个动作，执行这个动作，就像执行一个命令一样快捷，这样可以使较为烦琐的工作变得简单易行。此功能还可以对多个文件进行批处理，从而大幅度地提高工作效率。如果使用了"动作"功能进行批处理，那么只需执行一次命令就可以将全部图像自动打开、转化、保存和关闭，既省时又省力。

本章重点导航

◎　动作

◎　批处理与图像编辑自动化

◎　脚本

◎　数据驱动图形

19.1 动作

"动作"面板是动作按钮的容器，也是控制动作的中心，并直接支持各种自定义的鼠标拾取、拖放、使用等事件的处理。

19.1.1 动作面板

执行"窗口 > 动作"命令或按 Alt+F9 快捷键，即可调出如图 19-1 所示的"动作"面板，其组成与使用方法如下。

图 19-1

- "项目开 / 关"按钮 ✓：如果序列前带有该标志，表示该序列（包括所有动作和命令）可以执行；如果该标志呈红色，则表示该序列中的部分动作或命令不能执行；若没有该标志，则表示序列中的所有动作都不能执行。

- "对话框开 / 关"按钮 ▣：当出现该图标时，在执行动作过程中，会弹出一个对话框，并暂停动作的执行，直到用户进行确认操作后才能继续。若无该图标，则 Photoshop 会按动作中的设置逐一往下执行；如果该图标呈红色，则表示序列中只有部分动作或命令设置了暂停操作。

- "折叠"按钮 ▾：按下序列中的"展开"

按钮 ❯，可以展开序列中的所有动作。按下动作中的"展开"按钮 ❯，则可以展开动作中的所有记录命令（显示该记录命令中的具体参数设置），就像在资源管理器中打开文件夹中的文件一样。

- 活动动作：以蓝色高亮度显示的为活动动作，执行时只会执行活动动作。用户可以一次设置多个活动动作，按住 Shift 键并单击要执行的动作名称即可，Photoshop 将按顺序依次执行活动动作。

- "停止播放 / 记录"按钮 ▣：单击该按钮可停止执行动作（如果正在执行动作），或者停止录制动作（如果正在录制动作）。

- "开始记录"按钮 ●：单击该按钮可开始录制动作。

- "播放选区"按钮 ▶：单击该按钮执行动作。

- "创建新组"按钮 ▣：单击该按钮可创建新的动作序列。

- "创建新动作"按钮 ▣：单击此按钮可创建新的动作，新建的动作会出现在当前选定的序列中。

- "动作面板"快捷菜单：按下"动作面板"右上角的三角形按钮 ≡，可打开"动作面板"快捷菜单，如图 19-2 所示，从中可以选择动作功能选项。选择"按钮模式"选项，则"动作面板"中的各个动作将以按钮模式显示，如图 19-3 所示。

图 19-2

图 19-3

19.1.2 案例：录制用于处理照片的动作

01 新建动作：打开 Photoshop CC 软件，打开录制用于处理照片的动作。执行"窗口>动作"命令（如图 19-4 所示），单击动作面板下方的新建动作 🔲 按钮，弹出新建动作对话框，在名称编辑栏中输入名称"动作 1"，如图 19-5 所示，输入完成后单击新建动作对话框右侧的"记录"按钮，此时动作已经开始录制。

图 19-4

图 19-5

02 开始录制自动调节色阶的操作：执行"图形 > 调整 > 色阶"命令，弹出色阶对话框，如图 19-6 所示，单击色阶对话框右侧的"自动"按钮，然后再单击"色阶"对话框右侧的"确定"按钮，完成对图像的自动调节色阶，如图 19-7所示。

图 19-6

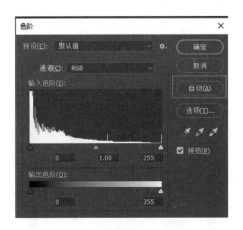

图 19-7

03 结束动作的录制：单击在动作控制面板下方的"停止录制"按钮 ■，完成动作的录制如图 19-8 所示。

图 19-8

19.1.3 案例：在动作中插入命令

01 打开 Photoshop，执行"文件">"打开"命令，弹出资源管理器，任意打开一个素材作为背景图，如图 19-9 所示。

图 19-9

02 打开动作面板执行"窗口>动作"命令，如图 19-10 所示，弹出动作控制面板。

图 19-10

03 插入操作，单击"四分颜色"前的下拉按钮展开动作，单击"转换模式"选项，如图 19-11 所示，单击动作面板下方的"开始记录"按钮 ◯ 进行录制动作，即可插入新的动作。执行"图层>调节>曝光度"命令，弹出"曝光度"对话框，如图 19-12 所示，调节曝光度值为 0.6，位移为 0.0002，灰度系数矫正为 1.5，单击左侧"确定"按钮。单击动作控制面板下方的"停止录制"按钮 ■ 完成插入，完成后"四分颜色"中"转换模式"下增加曝光度动作，如图 19-13 所示。

图 19-11

图 19-12

19.1.4 案例：在动作中插入菜单项目

对于动作而言有些事不能被动作记录下来，这时便需要我们在动作中插入菜单项目，来方便我们的动作操作。

在动作面板中执行"动作面板>棕褐色调>建立图层"命令。单击动作面板右上角 ▤ 菜单按钮，如图 19-13 所示的，弹出选项菜单，单击"插入菜单项目"选项，如图 19-14 所示图像。

图 19-13

图 19-14

执行"滤镜 > 风格化 > 等高线"命令，单击"确定"按钮如图 19-15 所示。

图 19-15

此时，插入菜单项目对话框菜单项会显示为"风格化：等高线"，单击"确定"按钮如图 19-16 所示。

图 19-16

完成后在建立图层下将多出"等高线"菜单项，如图 19-17 所示。

图 19-17

19.1.5　在动作中插入停止

在动作中插入停止，主要是用来做提示信息的，当动作运行到停止动作时，会提示自定义的信息，用来提示操作者。例如：动作运行完成后会弹出提示框，提示完成等信息。

在动作面板中执行"棕褐色调 > 建立图层"命令，选中建立图层动作项。

单击动作面板右上角的菜单按钮 ，如图 19-18 所示，弹出选项菜单，单击"插入停止信息"按钮，弹出"记录信息"对话框，如图 19-19 所示。

图 19-18

图 19-19

用户可以在对话框中编辑提示内容（如：已完成动作），在对话框下方有一个允许继续的勾选项如图 19-20 所示，勾选该选项后，将会在动作执行到此处时弹出停止信息对话框，并出现两个选项，一个是停止，另一个是继续。若不勾选允许继续选项，当动作执行到此动作时，弹出的对话框中便只有一个停止选项。

图 19-20

19.1.6 重排、复制与删除动作

动作录制完成后，如果发现需要调整动作的顺序、删除某些动作或添加遗忘的动作，我们可以通过编辑动作来实现。

- 调整动作中命令的顺序：在"动作"面板中展开序列中的动作；选中动作中的一个操作后，拖曳鼠标可以任意调整动作中命令的先后顺序。除了在同一个动作中调整命令的顺序外，用户还可以将选中的命令拖曳至其他动作中，如图 19-21、图 19-22 所示。

　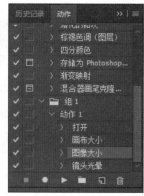

图 19-23　　　　　　图 19-24

- 重新录制动作：如果要修改命令中的设置，可打开面板菜单，从中选择"再次记录"选项，此时 Photoshop 将执行该命令，以便用户重新进行设置。

- 复制动作中的命令：如果希望复制动作中的命令，只要按住 Alt 键，并将该命令拖曳至指定的位置即可，如图 19-25、图 19-26 所示。

图 19-21　　　　　　图 19-22

- 在动作中添加命令：对于已经建立好的动作，如果需要添加其他命令，则首先选择需添加命令的位置，然后按下"开始记录"按钮●进行录制，执行要添加的命令后按下"停止播放 / 记录"按钮■即可，如图 19-23、图 19-24 所示。

图 19-25　　　　　　图 19-26

- 删除动作：如果删除动作或动作中的某一个命令，可首先选中该动作或命令，然后单击"动作"面板中的"删除"按钮　，在弹出的警告对话框中确认即可完成删除。另外，直接把动作或命令拖曳至"删除"按钮　上，也可完成删除。

19.1.7 修改动作的名称和参数

修改动作名称：在"动作"面板中双击需要重命名的动作名称，选中动作名称，然后重新编辑动作名称即可对动作名称重新命名。

修改动作参数：在动作面板中执行"投影 >高斯模糊 > 半径：2.8"命令，选中此动作参数项，如图 19-27 所示，将会弹出与此项参数相关的对话框，如图 19-28 所示。重新调整半径的值，单击"确定"按钮完成对参数信息的修改。

图 19-27

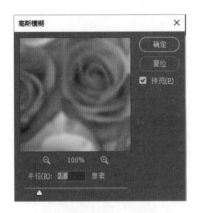

图 19-28

19.1.8 指定回放速度

指定回放速度是指在回访某动作命令时的执行速度，系统给执行速度分为三个等级，分别是加速、逐步、暂停。在"动作"面板中，单击右上方的菜单按钮，弹出选项菜单，单击"回放"选项，弹出"回放选型"对话框，如图 19-29 所示。

图 19-29

- 加速：以正常的速度播放动作（默认设置）。

 注意：

在加速播放动作时，屏幕可能不会在动作执行的过程中更新文件，也可能不会在屏幕上出现打开、修改、存储和关闭等操作过程，直接完成回放，这也使动作会能够更加快速地执行回放。如果要在动作执行的过程中查看屏幕上的文件或者是执行过程，可指定"逐步"速度。

- 逐步：完成每个命令并重绘图像，然后再执行动作中的下一个命令。
- 暂停：指定应用程序在执行动作中的每个命令之间暂停的时间量。

19.1.9 载入外部动作库

可以将创建的动作存储在一个单独的动作文件中，以便在必要时恢复它们，也可以载入与Photoshop 一起提供的多个动作序列。

- 存储动作：使用存储动作命令可以将动作以文件的形式进行存储，以便在不同的计算机上进行播放。存储动作时，首先在"动作"面板中选中需要保存的文件夹，然后执行动作面板菜单中的"存储动作"命令，系统将弹出如图 19-30 所示的对话框，指定好动作需要存储的位置后，单击"保存"按钮，完成动作保存。

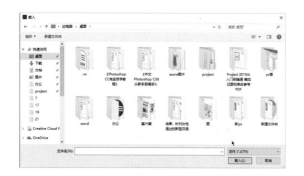

图 19-30

- 载入动作：在 Photoshop 中除了默认的动作外，在系统中还提供了其他一些内置动作。要使用这些动作可先将其载入到"动作"面板中。具体方法为，打开"面板"菜单，选择"载入动作"命令，打开"载入"对话框，如图 19-31 所示。选择动作，单击"载入"按钮，在"动作"面板中会出现该动作。

图 19-31

19.1.10 载入外部动作照片

在 Photoshop 中利用动作，可以"傻瓜式"批量地创作专业效果图像，但是只靠 Photoshop 内预置的动作无法满足全部要求，就需要导入外部动作，也就是其他人为我们制作的动作。

在"动作"面板中，单击右上方的菜单选项按钮■，弹出选项菜单，单击载入动作项，如图 19-32 所示。弹出资源管理器窗口（如图 19-33

所示），在资源管理器中找到之前下载好的外部动作双击。载入完成后就会在动作面板中的动作项列表中显示，如图 19-34 所示。

图 19-32

图 19-33

图 19-34

载入过的动作会一直保存在动作库里，下次再启动 photoshop 时，就会自动载入该动作，再次启动 photoshop 时的工作界面如图 19-35 所示。

图 19-35

19.2 案例：批处理与图像编辑自动化

01 选择"文件 > 自动 > 批处理"命令，在弹出的对话框中设置打开和存储文件夹，确定进行的动作，单击确定开始批处理，如图 19-36 所示。

图 19-36

02 在弹出的对话框左侧选择之前储存的动作，如图 19-37 所示。

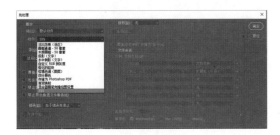

图 19-37

03 在弹出的对话框右侧选择目标文件或目标文件夹，选择可选择目标，单击"确定"按钮，如图 19-38 所示。

图 19-38

04 等待图片处理结束，你就发现要处理的图片已经处理好了。

19.3 脚本

Photoshop 中的脚本是比动作更加自动化的一种方式，但是前提需要我们懂得一点点关于脚本的语言——JavaScript 的基本知识。具体步骤如下。

- 执行"文件 > 脚本 > 脚本事件管理器"命令，弹出"脚本事件管理器"对话框，如图 19-39 所示。

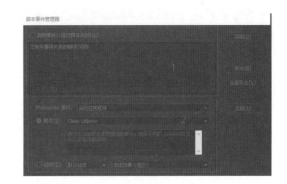

图 19-39

- 启用事件以脚本 / 运行动作：勾选此复选框表明将运行脚本，下方是当前事件列表。

● Photoshop 事件：是选取将触发脚本或动作事件的菜单项。其中又有两个单选项"脚本"和"动作"，其选项表明，事件发生时是运行的脚本或是运行动作。在脚本中 Photoshop 提供了多个脚本，如：显示相机制造商、调整大小等。但是这些并不能满足工作需求，可以添加自定义脚本，在 Photoshop 脚本菜单中选择"浏览"项，弹出资源管理器，然后在资源管理其中添加我们事先下载好的脚本即可。对于动作选项，再从第一个弹出式菜单是动作组，第二个菜单是该组中的动作。前提是在"动作"面板中载入动作，才能在动作项中的这些菜单中出现。

● 添加：单击脚本事件管理器窗口右侧的"添加"按钮。对话框就会列出事件和它关联的脚本或动作。

● 全部移去和移去个别事件：选择列表中对应的事件，然后单击脚本事件管理器窗口右侧的"移去"按钮进行移除事件。全部移去事件，但是仍将它们保留在列表中，只需要取消勾选"启用事件以运行脚本 / 动作"复选框即可。

19.4 数据驱动图形

19.4.1 定义变量

使用变量可以定义模板中的哪些元素将发生变化。一共可以定义三种类型的变量，具体如下。

"可见性"变量显示或隐藏图层的内容。

● "像素替换"变量用其他图像文件中的像素来替换图层中的像素。

● "文本替换"变量替换文字图层中的文本字符串。选择一个或多个类型的变量。

可见性：显示或隐藏图层的内容。

> 📢 **注意：**
>
> 定义变量可以识别所有的"文本替换"变量和"可见性"变量，但是不能识别"像素替换"变量。也不能为"背景"图层定义变量。

● 定义变量：执行"图像 > 变量 > 定义"命令，弹出"变量"对话框，如图 19-40 所示。在"变量"对话框中的图层弹出式菜单中选择一个图层，即为定义变量的内容。可以选择一个或多个类型的变量。

图 19-40

● 图层：如果要为其他图层定义变量，就需要从图层弹出式菜单中选取一个图层。包含变量的图层名称旁边会显示 *，可以使用导航箭头 ◄ ► 在图层间移动。

● 像素替换：选择一种用于缩放替换图像的方法："限制"选项缩放图像以将其限制在定界框内（这可能会使定界框的一部分是空的）；"填充"选项缩放图像以使其完全填充定界框（这可能会导致图像超出定界框的范围）；"保持原样"选项不缩放图像；"一致"选项以不成比例的方式缩放图像以将其限制在定界框内。

● 单击对齐方式复选框 ⊞，可以选取在外框内放置图像的对齐方式。（该选项不适用于裁剪）。

- 替换方法时，此选项才可用（该选项不适用于"一致"）。

19.4.2 定义数据组

数据组是变量及其相关数据的集合。为要生成的每个图形版本定义一个数据组。

执行"图像＞变量＞数据组"命令。弹出"变量"对话框，如图 19-41 所示。

 注意：

必须至少定义一个变量，才能编辑默认数据组。

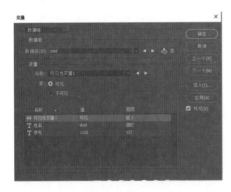

图 19-41

- 数据组：包括对数据组名称命名，以及新建数据组按钮 和删除数据组按钮 。
- 变量：可以选择变量的名称，设置变量的值。在其下方还可以对数组的信息进行浏览。

变量数据：在变量下方的预览中，对于可见性变量 ，选择"可见"可以显示图层的内容；选择"不可见"可以隐藏图层的内容。

 注意：

如果此前已应用了一次替换，单击"不替换"不会将文件复位到其原始状态。对于"文本替换"变量 ，在"值"文本框中输入一个文本字符串。

19.4.3 预览与应用数据组

数据组的内容可以应用于基本图像，同时所有变量和数据组保持不变，这会将 PSD 文档的外观更改为包含数据组的值。还可以预览每个图形版本在使用各数据组时的外观。

 注意：

应用数据组将覆盖原始文档。

选择"图像＞应用数据组"。从列表中选择数据组，然后在文档窗口中预览图像。要应用数据组，单击"应用"按钮。如果是进行预览，而不想更改基本图像，单击"取消"按钮。

也可以在"变量"对话框的"数据组"选项卡中应用和预览数据组

19.4.4 导入与导出数据组

导入变量数据组：执行"文件＞导入＞变量数据组"命令如图 19-42 所示，弹出"导入数据组"对话框，如图 19-43 所示。单击选择文件选项，弹出资源管理器，在资源管理器中找到需要导入的数据，双击即可导入数据组。

图 19-42

图 19-43

导入数据组对话框中的选项说明（如图 19-44
所示）如下。

图 19-44

- 将第一列用作数据组名称：勾选此复选框，
  使用文本文件第一列的内容（列出的第一
  个变量的值）命名每个数据组。否则，将
  数据组命名为"数据组 1、数据组 2"等。
- 替换现有的数据组：勾选此复选框，将删
  除导入前所有现有的数据组。

如果是第一次使用变量数据组，需要先定义
变量数据组。执行"图像 > 变量 > 定义"命令，
弹出"变量"对话框，如图 19-45 所示。单击"变
量"对话框右上方的"确定"按钮，完成变量定义。

图 19-45

导出数据组：将会以文件的形式保存。执
行"文件 > 导出 > 数据组作为文件"命令，如

图 19-46 所示，弹出"将数据组作为文件导出"
对话框（如图 19-47 所示），单击"将数据组作
为文件"导出对话框左侧的"确定"按钮即可导出。

图 19-46

图 19-47

导出数据组中的选项说明（见图 19-48）如下。

- 存储选项：导出文件的存储位置及导出的
  数据组。
- 文件命名：为文档与数据组命名。

图 19-48

第20章

色彩管理与系统预设

学习提示

当前，随着数字图像处理技术的发展，色彩管理系统已经成为图像处理工作不可缺少的工作内容，色彩管理在印刷工作中贯穿始终，是个永不过时的话题。由于 Photoshop 是印前设计中调整颜色、进行颜色搭配、观察图像的深浅、进行层次调节的一个重要工具，只有在 Photoshop 中内置合适的 ICC Profile 特性文件，才能保证图像在整个印刷传递过程中的一致性。如果 Photoshop 的色彩管理做不好，其他的一切活动也就等于空话。因此，我们有必要对 Photoshop 中色彩管理的设置以及色彩管理的实现有个清楚的认识。

本章重点导航

◎ 色彩管理

◎ Adobe PDF 预设

◎ Photoshop 首选项设置

20.1 色彩管理

执行"编辑>颜色设置"命令,打开"颜色设置"对话框,有设置、工作空间、色彩管理方案、转换选项和高级控制等选项以及说明等,如图 20-1 所示。

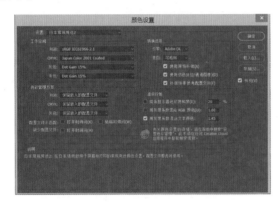

图 20-1

20.1.1 设置颜色

单击"设置"栏右侧的黑色三角,会弹出下拉式列表,如图 20-2 所示。选中任何一项预设选项,整个面板下面的工作空间、色彩管理方案、转换选项和高级控制 4 项都会出现与之配套的全部选项。这是一个通用的"傻瓜"式的设置,适用于对色彩管理不太熟悉的初级用户,只要设置合理,通常能够取得稳妥、安全的使用效果。

图 20-2

注意:

如果一定要使用这个自动的设置,建议使用"北美印前 2",理由是该设置的 RGB 空间是 AdobeRGB,大于 sRGB 的色彩空间。桌面印前技术几乎都是 Adobe 创建的,图像制作也基本使用 Photoshop,所以没有比"北美印前 2"更专业的了。应用此模式的印刷品设计和一般的 RGB 模式照片制作,都可以得到很好的效果。

20.1.2 色彩管理方案

设置这一步能够使后期色彩管理提高效率,包括照片设定色彩空间自动转换、提示、警告等几项内容,分别说明以下 3 项。

- "RGB"建议设为"转换为工作中的 RGB"。把文件都纳入到选定的色彩空间中随时进行监控,能够适应大多数的 RGB 文档标准的修图工作。
- "CMYK"建议设定为"保留嵌入的配置文件",这是为了慎重从事。新打开的照片,我们不知道它带有什么特征文件,在这种情况下保留嵌入要更方便些,便于我们分析、取舍其色彩特性文件;不使用"转换为工作中的 CMYK"设定,是为了防止色彩糊里糊涂地转换而发生的偏色。
- "灰色"建议选择"关",因为黑白照片的自动转换效果往往不佳,事实上我们都会对灰度照片的影调重新调整。

20.1.3 转换选项

- "引擎"是一个高级别的色彩管理命令,它把工作空间和所使用的系统软件联合起来。
- "意图"方案中的色彩不能在其他设备中完整地表现出来时,损失掉的色彩就会被相近的色彩代替,这些相近的色彩就是由"意向"决定的。

20.2 Adobe PDF 预设

Adobe PDF 预设是一组创建 PDF 处理的设置集合。这些设置核心是平衡文件大小和品质，使它可以在 InDesign、Illustrator、Photoshop 和 Acrobat 之间共同使用，也可以针对特殊的输出创建和共享自定义预设。执行"编辑 >Adobe PDF 预设"命令，打开"Adobe PDF 预设"对话框，如图 20-3 所示，在对话框内进行预设。

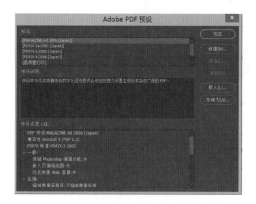

图 20-3

- 预设 / 预设说明：显示各种 PDF 的预设文件和相应的预设说明。
- 新建：单击"新建"按钮，会弹出"新建 PDF 预设"对话框，新建一个预设的 PDF，就会显示在"Adobe PDF 预设"对话框的"预设"框，如图 20-4 所示。

图 20-4

- 编辑：可以修改在"Adobe PDF 预设"对话框"预设"选项中新建的 PDF 预设文件。
- 删除：选中所创建的 Adobe PDF 预设文件，单击"删除"按钮，可以将该预设文件删除。
- 载入：可以将其他软件的 PDF 文件载入。
- 存储为：将新建的预设文件另存。

20.3 Photoshop 首选项设置

在"首选项"子菜单中包括常规、界面、文件处理、性能、光标、透明度与色域、单位与标尺、参考线、网格和切片、增效工具、文字、3D 等项目，读者可根据自己的喜好对这些项目进行设定，如图 20-5 所示。

图 20-5

20.3.1 常规

在"常规"选项中可对拾色器种类、图像的插值方法、常规选项以及历史记录进行设置。执行"编辑 > 首选项 > 常规"命令，打开"首选项"对话框，如图 20-6 所示。

- 拾色器：拾取颜色的工具，一般用吸管的形状表示，在想要的颜色上单击就可以拾取颜色。在这里有两种拾色器，一种是

Adobe 拾色器，另一种是 Windows 拾色器，如图 20-7 所示。Adobe 拾色器可以从整个色谱和相关的颜色匹配系统中选择颜色。Windows 拾色器中颜色形式相对比较少，只能在两种色彩模块中选择颜色，如图 20-8、图 20-9 所示。

图 20-6

图 20-7

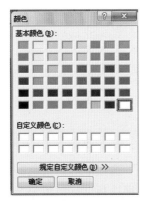

图 20-8

- 图像插值：图像大小发生改变时，系统会按照图像的插值方法来改变图像的像素。"邻近"选项，表示生成的像素不太精确，速度快，但是生成的图像边缘有锯齿；"两

次线性"选项，表示以一种均匀的颜色值来生成像素，可以生成中等像素的图像；"两次立方"选项，表示以一种精确分析周围像素的方法生成图像，速度比较慢，但精确度较高。

图 20-9

- 自动更新打开的文档：选中该选项后，当前文件如果被其他程序修改并保存，在 Photoshop 中会自动更新文件的修改。
- 完成后用声音提示：勾选此选项，当用户的操作完成后，程序会发出提示音。
- 导出剪贴板：复制到剪贴板中的内容，在关闭 Photoshop 后仍可以在其他程序中使用。
- 在置入时调整图像大小：当前文件的大小会约束置入的图像大小，即自动调节置入图像的大小。如图 20-10 所示为勾选此选项的效果，图 20-11 所示为未勾选的效果。

图 20-10

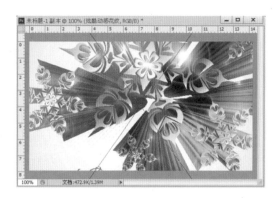

图 20-11

- 复位所有警告对话框：在操纵一些指令时，会有警告框弹出，选择"不再显示"时，出现相同的情况时就不会再次提示。如果想再次获得提示，可以使用此命令。

20.3.2　界面

"界面"选项主要涉及 Photoshop 的工作界面外观、界面的选项以及界面的文字等内容。执行"编辑 > 首选项 > 界面"命令，打开的对话框如图 20-12 所示。

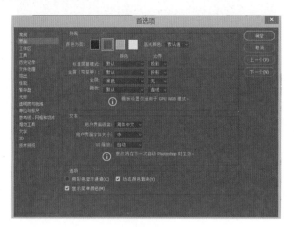

图 20-12

- 颜色方案：在此选择不同的颜色标签，程序界面的颜色就会随之改变。如图 20-13 和图 20-14 所示的是黑色界面和灰色界面的对比。

图 20-13

图 20-14

- 标准屏幕模式 / 全屏（带菜单）/ 全屏：用户可分别设定这三种模式下的颜色和边界。

20.3.3　文件处理

文件处理主要涉及文件存储选项、文件的兼容性选项等内容。执行"编辑 > 首选项 > 文件处理"命令，打开的对话框如图 20-15 所示。

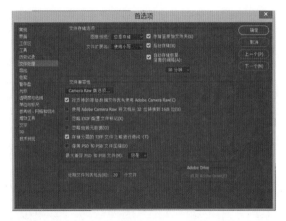

图 20-15

- 图像预览：保存图像文件时，图像的缩览图是否同时保存。
- 文件扩展名：确定文件扩展名为"大写"还是"小写"形式。
- 存储至原始文件夹：保存对原文件的修改。
- Camera Raw 首选项：单击该按钮，可以设置 Camera Raw 的首选项，如图 20-16 所示。

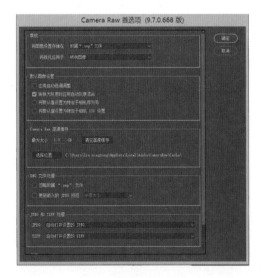

图 20-16

- 忽略 EXIF 配置文件标记：文件保存时忽略图像色彩中标有 EXIF 的配置文件。
- 存储分层的 TIFF 文件之前进行询问：如

果保存的分层文件的格式为 TIFF 格式，会有询问的对话框弹出。

- 最大兼容 PSD 和 PSB 文件：调整存储的 PSD 和 PSB 文件的兼容性。"总是"选项可在文件中存储一个分层的符合版本，其他程序就能够读取该文件；"询问"选项会弹出是否最大提高兼容性的询问框；"总不"选项是在不提高兼容性的情况下保存文件。
- 近期文件列表包含：在"文件 > 最近执行的文件"菜单中保存的文件数量。

20.3.4 性能

设置性能可以让计算机的硬件性能得到合理的分配，也可以让 Photoshop 优先使用硬件资源。执行"编辑 > 首选项 > 性能"命令，打开的对话框如图 20-17 所示。

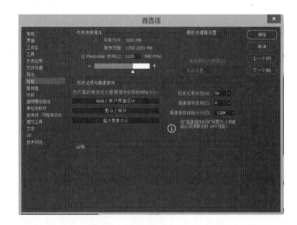

图 20-17

- 内存使用情况：显示计算机上内存的分布情况，拖动滑块或在"让 Photoshop 使用"选项后输入数值，可以调整 Photoshop 占用的内存量。修改后，需重新启动 Photoshop 才可生效。
- 历史记录与高速缓存："历史记录状态"指定"历史记录"面板中显示的历史记录

状态的最大数量。"高速缓存级别"为图像数据指定高速缓存级别和拼贴大小。要快速优化这些设置,可单击 Web、用户界面、设计、默认、照片和超大像素大小三个阶段。

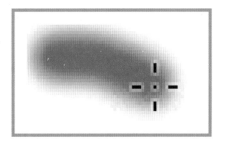

精确

 注意:

历史记录的值不是越大越好,适中即可,数值越大,耗费的缓存就越高,计算机的计算效率就会越低。

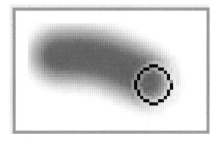

正常画笔笔尖

20.3.5 光标

设置光标项,可改变在不同情况下的鼠标形态。执行"编辑 > 首选项 > 光标"命令,打开的对话框如图 20-18 所示。

图 20-18

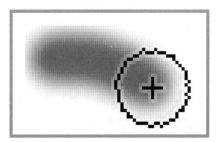

在画笔笔尖显示十字形

- 绘画光标:设置使用画图工具时,光标的显示形态,以及光标中心是否显示十字虚线形式,如图 20-19 所示。

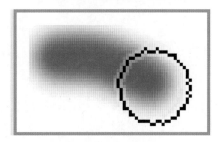

绘画时仅显示十字线

图 20-19

标准

图 20-19

- 其他光标:绘图时除画笔工具以外(吸管工具为例)的光标,如图 20-20 所示。
- 画笔预览:自定义画笔颜色。

标准

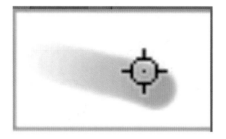

精确

图 20-20

20.3.6 透明度与色域

该项设置主要涉及透明图层的显示方式和色域警告色。执行"编辑 > 首选项 > 透明度与色域"命令，打开的对话框如图 20-21 所示。

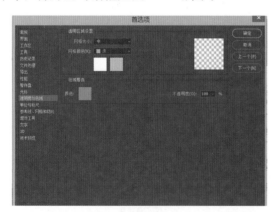

图 20-21

- 透明区域设置：当所选择的图片背景为透明区域时，会显示为网格状。在"网格大小"选项中可以调整网格的大小。在"网格颜色"选项中可以改变网格状的颜色，

如图 20-22、图 20-23 所示。

图 20-22

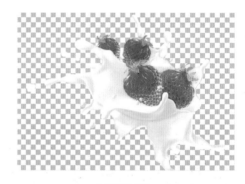

图 20-23

20.3.7 单位与标尺

Photoshop 可以在标尺中显示不同的单位。执行"编辑 > 首选项 > 单位与标尺"命令，打开的对话框如图 20-24 所示。

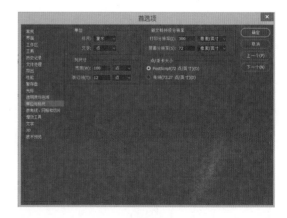

图 20-24

- 列尺寸：打印和装订时，将图像导入到排版程序中，设置图像的"宽度"和"装订线"的大小。

20.3.8　参考线、网格和切片

该项设置中主要涉及参考线的颜色设置、网格的样式设置、切片的相关设置等。执行"编辑 > 首选项 > 参考线、网格和切片"命令，打开的对话框如图 20-25 所示。

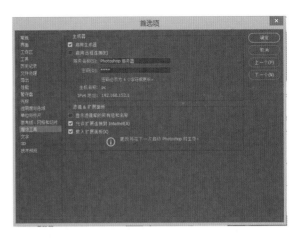

图 20-26

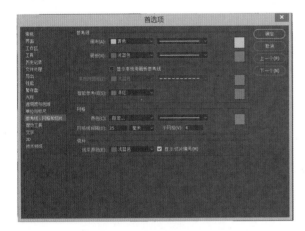

图 20-25

- 参考线：包括参考线的颜色和样式设置。参考线样式只有"直线"和"虚线"两种。
- 智能参考线：用来设定智能参考线的颜色。
- 网格：用户可设定网格的颜色、样式以及网格线间隔距离。网格的样式包括"直线""虚线"和"网点"三种。
- 切片：可设定切片的线条所显示的颜色以及是否显示切片编号。

20.3.9　增效工具

该项设置可设置附加的增效工具的路径，设定好后重新启动 Photoshop，启动过程中程序会自动扫描和加载附加的增效工具。具体设置如图 20-26 所示。

20.3.10　文字

该项设置主要针对文字的显示方式和字体丢失等异常变化等情况，具体设置如图 20-27 所示。

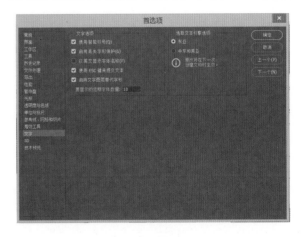

图 20-27

20.3.11　3D

该项设置中主要涉及在用 3D 功能进行设计时所显示的样子、性能等参数。执行"编辑 > 首选项 >3D"命令，打开的对话框如图 20-28 所示。

图 20-28

- 可用于 3D 的 VRAM：体现了 Photoshop 的显存量。启用 OpenGL 绘图时，才可以调节 VRAM。
- 3D 叠加：在"视图 > 显示"菜单中，用不同的颜色区分 3D 组件。
  指进行 3D 操作时，地表的参数，可以显示，也可以隐藏地面。
- 3D 文件载入：对导入的 3D 文件进行光源限制。

20.3.12　历史记录

历史记录数据的存储路径以及所含信息的详细说明。"元数据"选项，将历史记录保存在文件中的元数据。"文本文件"选项，历史记录存储类型为文本文件；"两者兼有"选项，历史记录以元数据的形式保存在文本文件中。"编辑记录项目"选项中可以选取历史记录信息的详细程度。

20.3.13　工具

- 使用 Shift 键切换工具：选中该选项时，切换同组工具时需加 Shift 键；取消该选项时，切换同组工具时不用加 Shift，直接切换即可。
- 带动画效果的缩放：使用缩放工具时会使图像平滑缩放。
- 缩放时调整窗口的大小：窗口的大小随着缩放图像的大小而发生改变。
- 将单击点缩放至中心：使用缩放工具时，单击点就会自动成为中心点。

第 21 章

打印与输出

学习提示

当完成图像的编辑与制作，或是完成其他设计作品的制作后，为了方便查看作品最终效果，或是查看作品中是否有误时，可以直接在 Photoshop 中完成最终结果的打印与输出。但是此时用户需要将打印机与计算机连接，并安装打印机驱动程序，使打印机能正常运行。

本章重点导航

◎ 打印

◎ 陷印

21.1 打印

21.1.1 生成和打印一致的颜色

打开一张现有印刷品的扫描文件，通过颜色设置、校样设置以及校样颜色等设置，生成和打印一制的颜色。

运行 Photoshop CC，执行"编辑 > 颜色设置"命令，或按下 Ctrl+Shift+K 组合键，打开"颜色设置"对话框，参数设置如图 21-1 所示，单击"确定"按钮。

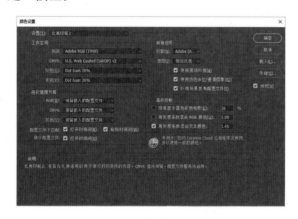

图 21-1

打开素材文件"扫描照片 .jpg"，弹出如图 21-2 所示的对话框，选中"使用嵌入的配置文件（代替工作空间）"单选项，打开文件后，Photoshop 将对该文档嵌入的颜色配置文件的色彩空间，与前面中颜色设置的色彩空间进行比较，必要时，Photoshop 将转换图像文件的颜色，确保显示精确。单击"确定"按钮，打开文件，如图 21-3 所示。

校样图像。读者将选择一种校样配置文件，以便在屏幕上看到图像打印后的效果，此操作也叫作软校样。执行"视图 > 校样设置 > 自定"命令，打开如图 21-4 所示的对话框。

在"要模拟的设备"下拉列表中选择输出设备（如打印机或印刷机）的配置文件，如果输出设备不是专用打印机，可以选择 Web Coated（SWOP）V2。在"渲染方法"列表中选择"相对比色"。勾选"模拟纸张颜色"复选框，图案将比源文件变得暗一些。

图 21-2

图 21-3

图 21-4

执行"编辑 > 首选项 > 透明度与色域"命令，打开"首选项"对话框，将"色域警告"的颜色设置成蓝色（R:0 G:0 B:255），如图 21-5 所示。

执行"视图 > 色域警告"命令，图像上将出现颗粒状的蓝色，如图 21-6 所示，该区域提示为打印机将无法准确打印该区域颜色。

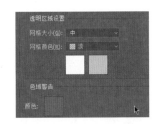

图 21-5

图 21-6

执行"选择 > 色彩范围"命令打开"色彩范围"对话框，从"选择"下拉列表中选择"溢出"，如图 21-7 所示，单击"确定"按钮，生成如图 21-8 所示的选区。

图 21-7

按下 Ctrl+Shift+Y 组合键，关闭色域警告。按下 Ctrl+H 快捷键，隐藏蚂蚁线，以便观察接下来的调色变化。切换到图层面板，单击面板下方的"创建新的填充或调整图层"按钮，在

菜单中选择"色相饱和度"命令。参数设置如图 21-9 所示。

图 21-8

图 21-9

再次执行"选择 > 色彩范围"命令打开"色彩范围"对话框，从"选择"下拉列表中选择"溢出"，观察溢出色彩已经少了很多。

执行"文件 > 打印"命令，弹出"打印"对话框，参数设置如图 21-10 所示，单击"完成"按钮。

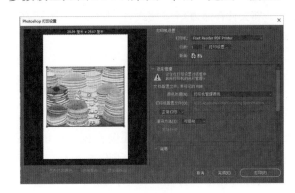

图 21-10

执行"文件 > 存储为"命令，打开"另存为"对话框，设置对话框中参数如图 21-11 所示。

图 21-11

单击"保存"按钮，弹出"EPS 选项"对话框，参数设置如图 21-12 所示。单击"确定"按钮，操作完成。

图 21-12

注意：

将文件存储为 EPS 格式时，图像将从 RGB 模式自动转换为 CMYK 模式。

21.1.2 指定图像位置和大小

为了精确地在打印机上输出图像，除了要确认打印机正常工作外，用户还要根据自己的需要在 Photoshop 中进行相应的打印设置。

执行"文件 > 打印"命令，如图 21-13 所示，打开"打印"对话框，如图 21-14 所示。

图 21-13

（1）位置：若勾选"图像居中"选项，则将图像定位在打印区域的中心；若取消勾选，可在"顶""左"选项中输入数值来定位图像，此时只打印部分图像。

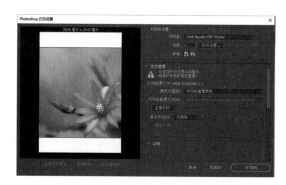

图 21-14

（2）缩放后的打印尺：勾选"缩放以适合介质"选项，打印时图片自动缩放到适合纸张的可打印区域，取消勾选，可在"缩放"选项中输入适合的缩放比例，或在"高度""宽度"选项中自行设置图像的尺寸。

（3）设置页面：在"打印"对话框中单击"打印设置"按钮，弹出"打印机属性设置"对话框，单击"高级"按钮，打开"高级选项"对话框，在"纸张规格"下拉菜单中选择合适的纸张类型。

21.1.3 设置打印标记

打印标记：可在图像周围添加各种打印标记，如图 21-15 所示。

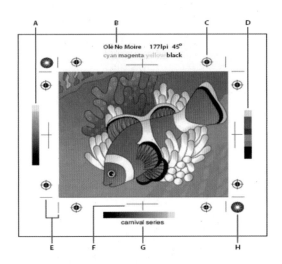

A 校准色条 B 标签 C 套准标记 D 连续颜色条
E 角裁切标记 F 中心裁切标记 G 说明 H 星形靶

图 21-15

下面简单介绍几种标记的含义。

- 角裁切标记：在要裁剪页面的位置打印裁切标记，可以在角上打印裁切标记。在 PostScript 打印机上，选择此选项也将打印星形色靶。

- 中心裁切标记：在要裁剪页面的位置打印裁切标记。可在每个边的中心打印裁切标记。

- 套准标记：在图像上打印套准标记（包括靶心和星形靶），这些标记主要用于对齐分色。

> 📢 **注意：**
>
> 说明：打印在"编辑说明"对话框中输入的任何说明文本（最多约 300 个字符）。将始终采用 9 号 Helvetica 无格式字体打印说明文本。

- 标签：在图像上方打印文件名。如果打印分色，则将分色名称作为标签的一部分打印。

21.1.4 设置函数

函数：有"背景""边框""出血"三个选项可供设置，"背景"用于设置页面上图像区域外要打印的颜色；勾选"边界"选项，则会在图像周围打印黑色边框；"出血"用于在图像内打印裁切标记，如图 21-16 所示。

图 21-16

- 药膜朝下：使文字在药膜朝下（即胶片上的感光层背对您）时可读。正常情况下，打印在纸上的图像是药膜朝上打印的，感光层正对着您时文字可读。打印在胶片上的图像通常采用药膜朝下的方式打印。

- 负片：打印整个输出（包括所有蒙版和任何背景色）的反相版本。与"图像"菜单中的"反相"命令不同，"负片"选项将输出（而非屏幕上的图像）转换为负片。尽管正片胶片在许多国家 / 地区很普遍，但是如果将分色直接打印到胶片，可能需要负片。与印刷商核实，确定需要哪一种方式。若要确定药膜的朝向，请在冲洗胶片后于亮光下检查胶片。暗面是药膜，亮面是基面。与印刷商核实，看是要求胶片正片药膜朝上、负片药膜朝上、正片药膜朝下还是负片药膜朝下。

21.1.5 打印一份

要想打印当前页，可执行"文件 > 打印一份"命令，将直接打印一份而不显示对话框，如

图 21-17 所示。

图 21-17

制作好的图片如果担心其他人使用，那么可以为自己的图片添加水印和版权信息。执行"文件 > 打开"命令，打开一个文件如图 21-18 所示。

图 21-18

右击工具箱中的"矩形工具"按钮，在弹出的快捷菜单中选择"自定形状工具"，如图 21-19 所示。

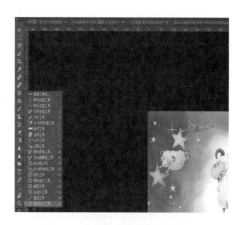

图 21-19

打开"自定形状工具"选项栏中的下拉菜单，选择"版权标志"图标，如图 21-20 所示。

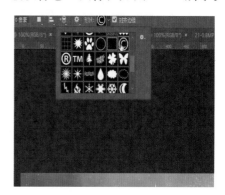

图 21-20

新建"图层 1"，在"图层 1"画面上按住 Shift 键，在画面上单击并拖动，绘制版权图像，效果如图 21-21 所示。

图 21-21

执行"滤镜 > 风格化 > 浮雕效果"命令，弹出"浮雕效果"对话框，设置浮雕的角度、高度和数量，如图 21-22 所示，设置完成后单击"确定"按钮，画面效果如图 21-23 所示。

图 21-22

图 21-23

设置"图层 1"混合模式，将其设置为"滤色"，画面效果如图 21-24 所示。

图 21-24

注意：

　　如果需要还可进行其他设置，如"高斯模糊"、输入需要的文本等。

21.2 陷印

　　在从单独的印版打印的颜色互相重叠或彼此相连处，印刷套不准会导致最终输出中的各颜色之间出现间隙。为补偿图稿中各颜色之间的潜在间隙，印刷商使用一种称为陷印的技术，在两个相邻颜色之间创建一个小重叠区域（称为陷印）。

　　陷印有两种方式：一种是外扩陷印，其中较浅色的对象重叠较深色的背景，看起来像是扩展到背景中；另一种是内缩陷印，其中较浅色的背景重叠陷入背景中的较深色的对象，看起来像是挤压或缩小该对象，如图 21-25 所示。

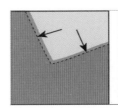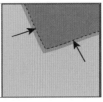

外扩陷印（对象重叠背景）和内缩陷印（背景重叠对象）
的对比图

图 21-25

　　执行"图像 > 陷印"命令，打开"陷印"对话框，如图 21-26 所示。

图 21-26

　　其中的"宽度"代表了印刷时颜色向外扩张的距离。该命令仅用于 CMYK 模式的图像。